JISUANJI YINGYONG JICHU

计算机应用基础

主　编　郭继峰　马一昕
副主编　张晓晶　王行建　马志强

HEUP 哈尔滨工程大学出版社

内容简介

Windows和Office是日常办公必不可少的工具。本书作为一种现代化办公的实用技能型教材，详细介绍了Windows 7操作系统常用的方法和知识，以及Office 2010办公软件的相关知识和应用方法，包括Windows 7基本操作、控制面板、Word文档、Word表格处理、Word图表和图片处理、Excel基本操作、Excel高级操作。此外，对于科研论文用公式编辑软件MathType的使用技巧也进行了介绍。

本书所选内容难易程度适中，可以满足日常办公、论文撰写使用过程中的绝大多数要求，注重实用、重点突出。本书是作者在多年教学和实践工作基础上形成的，可以作为高等学校本科生和硕士生的普通教材，也可以作为办公人员及科研工作者的参考用书。

图书在版编目(CIP)数据

计算机应用基础 / 郭继峰，马一昕主编. --哈尔滨：哈尔滨工程大学出版社，2017.11
ISBN 978-7-5661-1700-7

Ⅰ.①计… Ⅱ.①郭… ②马… Ⅲ.①电子计算机 Ⅳ.①TP3

中国版本图书馆CIP数据核字(2017)第257089号

责任编辑 刘凯元 周一瞳
封面设计 博鑫设计

出版发行 哈尔滨工程大学出版社
社　　址 哈尔滨市南岗区东大直街124号
邮政编码 150001
发行电话 0451-82519328
传　　真 0451-82519699
经　　销 新华书店
印　　刷 北京中石油彩色印刷有限责任公司
开　　本 787 mm×1 092 mm 1/16
印　　张 15.5
字　　数 418千字
版　　次 2017年11月第1版
印　　次 2017年11月第1次印刷
定　　价 36.80元
http://www.hrbeupress.com
E-mail:heupress@hrbeu.edu.cn

前　　言

Windows 7 操作系统和 Office 办公软件以其功能强大、操作方便和安全稳定等特点，普遍应用在日常办公、论文撰写、财务人事以及会议演示等多个应用领域。

本书结合作者长期的实际教学与科研应用经验编写而成，本着“厚基础、重能力、求实用”的总体思路，从内容选材、教学方法和实际案例等方面，从诸多计算机系统操作和办公软件应用的方法中精选凝练，将高频、实用的应用技巧由简入繁，分层次介绍给读者。本书所介绍的方法技巧具有内容覆盖完整，难易程度适中，重点突出等特点，力求语言简练、图文并茂、通俗易懂，可以为高校师生及企事业办公人员等提供良好的参考和帮助。

全书共分为 8 章，具体内容如下：第 1 章 ~ 第 2 章介绍 Windows 7 的入门知识、常用操作方法和控制面板上的学问；第 3 章 ~ 第 5 章是 Word 2010 软件使用知识，包括 Word 文档处理、Word 表格处理，以及 Word 图表和图片处理的一些技巧和方法；第 6 章 ~ 第 7 章是 Excel 2010 电子表格软件使用知识，包括 Excel 基本操作方法和高级操作技巧精选；第 8 章介绍 MathType 6.9 数学公式编辑软件使用知识。

本书第 3 章由东北林业大学郭继峰编写，第 2 章和第 6 章由东北林业大学马一昕编写，第 4 章由哈尔滨理工大学张晓晶编写，第 1 章和第 5 章由东北林业大学王行建编写，第 7 章和第 8 章由东北林业大学马志强编写。全书由郭继峰统稿。

限于作者的水平和学识，书中难免存在疏漏和错误之处，诚望读者不吝赐教，以便修正，让更多读者受益。

最后，谨向每一位关心和支持本书编写工作的各方面人士表示感谢！

编　者

2017 年 7 月

前 言

目 录

CONTENTS

第 1 章　Windows 7 基本操作 …… 1

1.1　任务栏上的学问 …… 1

1.2　问题步骤记录器 …… 3

1.3　给常用文件设置快捷方式 …… 6

1.4　给 Windows 7“瘦身” …… 7

1.5　修改注册表以提高系统运行速度 …… 8

1.6　实用的快捷键 …… 12

1.7　幻灯片方式播放桌面背景图片 …… 12

1.8　特色计算器 …… 14

1.9　虚拟内存合理化设置 …… 15

1.10　查看隐藏文件及扩展名 …… 17

第 2 章　控制面板 …… 19

2.1　系统和安全设置 …… 20

2.2　网络和 Internet 设置 …… 26

2.3　硬件和声音 …… 31

2.4　程序设置 …… 35

第 3 章　Word 文档 …… 41

3.1　选择内容的方法(如何快速选中文档内容) …… 41

3.2　查找和替换 …… 44

3.3　格式刷 …… 48

3.4　保护 Word 文件 …… 49

3.5　奇偶页页眉不同 …… 51

3.6　设置页眉下面横线为双线 …… 52

3.7　删除页眉的横线 …… 53

3.8　分节符的妙用 …… 54

3.9　分栏 …… 57

3.10　快速定位与快速调整 …… 59

3.11 为 Word 加上可更新的系统时间 …… 61
3.12 为汉字加拼音 …… 62
3.13 将鼠标的“自动滚动”功能添加到工具栏 …… 63
3.14 工具栏使用大图标显示 …… 65
3.15 剪切板 …… 65
3.16 快速输入上标与下标 …… 66
3.17 删除换行符“↓” …… 66
3.18 Normal. dot 错误的解决 …… 67
3.19 数字的大写 …… 68
3.20 公式编辑器的使用 …… 68
3.21 公式编辑器中的技巧 …… 69
3.22 字数统计的妙用 …… 70
3.23 批注、脚注与尾注 …… 71
3.24 调整空格的大小 …… 72
3.25 插入与合并文档 …… 72
3.26 为突出信息将文字上移/下移 …… 74
3.27 特殊字符的输入方法 …… 75
3.28 带圈字符的输入 …… 77
3.29 复制一些网页不能复制的信息 …… 78
3.30 水印 …… 81
3.31 并排查看 …… 82
3.32 打印技巧汇总 …… 83
3.33 精通项目符号和编号 …… 89
3.34 自定义快捷键 …… 92
3.35 首字下沉 …… 93
3.36 书签 …… 94
3.37 横线的设置 …… 95
3.38 给文档设置漂亮边框 …… 96
3.39 宏的介绍与启用 …… 97
3.40 如何将文档中所有的自动编号变成普通文本同时保留文本格式和图片 …… 98
3.41 如何将文档中多个指定的词语批量设置成加粗效果 …… 99
3.42 如何将文档中所有的表格批量设置成居中对齐 …… 101
3.43 如何将文档中指定表格的单元格对齐方式设置为水平垂直且居中对齐 …… 101
3.44 文字的特殊效果 …… 101
第 4 章 Word 表格处理 …… 104
4.1 快速创建表格 …… 104
4.2 快速插入、删除行列单元格 …… 107
4.3 快速绘制表格斜线表头 …… 110
4.4 列宽和行高的设置 …… 111
4.5 表格跨页的设置 …… 113

4.6 根据内容或窗口调整表格 …… 116
4.7 表格的边框与底纹 …… 118
4.8 具有单元格间距的表格 …… 121
4.9 表格中数据排序 …… 122
4.10 表格与文本的转换 …… 124
4.11 表格中公式的运用 …… 125
4.12 下拉列表的制作 …… 129
4.13 让文字自动适应单元格 …… 131
第5章 Word图表和图片处理 …… 132
5.1 创建图表 …… 132
5.2 更改图表类型 …… 135
5.3 对图表进行详细设置 …… 138
5.4 图表的排版 …… 142
5.5 图片的插入 …… 144
5.6 图片工具栏 …… 148
5.7 插入图片的自动更新 …… 150
5.8 去掉绘图的默认画布 …… 151
5.9 为图片设置边框 …… 152
5.10 在文档中插入SmartArt图形 …… 154
第6章 Excel基本操作 …… 158
6.1 快速实用的Excel基本操作 …… 158
6.2 查找与替换中的通配符使用 …… 162
6.3 快速选定不连续单元格 …… 162
6.4 备份工件簿 …… 163
6.5 绘制斜线表头 …… 164
6.6 自选形状单元格 …… 165
6.7 将文本内容导入Excel …… 168
6.8 在单元格中输入0值 …… 170
6.9 快速输入有序文字/数字 …… 171
6.10 全部显示多位数字 …… 173
6.11 在已有的单元格中批量加入一段固定字符 …… 174
6.12 快速输入无序字符 …… 175
6.13 让不同类型数据用不同颜色/字体显示 …… 177
6.14 打印——在每一页上都打印行标题或列标题 …… 180
6.15 打印——只打印工作表的特定区域 …… 182
6.16 打印——将数据缩印在一页纸内 …… 185
6.17 打印——小技巧 …… 188
6.18 真正实现四舍五入 …… 189
6.19 自动出错信息提示 …… 190

第 7 章 Excel 高级操作 …… 194
7.1 数据排序 …… 194
7.2 数据筛选 …… 198
7.3 分类汇总 …… 202
7.4 数据透视表和数据透视图 …… 204
7.5 Excel 中的图表 …… 207
7.6 图表的趋势线 …… 210
7.7 绝对地址与相对地址 …… 212
7.8 公式应用常见错误及处理 …… 214
7.9 常用公式函数使用方法 …… 215
7.10 公式的应用 …… 218
7.11 数组的应用 …… 222
7.12 自定义函数 …… 224
7.13 平均分函数 TRIMMEAN 的妙用 …… 226
7.14 智能成绩录入单 …… 227
7.15 模板 …… 231
第 8 章 MathType 基本操作 …… 235
8.1 Mathtype 6.9 的安装与启动 …… 235
8.2 在 Word 中打开 MathType …… 235
8.3 常用快捷键 …… 235
8.4 常用数学符号 …… 236
8.5 添加常用公式 …… 237
8.6 元素间跳转 …… 237
8.7 位移间隔 …… 237
8.8 批量修改公式的字号和大小 …… 238
8.9 在公式中使用特殊符号 …… 238
8.10 更改公式文字的字体、颜色 …… 238
8.11 快捷键的设置 …… 238
8.12 发布与导出 …… 239
8.13 与 LaTex 代码之间的转换 …… 240
8.14 章节与编号 …… 240

第1章　Windows 7 基本操作

Windows 7 是由微软公司(Microsoft)2010 年正式公布的操作系统,相比早期的 Windows XP 系统做了很多改进,具有“易用、快速、简单、安全”等特点,同时,还增加了很多小工具。

1.1　任务栏上的学问

1. 可以移动的任务栏图标

Windows 7 可以实现任务栏图标的移动,即可以改变任务栏上图标的排列顺序。图 1－1 是作者的任务栏信息,按住鼠标左键不放,将“360 浏览器” 移到“QQ”位置,则变成了如图 1－2 所示的工具栏。更进一步,可以将一些打开的文件或文件夹移到任务栏图标处,如图 1－3 所示。

图 1－1　任务栏

图 1－2　改变后的任务栏

图 1－3　移动文件夹后的任务栏

2. 通过快捷方式直接打开任务栏上的图标或窗口

Windows 7 提供了一个利用快捷键的方式打开工具栏上的图标程序。只需按住 Windows 键(Windows 键就是键盘上显示 Windows 标志的按键,位于左侧的 Ctrl 键与 Alt 键之间,台式机键盘通常有左右两个,笔记本键盘通常有一个),然后按键盘上与该图标对应的数目即可。例如,在图 1－1 中,QQ 是第一个图标,那么只需按“Windows＋1”就可以打开 QQ,同理,按“Windows＋5”就可以切换到“windows 技巧”文件夹。

其实,Windows 7 系统提供了一种切换任务栏任务的快捷键“Alt＋Tab”,即按住 “Alt”键,再按一下“Tab”键,即可以打开如图 1－4 所示的窗口,再按一下“Tab”键,又切换到另外一个窗口,松开“Tab”键就可以打开相应的任务窗口。但这种方式只能切换打开各种任务,不能切换到任务栏上的图标。

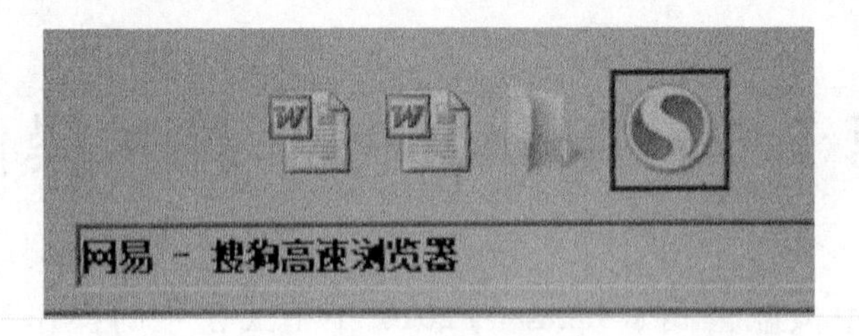

图 1-4 “Alt + Tab”键

3. 隐藏与显示图标和通知

在任务栏的右侧有各种打开的图标，比如“QQ”“飞信”“阿里旺旺”等，这些都是即时消息，在有消息来的时候，有时需要提示闪动，有时不需要提示，可以通过“显示与隐藏图标和通知”实现。如图 1-5 所示，点击任务栏右侧的“向上箭头”，选择“自定义”，打开如图 1-6 所示的对话框，通过滚动轮可以看到很多“图标”和“行为”，选择“QQ”的“隐藏图标和通知”，就可以既隐藏图标又不显示通知。

图 1-5 任务栏

在图 1-6 的左下方，还有一个选项“始终在任务栏上显示所有图标和通知”，勾选它，就能显示所有图标。

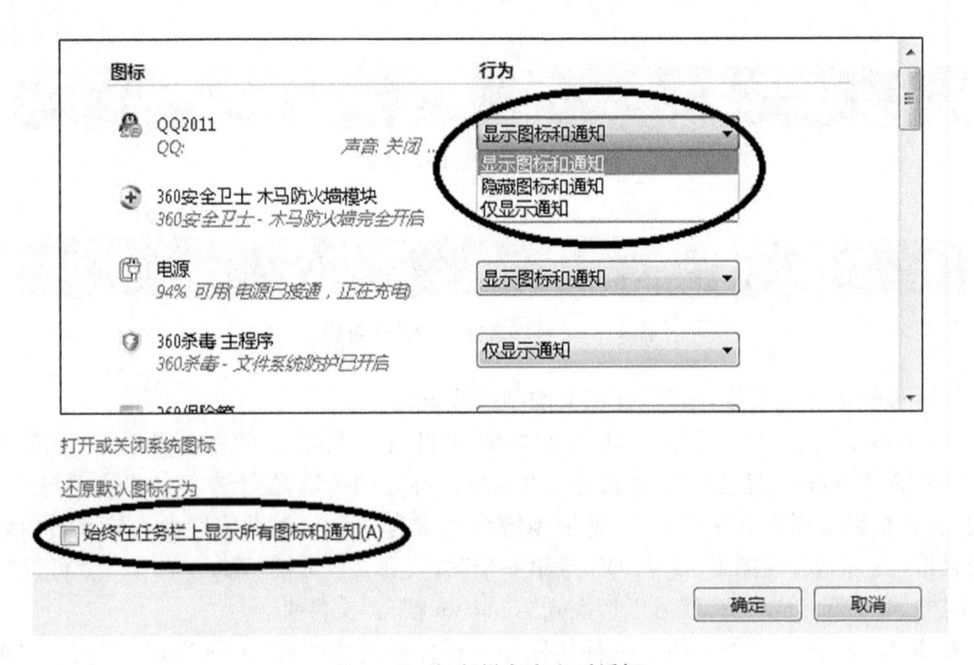

图 1-6 任务栏自定义对话框

1.2 问题步骤记录器

在使用计算机的过程中，经常会遇到这样的问题：操作某程序时出错了，要请教别人；别人问你问题，你想教对方如何操作。尽管我们希望操作指导一步步具体细致，但多数场合会因为无法面对面交流，具体的细节描述也无法做到准确。Windows 7 自带的"问题步骤记录器"可以帮助我们解决这个问题。

两种方式可以打开"问题步骤记录器"：一种方式是单击"开始"，如图 1－7(a)所示，在下面的方框中输入"psr"（大小写均可），打开如图 1－7(b)所示的对话框，找到"psr. exe"，单击即可打开"问题步骤记录器"；另一种方式是在任何状态下按键盘的组合键"Windows + R"打开"运行菜单"，如图 1－8 所示，输入"psr"，确定或者回车，打开"问题步骤记录器"软件，如图 1－9 所示，点击右侧的向下箭头可以进行设置，如图 1－10 所示，包括"输出位置""屏幕捕获"等，点击"确定"。

(a) (b)

图 1－7 开始菜单

例如，我们有一个操作，即将桌面的"1. doc"文件拖拽到回收站中，让"问题步骤记录器"将其记录下来。

按下"开始记录"按钮，现在"问题步骤记录器"已处于录制状态。在操作过程中，每点击一次鼠标，记录器就会做一次截屏，并以图片的形式保存下来。将桌面的"1. doc"文件拖拽到回收站中，点击"停止记录"，保存"zip"格式文件，将其解压，得到一个"mht"文件，用 Windows 7 自带的 IE 浏览器将其打开（其他浏览器需要设置才能打开），得到如图 1－11 至

图 1－13 所示的内容。图 1－11 记录了鼠标的第一个动作，点击“1. doc”文件，自动截屏保存。图 1－12 记录了鼠标的第二个动作，将“1. doc”文件拖到回收站，自动截屏保存。图 1－13 记录了一些具体的文字信息和错误信息。

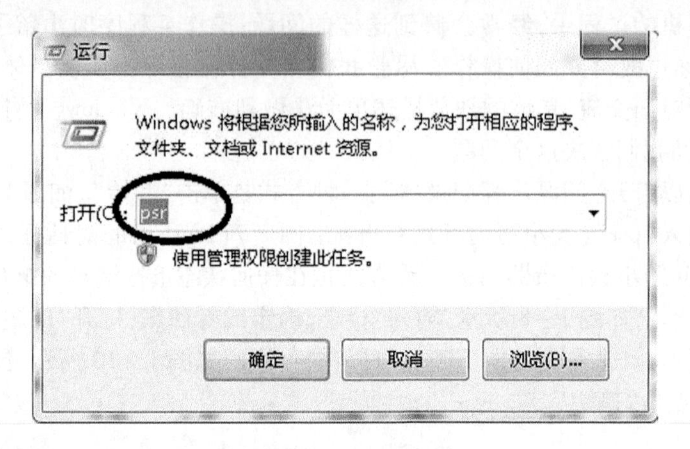

图 1－8　运行菜单

图 1－9　问题步骤记录器

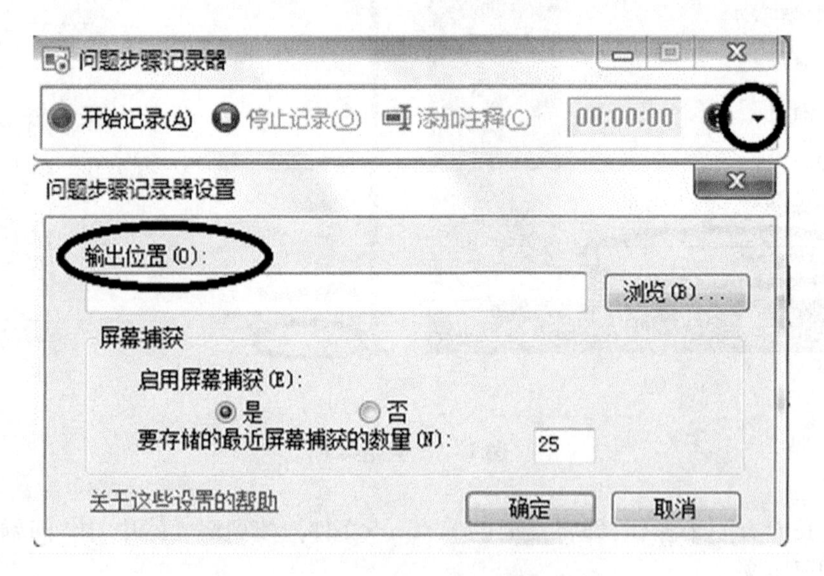

图 1－10　问题步骤记录器设置

这些详细的鼠标记录直观又直接，方便了后续的问题解决。

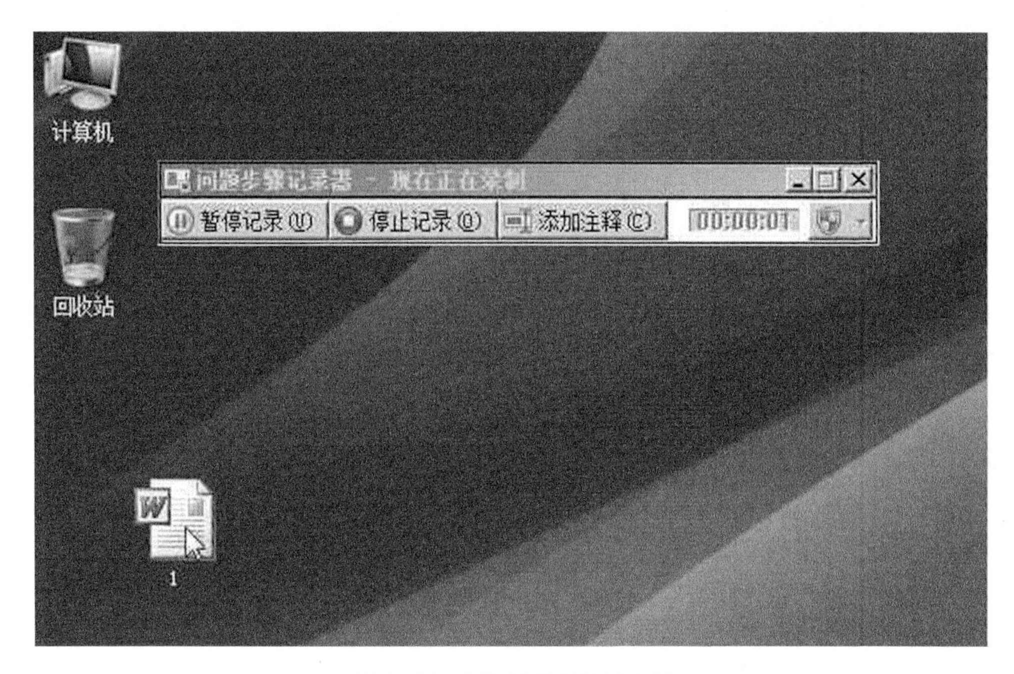

图 1－11 问题步骤记录器内容

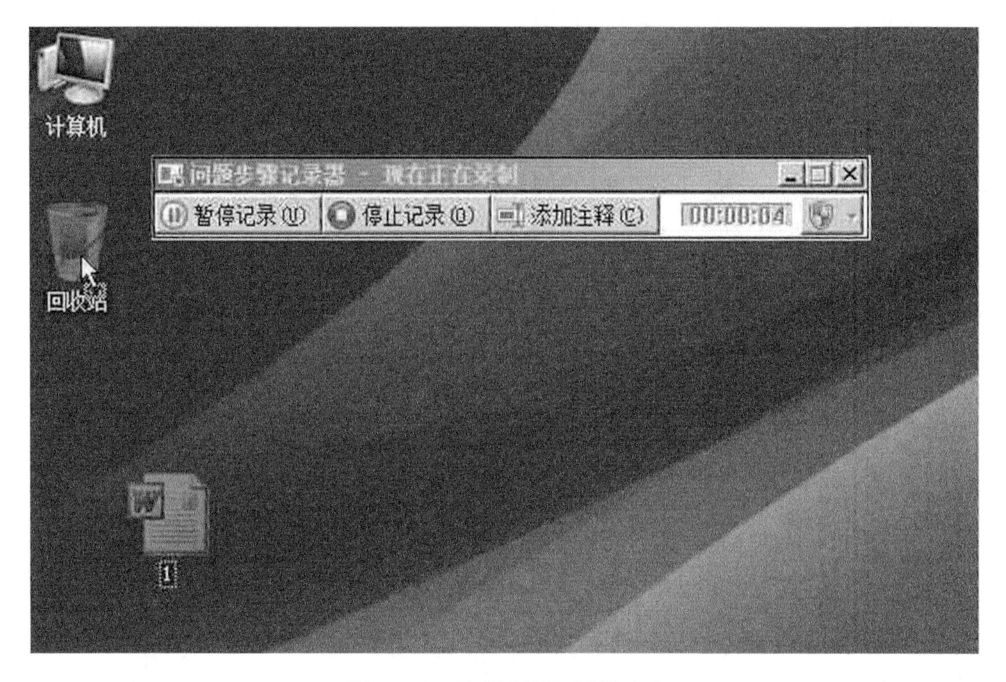

图 1－12 问题步骤记录器内容

为了突出某个操作,或对某个操作进行说明,可以使用“添加注释”功能。单击“问题步骤记录器”界面中的“添加注释”按钮,此时,鼠标会变成了一个“＋”字,原来的操作界面则呈现出毛玻璃效果;拖动鼠标至目标地画出一个矩形,目标地将被高亮显示,同时,会弹出一个“添加注释”对话框,可以在此输入详细的描述信息。

其他详细信息

以下部分包含记录的其他详细信息，这些信息可以帮助找到针对您问题的解决方案。
这些详细信息帮助准确地确定记录 问题步骤时使用的程序和 UI。
此部分可能包含程序内部的文本，只有水平非常高的用户或程序员才能理解此文本。
请检查这些详细信息以确保它们不包含 您不希望其他人看到的任何信息。

正在记录会话：2012/11/19 14:44:39 - 14:44:47

问题步骤：2，丢失的步骤：0，其他错误：0

操作系统：7600.17118.x86fre.win7_gdr.120830-0334 6.1.0.0.2.1

问题步骤 1：在"1.doc (列表项目)"(位于"Program Manager"中)上用户鼠标拖动开始
程序：Windows 资源管理器，6.1.7600.16385 (win7_rtm.090713-1255)，Microsoft Corporation，EXPLORE
UI 元素：1.doc，桌面，FolderView，SysListView32，SHELLDLL_DefView，Program Manager，Progman

问题步骤 2：在"回收站 (列表项目)"(位于"Program Manager")上用户鼠标拖动结束
程序：Windows 资源管理器，6.1.7600.16385 (win7_rtm.090713-1255)，Microsoft Corporation，EXPLORE
UI 元素：回收站，桌面，FolderView，SysListView32，SHELLDLL_DefView，Program Manager，Progman

图 1－13　问题步骤记录器内容

1.3　给常用文件设置快捷方式

在日常的计算机使用中，经常会用到同一个目录下的某个文件或文件夹，每次进入都需要点击很多层目录，很麻烦。例如，每次学习都得进入"D:\tools\新建文件夹\学习\2012"这五层目录，需要点击五次鼠标。

其实可以为这个文件或者文件夹制作一个快捷方式放到桌面上，这样，只要点击桌面图标即可进入该文件或者文件夹。

进入"D:\tools\新建文件夹\学习"，在"2012"文件夹上右键选择"发送到"，选择"桌面快捷方式"，如图 1－14 所示，这样，桌面就多了一个快捷方式。

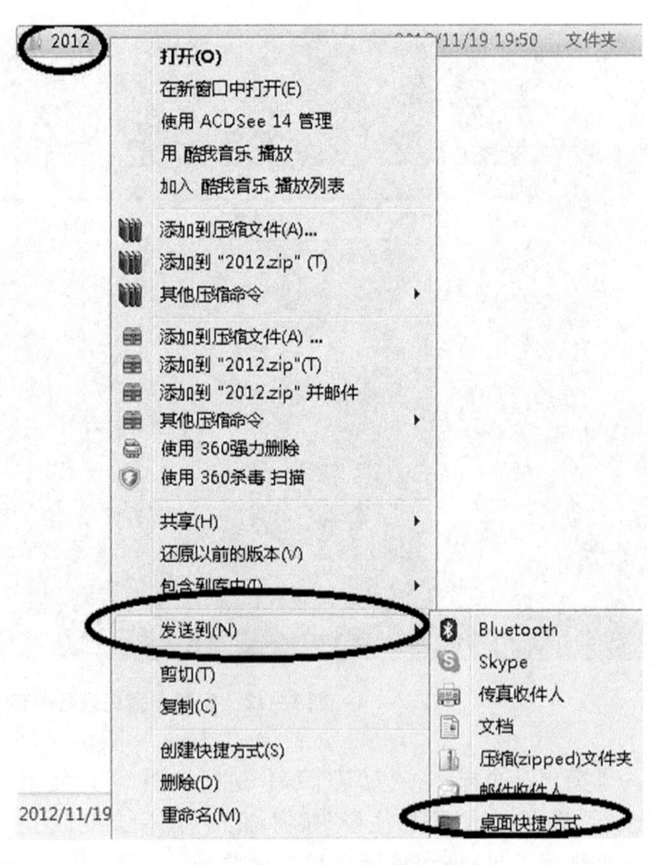

图 1－14　设置桌面快捷方式

放到桌面上文件或者文件夹通常是属于"C 盘"

下的文件,属于系统盘,如果系统出现严重问题,整个"C 盘"上的信息可能就无法还原,带来严重的后果。而放在桌面的快捷方式,只是一个链接,具体信息还在其原有的目录下,不会因为 C 盘的"崩溃"而带来损失。

1.4 给 Windows 7"瘦身"

1. 删除休眠文件

电脑有两种低功率运行状态:休眠和睡眠。我们电脑常用的是睡眠功能,也就是电脑不用一定时间后,进入低功耗状态,工作态度保存在内存里,1 ~2 s 就可以恢复到原工作状态。这个功能是很实用的,也是最常用的。然而,休眠是把工作状态即所有内存信息写入硬盘,以 2 GB 内存为例,即要写入 2 GB 的文件到硬盘,然后才关机,开机恢复要读取 2 GB 的文件到内存,才能恢复原工作界面,而 2 GB 文件的读写要花大量的时间,已经不亚于正常开机了,所以现在休眠功能很不实用。

而休眠的 HIBERFIL. SYS 这个文件就是用来休眠时保存内存状态用的,会占用 C 盘等同内存容量的空间(以 2 GB 内存为例,这个文件也为 2 GB),所以完全可以删掉且不影响使用。

点击"所有程序"→"附件",在"命令提示符"上右键,选择"以管理员运行",打开如图 1 –15 所示的界面,输入"POWERCFG –H OFF",回车即可删除。如果计算机只有一个用户,即管理员账户,也可以直接点击"开始",在最下边的方框中输入"CMD",同样可以打开图 1 –15。

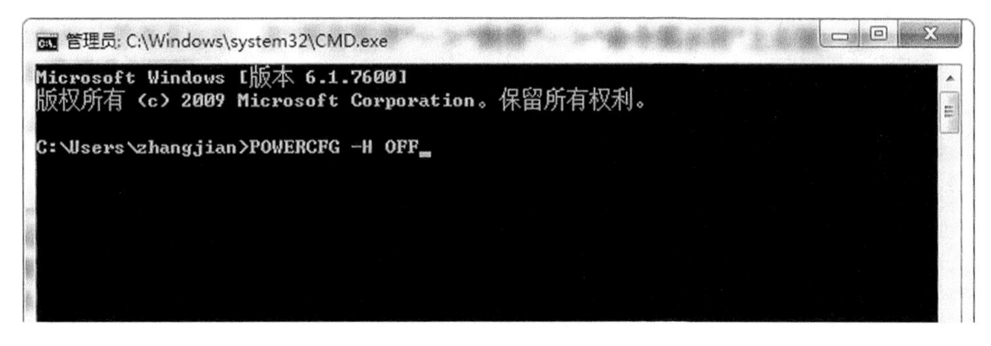

图 1 –15 删除休眠文件

2. 删除多余的很多文件

Windows 7 在安装过程中考虑到不同的使用人群,安装了很多支持文件,但对大多数用户来说,都是冗余的,可以将其删除,包括如下文件。

①"C:\Windows\System32\DriverStore\FileRepository"下的所有"mdm *. inf"文件(以 mdm 开头的文件)和所有"prn *. inf"文件(除了 prnms001. inf,prnoc001. inf 和 prnms002. inf)。

注:在目录中搜索文件可以直接在窗口中,用键盘输入文件的第一个字母。如需查找"prn *. inf"文件,只需输入"p"即可。

②"C:\Windows\Downloaded Installations",有一些程序安装的时候会把安装文件解压至此文件夹里面。

③"C:\Windows\Help",帮助文件通常不需要。

④“C:\Windows\IME\IMEJP10”,日文输入法(37.8 MB)。

⑤“C:\Windows\IME\imekr8”,韩文输入法。

⑥“C:\Windows\IME\IMETC10”,繁体中文输入法。

⑦“C:\Windows\System32\IME\IMEJP10”。

⑧“C:\Windows\System32\IME\ imekr8”。

⑨“C:\Windows\System32\IME\ IMETC10”。

⑩“C:\Windows\winsxs\Backup”。

⑪“C:\Users\Public(公用)”。

3. 关闭系统保护

右键点击“我的电脑”,选择“属性”,点击左侧的“系统保护”,打开如图 1-16 所示的窗口,选择“系统保护,配置”,勾选“关闭系统保护”,点击“确定”,能节省不少空间。

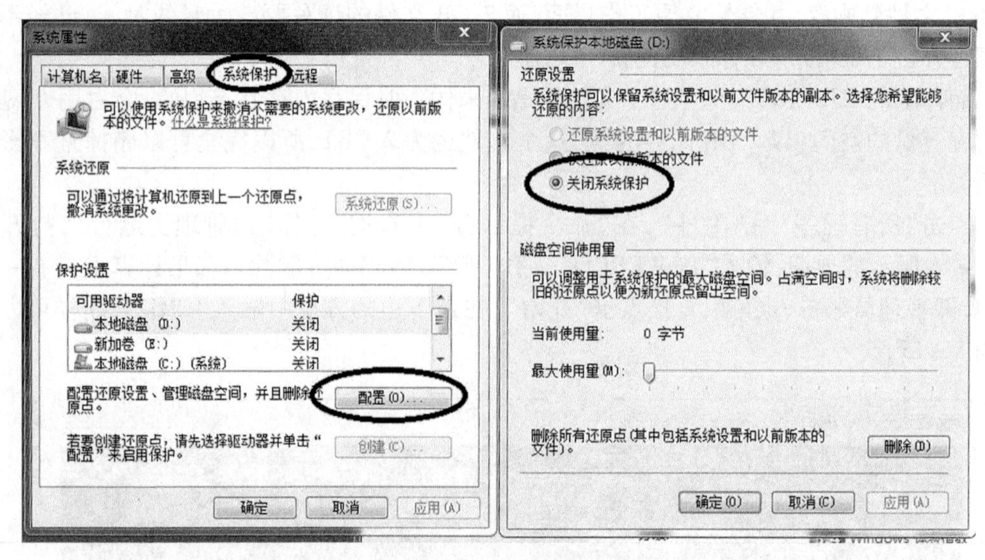

图 1-16　关闭系统保护

1.5　修改注册表以提高系统运行速度

注册表是 Windows 操作系统中的一个核心数据库,其中存放着各种参数,直接控制着 Windows 的启动、硬件驱动程序的装载以及一些 Windows 应用程序的运行,从而在整个系统中起着核心作用。这些作用包括了软件、硬件的相关配置和状态信息,比如注册表中保存有应用程序和资源管理器外壳的初始条件、首选项和卸载数据等,联网计算机的整个系统的设置和各种许可,文件扩展名与应用程序的关联,硬件部件的描述、状态和属性,性能记录和其他底层的系统状态信息以及其他数据等。

修改注册表通常是高手的游戏,但一些必要的修改却是很简单的。下面介绍几个可以显著提高系统运行速度的修改方法。

运行注册表,在开始菜单下面的方框输入“regedit”,如图 1-17(a)所示,点击上面的“regedit.exe”,可能会弹出如图 1-17(b)所示的提示对话框,点击“是”就能打开注册表,如图 1-18 所示。

(a) (b)

图 1－17 运行注册表

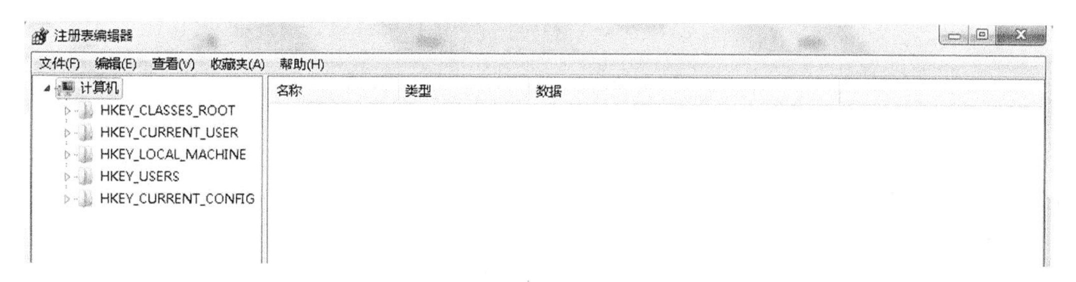

图 1－18 注册表

1. 提高 Windows 7 系统开机速度

在左侧依次点击“HKEY_LOCAL_MACHINE”→“SYSTEM”→“CurrentControlSet”→“Control”→“Session Manager”→“Memory Management”→“PrefetchParameters”，如图 1－19 所示，在右边“EnablePrefetcher”上右键，选择“修改”，打开如图 1－20 所示的界面，将“数值数据”改为“0”。

图 1－19 注册表选项

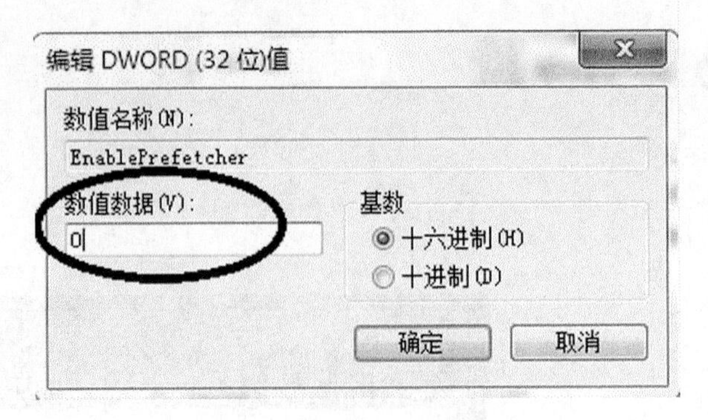

图 1 – 20　修改注册表一

2. 提高 Windows 7 系统关机速度

同样的方法，在左侧找到“HKEY _ CURRENT _ USER”，点击“Control Panel”→“Desktop”，在右侧将“AutoEndTasks”的数值设置为“1”；将“HungAppTimeout”的数值设置为“3000”（有些 Windows 7 版本已经设置好了），如图 1 – 21 所示。

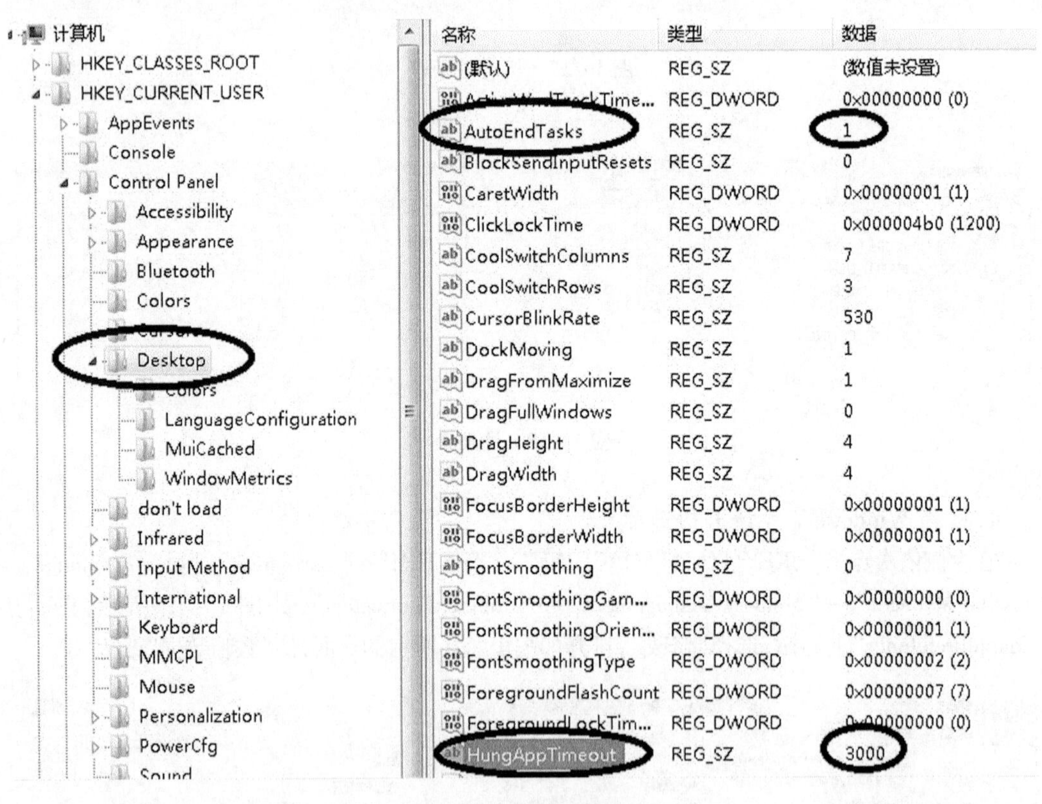

图 1 – 21　修改注册表二

再在左侧找到“HKEY _ LOCAL _ MACHINE”→“SYSTEM”→“CurrentControlSet”→“Control”，把右侧的“WaitToKillServiceTimeout”设置为“3000”，如图 1 – 22 所示。

图 1-22 修改注册表三

3. 提高 Windows 7 系统运行速度

同样的方法找到“HKEY_CURRENT_USER”→“Control Panel”→“Desktop”,将右侧的“MenuShowDelay”数值修改为“0”。

同界面下,将右侧的“WaitToKillAppTimeout”数值修改为“1000”,这样,Windows 在发出关机指令后如果等待 1 s 仍未收到某个应用程序或进行的关闭信号,将弹出相应的警告信号,并询问用户是否强行中止。

4. 提高上网速度

找到“HKEY_LOCAL_MACHINE”→“SYSTEM”→“CurrentControlSet”→“services”→“Tcpip”→“Parameters”,在右侧找“GlobalmaxTcp WindowSize”,如果没有的话,在空白处点击“新建”,选择“字符串值”,命名为“GlobalmaxTcp WindowSize”,如图 1-23 所示,双击新建的“GlobalmaxTcp WindowSize”,将其数据值数据设为“256960”,勾选“十进制”,如图 1-24 所示。

关闭“注册表编辑器”,重新启动电脑即可。

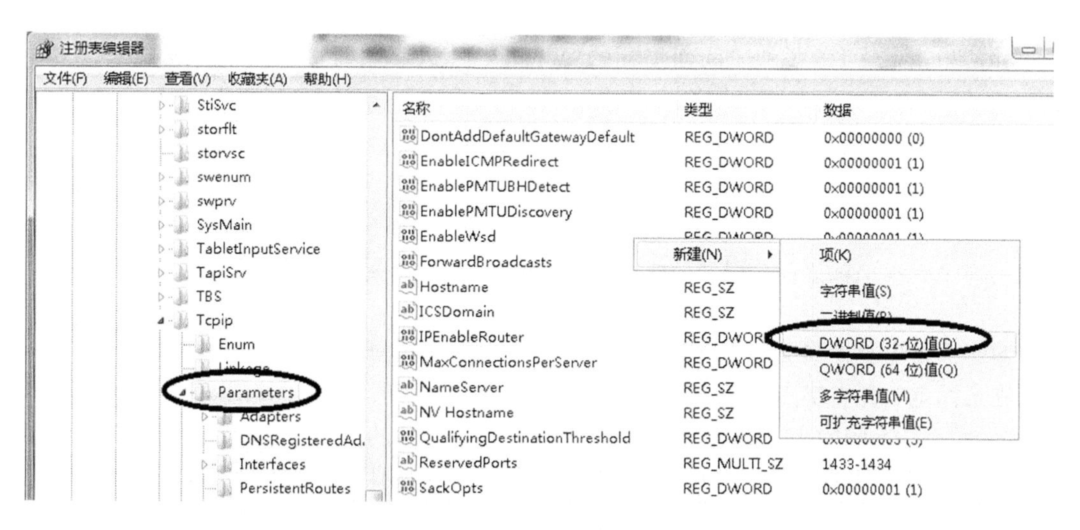

图 1-23 新建注册表字符串值

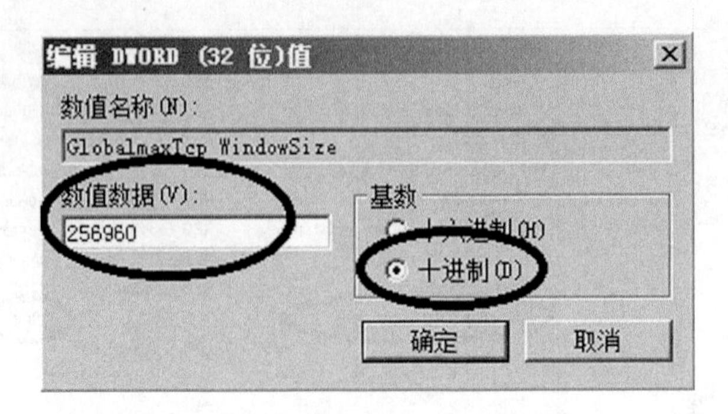

图 1-24　修改注册表数值数据

1.6　实用的快捷键

以下列举了和“Windows”键有关的实用快捷键。

①“Windows + D”:显示桌面,最小化所有窗口。

②“Windows + L”:锁定计算机,回到登录窗口。

③“Windows + M”:最小化当前窗口。

④“Windows + E”:打开资源管理器。

⑤“Windows + Home”:最小化除当前窗口之外的窗口(当前窗口若最大化是看不到效果的)。

⑥“Windows + ←/→”:当前窗口靠左/右排列。

⑦“Windows + ↓ ”:缩小当前窗口。

⑧“Windows + ↑ ”:放大当前窗口。

⑨“Windows + = ”:放大镜显示当前窗口。

⑩“Windows + - ”:缩小放大镜。

⑪“Windows + T”:类似于前面提到的“Windows + 数字”,每按一次“T”,就在任务栏中顺序选择一个窗口,回车即可切换。

注:用户不妨试试“Windows”与其他键的组合,不仅不会损坏您的计算机,还会有新的发现。

1.7　幻灯片方式播放桌面背景图片

对于经常要更换桌面的人来说,Windows 7 提供了一个不错的解决方案。

在桌面空白处右键点击,选择“个性化”,如图 1-25 所示,打开如图 1-26 所示的“个性化界面”,选择下方的“桌面背景”,进入如图 1-27 所示的“桌面背景”设置窗口,通过点击“浏览”选择图片的位置,在中间部分选择需要的桌面图片,可以全选,可以部分选择(相应图片打钩即可),设置好“间隔时间”“是否无序”,保存修改即可实现以幻灯片方式播放桌面背景图片。

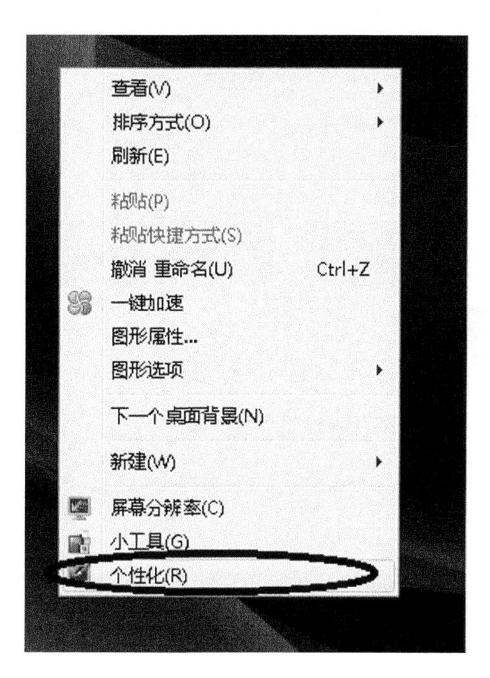

图1－25 个性化选项

图1－26 桌面背景选项

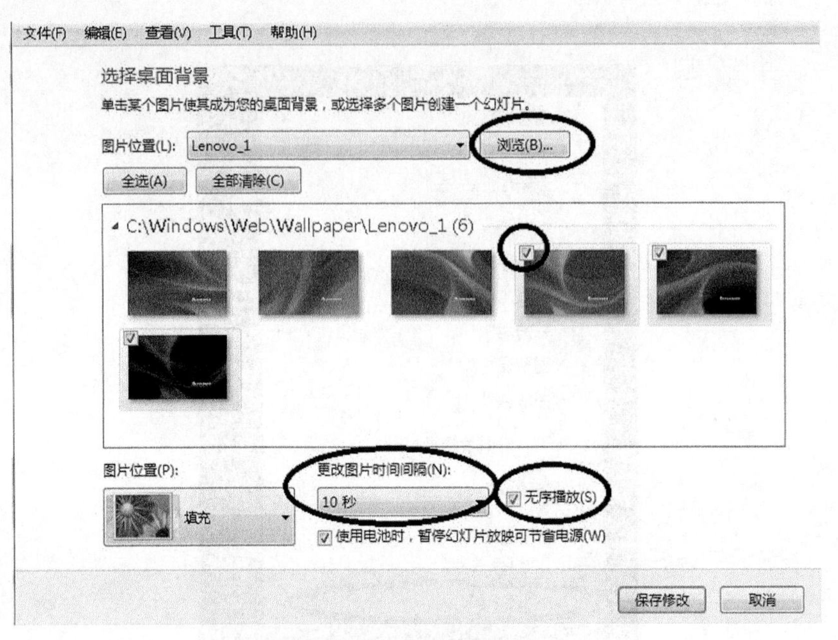

图 1－27　桌面背景设置

1.8　特色计算器

Windows 7 的计算器有很多改进的功能，满足了众多用户的需求。

点击“开始”→“所有程序”→“附件”→“计算器”，打开“计算器”，如图 1－28(a)所示，这是最基本的界面。点击“查看”，可以看到如图 1－28(b)所示的很多选项，包括“标准”→“科学”→“程序员”和“统计信息”模式可供选择，也可以进行“单位转换”“日期计算”等计算。

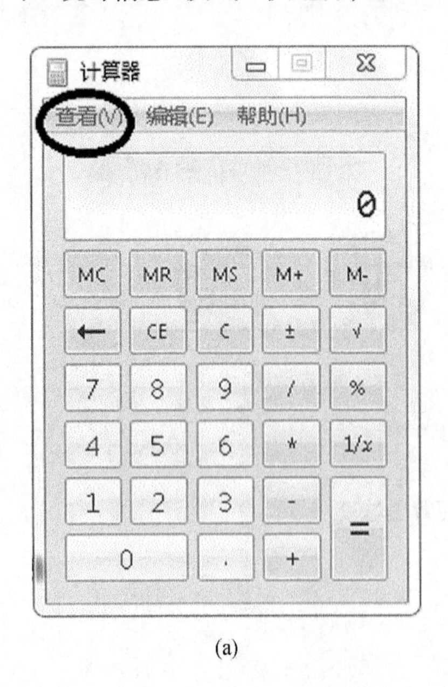

(a)

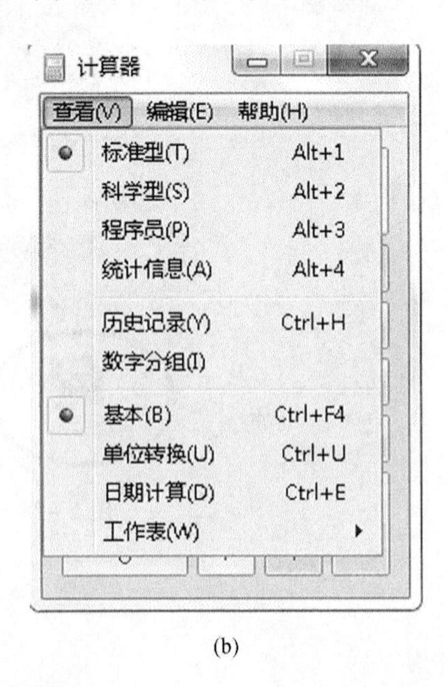

(b)

图 1－28　计算器

例如，选择“查看”→“工作表”→“抵押”，打开如图 1－29 所示界面，可以计算一些特殊需求。

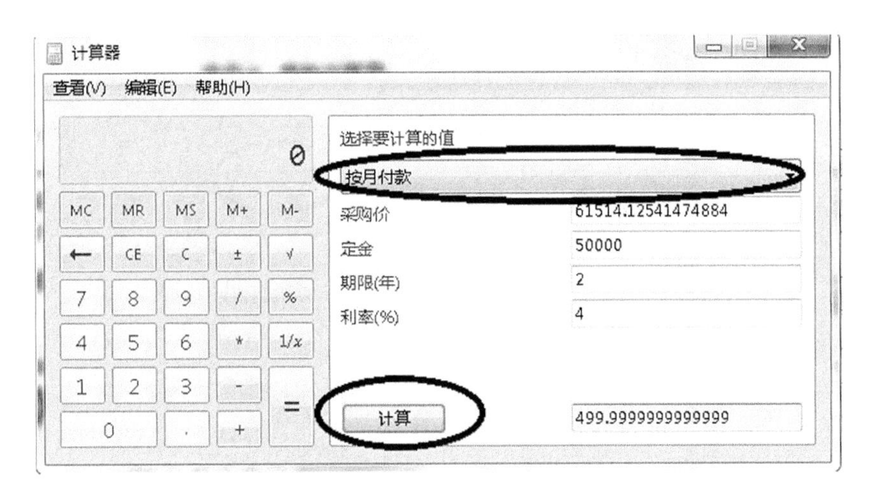

图 1－29 特殊计算器模式

1.9 虚拟内存合理化设置

内存在计算机中的作用很大，电脑中所有运行的程序都需要内存，如果执行的程序很大或很多，就会导致内存消耗殆尽。为了解决这个问题，Windows 运用了虚拟内存技术，即拿出一部分硬盘空间充当内存使用，这部分空间即称为虚拟内存。虚拟内存只是物理内存(即通常说的内存)不足的补充。如果物理内存过小，可以适当增加虚拟内存；如果物理内存很大，如 2 GB 甚至 4 GB，8 GB，就不需虚拟内存了。

虚拟内存的读写性能(即硬盘的读写速度)只有物理内存性能的几十分之一，而且高频率的读写操作对硬盘损伤很大，容易出现硬盘坏道。因此，能不用则不用，能少用则少用。

右键点击“计算机”，选择“属性”，打开的窗口在左侧选择“高级系统设置”，打开如图 1－30 所示界面，选择“高级”，点击“设置”，打开如 图 1－31 所示界面，选择“高级”，点击“更改”，打开如图 1－32 所示的虚拟内存设置界面。

如果 C 盘的空间不大，建议将“驱动器”窗口改成“D 盘”或者“E 盘”，在“自定义大小”中，如果内存为“1 GB”，建议“初始大小”设置成“512”，“最大值”设置成“1024”左右；如果内存为“2 GB”，建议“初始大小”设置成“256”，“最大值”设置成“512”左右；如果内存为“4 GB”，建议“初始大小”设置成“128”，“最大值”设置成“256”左右。点击“确定”，退出重启才能生效。

对于那些爱玩大型 3D 游戏、制作大幅图片、进行 3D 建模等需要使用大量内存的人来说，可以适当增加虚拟内存。

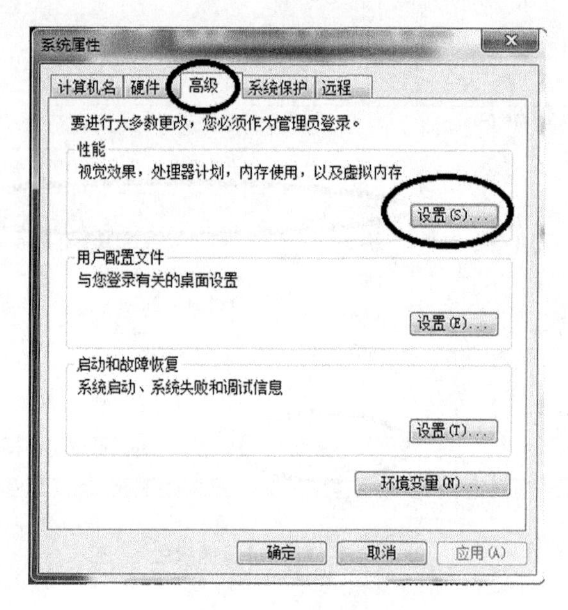

图 1－30　系统属性设置

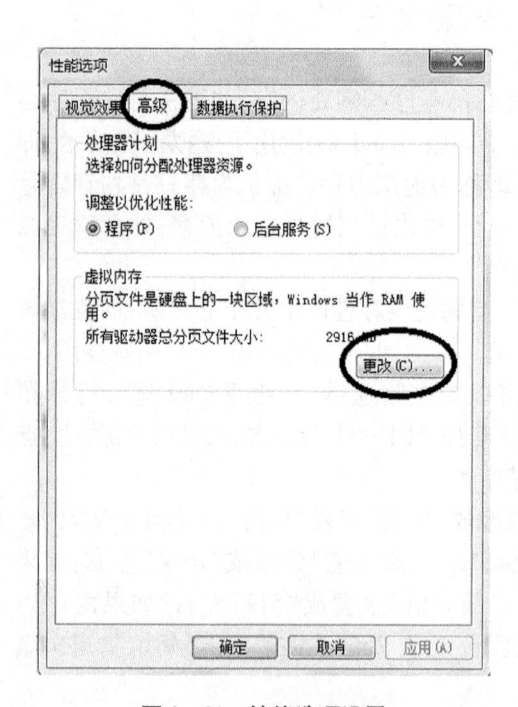

图 1－31　性能选项设置

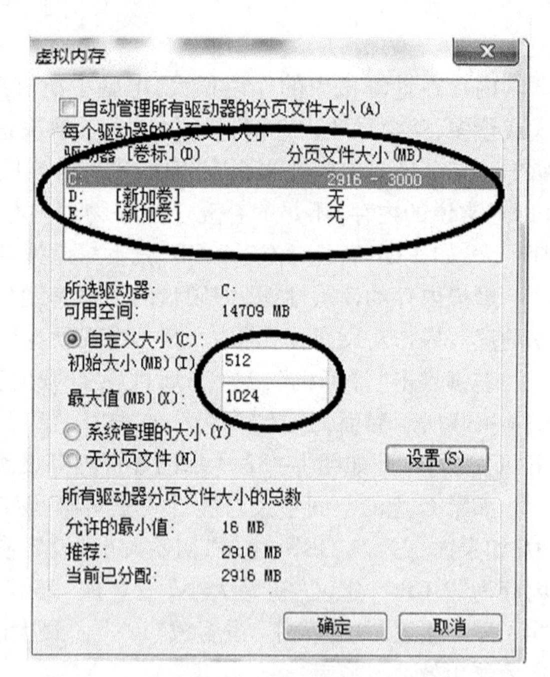

图 1－32　虚拟内存设置

1.10 查看隐藏文件及扩展名

Windows 设置了很多文件为隐藏属性，正常情况下看不到。同时，Windows 也将文件的扩展名隐藏，例如，将 Word 文件的后缀“. doc”、mp3 文件的后缀“. mp3”进行了隐藏。那么如何看这些隐藏的文件以及隐藏的扩展名呢？有以下两种方式。

①打开任一文件夹，包括“我的电脑”。打开“我的电脑”，如图 1－33 所示。

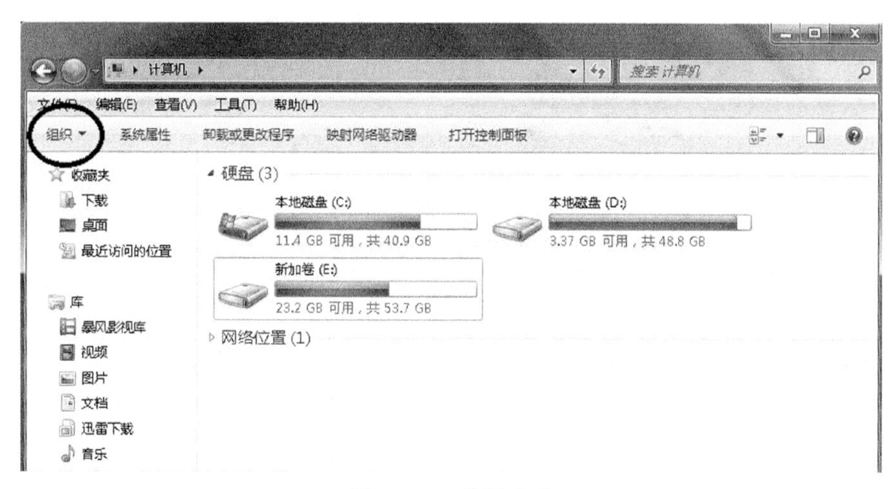

图 1－33 我的电脑

点击左上角的“组织”，选择“文件夹和搜索选项”，打开如图 1－34 所示界面，选择“查看”。通过滑块找到如图 1－35 所示的几个选项，将前面的钩去掉，点击“确定”即可。

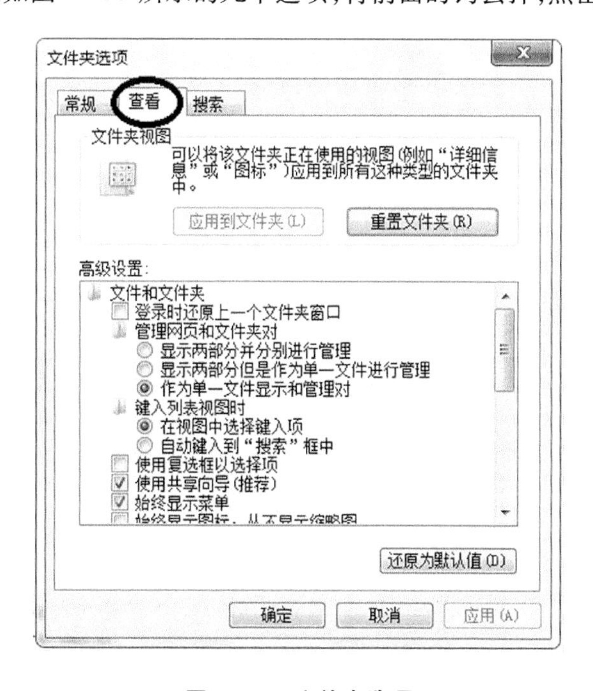

图 1－34 文件夹选项

回到文件或者文件夹窗口,看看是不是多出了很多隐藏的文件,并且可以看到其扩展名。

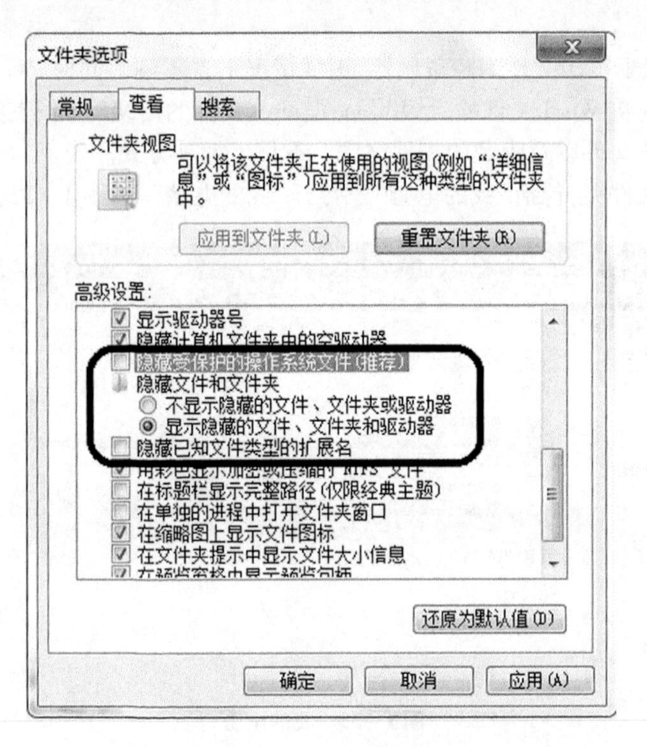

图 1-35　文件夹选项

②使用控制面板操作。关于控制面板的内容将在第 2 章做详细介绍。

第 2 章　控 制 面 板

Windows 7 控制面板相对于 Windows XP 来说，增加了很多功能。这一章将介绍一些常用的、实用的控制面板操作技巧。

点击“开始”，在右侧能看到“控制面板”按钮，如图 2－1 所示，进入如图 2－2 所示的“控制面板”界面。在右上角的“查看方式”中，有三种选择：一个是“类别”，即将所有选项进行归类以方便查询；其他是以“大图标”或者“小图标”显示，如图 2－3 所示。可以看到这里包含了丰富多彩的选项。

本章以“类别”为例，介绍其中的一些常用且实用的设置操作。

图 2－1　控制面板位置

图 2－2　控制面板类别窗口

图 2－3 控制面板小图标窗口

2.1 系统和安全设置

点击图 2－2 中的"系统和安全"，进入如图 2－4 所示的界面。

图 2－4 系统和安全窗口

1. 防火墙设置

点击图 2 –4 中的"Windows 防火墙",进入如图 2 –5 所示的界面。

图 2 –5　Windows 防火墙窗口

在窗口的右侧可以看到"已连接",说明计算机已经连入了 Internet 网络,连入的方式在窗口的下端显示"TP-LINK. . . ",说明是采用无线路由器的方式接入网络。

在窗口的左侧有几个设置,下面分别做一介绍。

点击"允许程序或功能通过 Windows 防火墙",进入如图 2 –6 所示的界面,可以看到计算机已经安装的可以通过防火墙的所有程序。

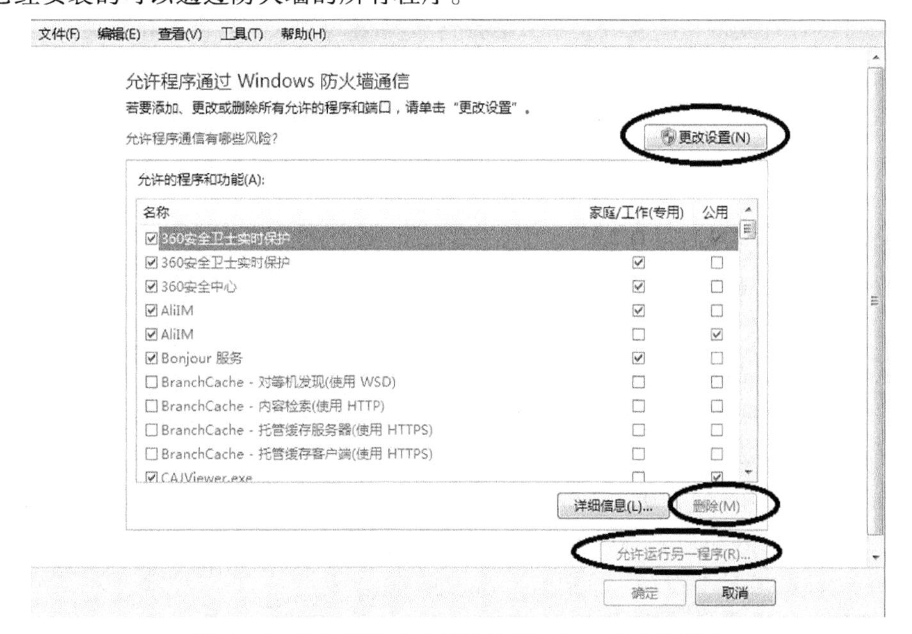

图 2 –6　允许程序或功能通过 Windows 防火墙窗口

如果不想让某个程序通过防火墙,即不想让某个程序连接 Internet 网络,可以点击“更改设置”,这时就激活了中间的窗体。例如,找到“CAJViewer. exe”,这是一个类似于可以看“. pdf”文档的软件,它可以看“. caj”和“. kdh”文档的软件。用这个软件来查看文档并不需要连接网络,所以可以将其断网,点击左侧的小方框,将勾选去掉,点击“确定”即可。或者干脆将这个软件的网络连接删除,点击右侧的“删除”后点击“确定”,如图 2-7 所示。

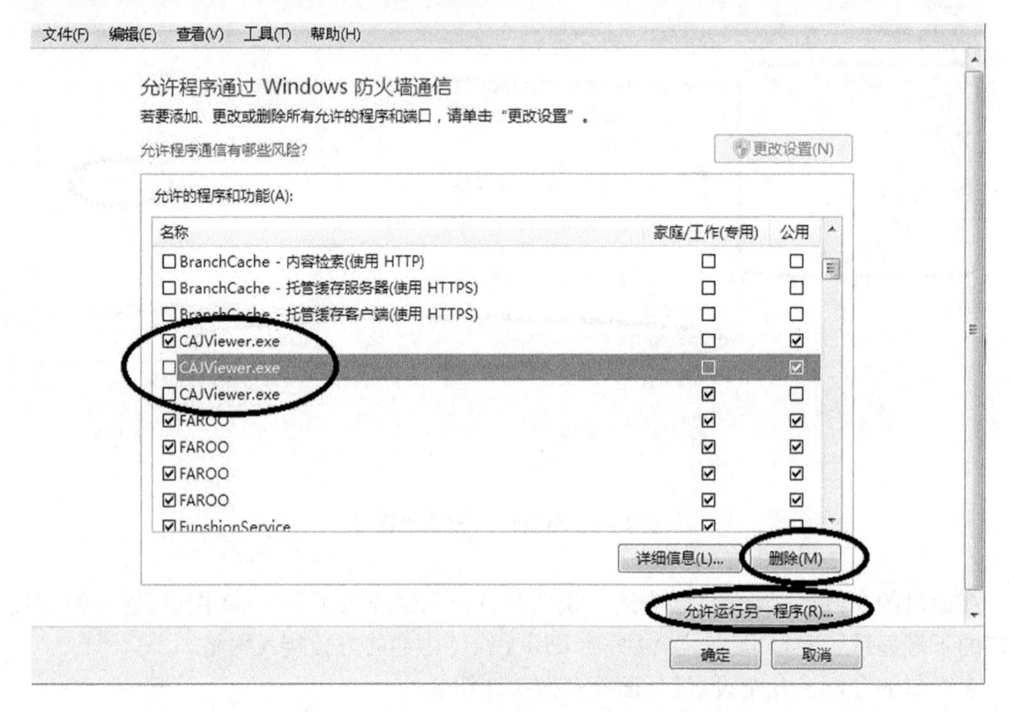

图 2-7 允许的程序窗口

同理,可以查看其他一些软件是否有必要连接网络,若无必要,可以将其关闭。

注:有些软件确实没有必要连接网络,建议将其断网,否则会出现一些问题,例如软件定期提示升级、软件本身存在的缺陷导致漏洞的产生,从而给黑客带来可乘之机等。

相反,如果想让某个程序连接网络,也可以进行设置。例如,刚才的“CAJViewer. exe”已经被删除,现在让其重新连入网络。点击“允许运行另一程序”,打开如图 2-8 所示界面,在窗体中选择“CAJViewer 7.0”,或者直接通过“浏览”找到相应目录中的“CAJViewer. exe”,点击“添加”即把其连接到网络。

图 2-8 添加程序窗口

在图 2-5 中,左侧的“更改通知

设置"和"打开或关闭 Windows 防火墙"都打开了同一界面,如图 2－9 所示。可以根据自己的需要启用或者关闭防火墙。如果计算机没有安装其他的防火墙软件,建议按照如图 2－9 所示方式启用 Windows 防火墙。

图 2－9　打开或关闭 Windows 防火墙

2. 电源选项

在图 2－4 中选择"电源选项",进入如图 2－10 所示的界面。

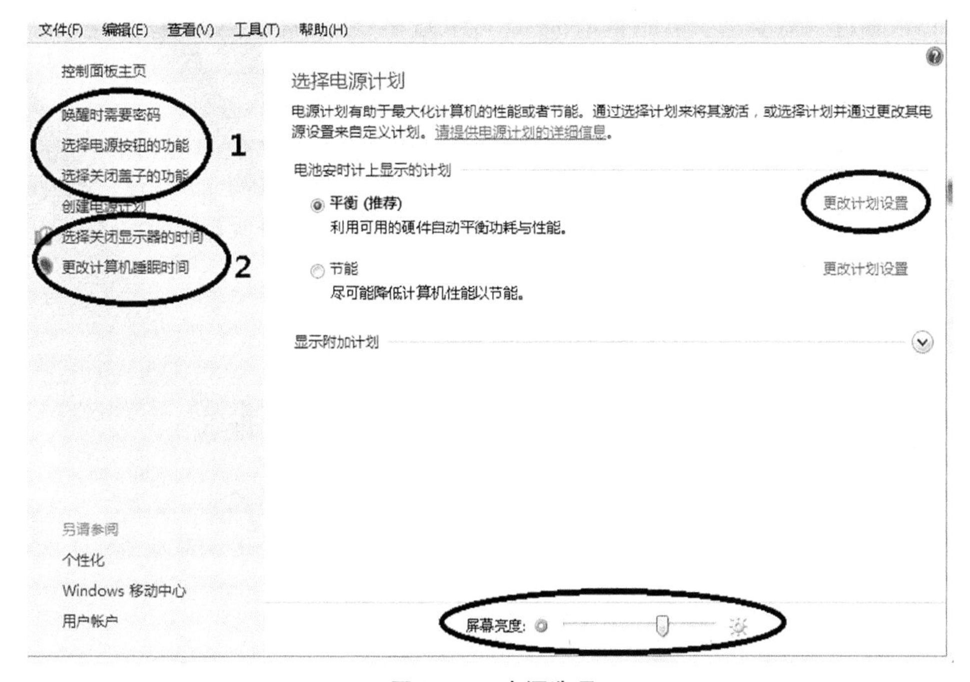

图 2－10　电源选项

在界面的最下方,可以直接通过滑轮调整屏幕的亮度。

如果使用笔记本电脑的话,在界面的中间,可以选择"平衡"或者"节能",这对延长电池的使用时间是有好处的,然后在右侧,可以在"更改计划设置"中具体设置,其界面和左侧点击"2"中的两个按钮是一样,如图 2-11 所示。

图 2-11　更改计划的设置

可以根据自身需要选择合适的时间,还可以点击"更改高级电源设置"进一步设置电源。

3. 管理工具

在图 2-4 中,选择"管理工具"中的"释放磁盘空间",进入如图 2-12(a)所示的界面,选择要清理的驱动器,确定进入如图 2-12(b)所示的扫描进程界面。扫描之后进入如图 2-13(a) 所示的磁盘清理界面。查看要删除的文件,勾选需要删除的文件,点击"确定",弹出提示窗口如图 2-13(b)所示,点击"删除文件"即可。

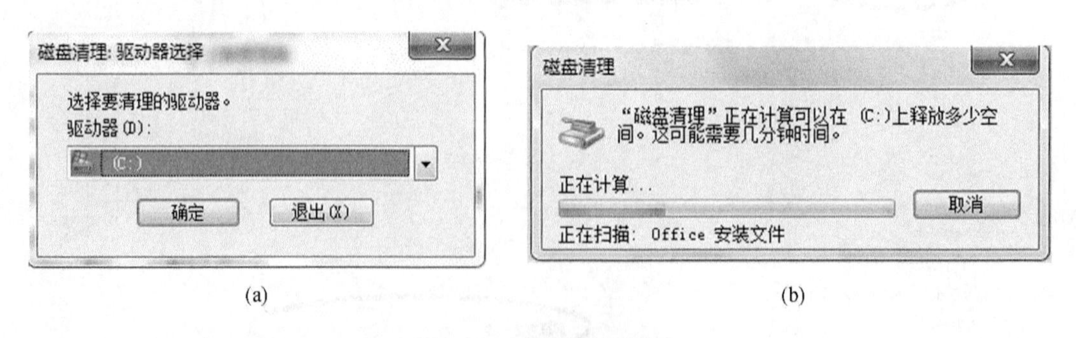

(a)　　(b)

图 2-12　释放磁盘空间

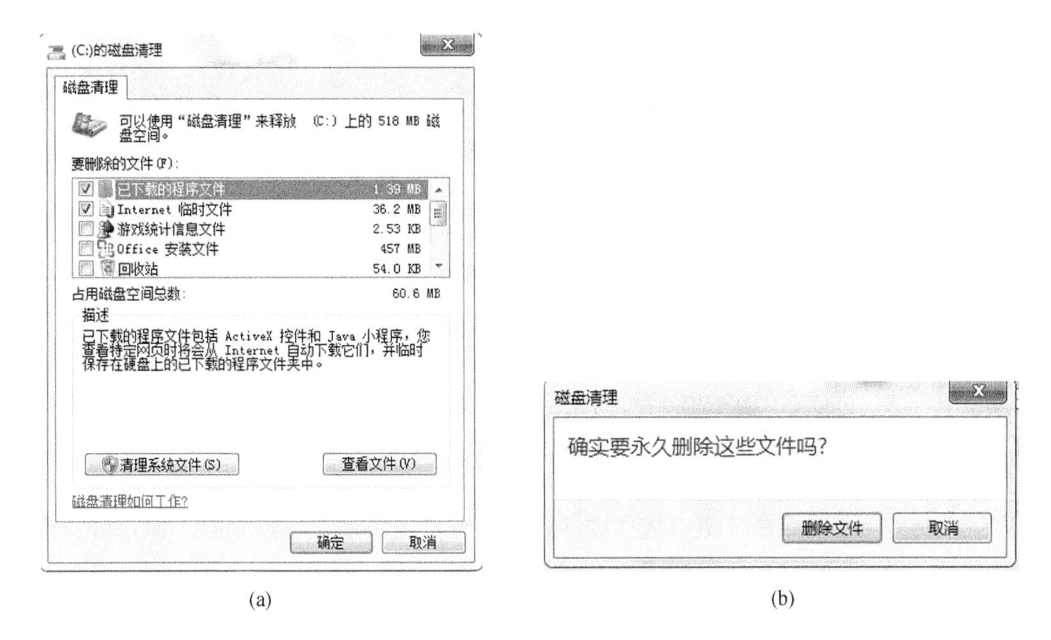

(a) (b)

图 2－13　磁盘清理

在图 2－4 中，选择“管理工具”中的“对磁盘进行碎片整理”，进入如图 2－14 所示的界面。

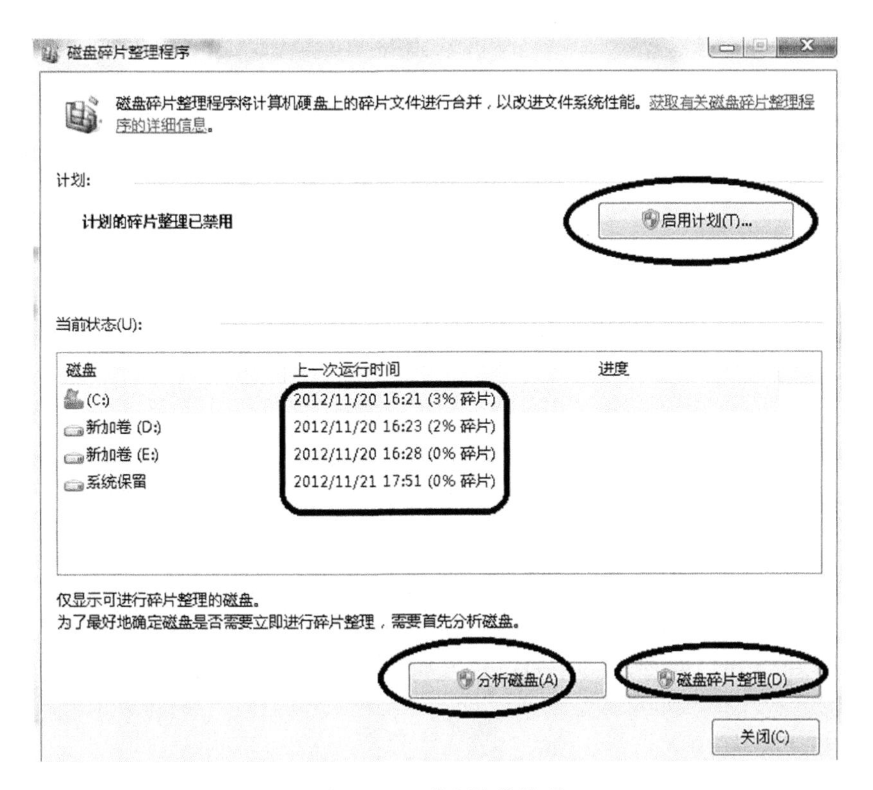

图 2－14　磁盘碎片整理

磁盘碎片称为文件碎片，是因为文件被分散保存到整个磁盘的不同地方，而不是连续地保存在磁盘连续的簇中形成的。硬盘在使用一段时间后，由于反复写入和删除文件，磁盘中的空闲扇区会分散到整个磁盘中不连续的物理位置上，从而使文件不能存在连续的扇区里。这样，在读写文件时就需要到不同的地方去读取，增加了磁头的来回移动，降低了磁盘的访问速度。

硬盘就像屋子一样需要经常整理，要整理磁盘就要用到“磁盘碎片整理”工具。磁盘碎片整理就是通过系统软件或者专业的磁盘碎片整理软件对电脑磁盘在长期使用过程中产生的碎片和凌乱文件重新整理，释放出更多的磁盘空间，可提高电脑的整体性能和运行速度。

在图 2 - 14 中，在窗体中间选择要进行碎片整理的磁盘，点击“分析磁盘”。在 Windows 完成分析磁盘后，可以在“上一次运行时间”中检查磁盘上碎片的百分比。如果数字高于“10%”，则应该对磁盘进行碎片整理，点击“磁盘碎片整理”即可。

可以给计算机制订一个磁盘碎片整理计划，让系统定期自动执行。点击“启用计划”，打开图 2 - 15 界面，选择好时间，勾选“按计划运行”，点击“确定”，系统将定期自动执行。

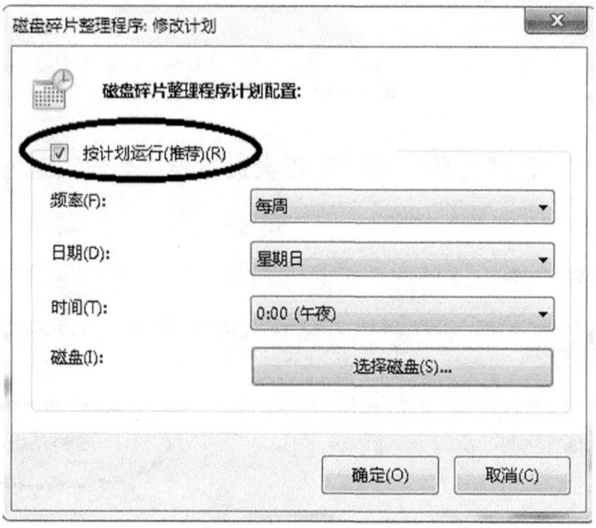

图 2 - 15　修改计划

注：用 Windows 自带的磁盘碎片整理工具进行整理，速度可能会慢一些，网上已经有很多整理软件速度要快于 Windows 自带的工具，但 Windows 7 已经远远好于 Windows XP，整理速度已经提高了很多，因此，还是建议用 Windows 7 自带的工具。

2.2　网络和 Internet 设置

点击图 2 - 2 中的“网络和 Internet”，进入如图 2 - 16 所示的界面。在这个界面可以查看网络的状态以及设置 Internet 参数等。

1. 网络和共享中心

点击“网络和共享中心”，进入如图 2 - 17 所示的界面。

在中间的“查看活动网络”区域可以看到目前使用的网络情况，例如，作者使用的是无线网络，网络名字是“TP-LINK_69A38E”。

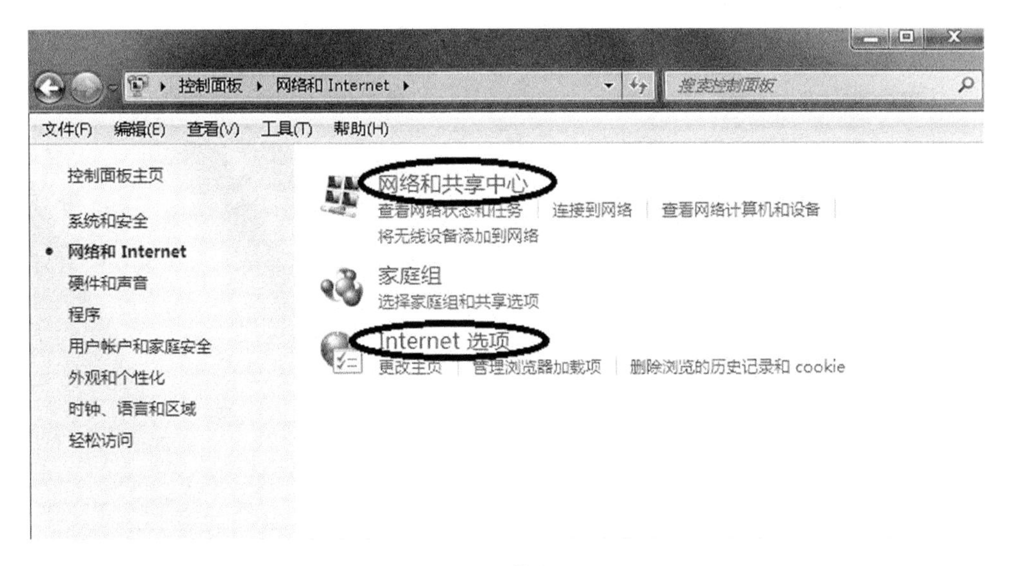

图 2－16　网络和 Internet

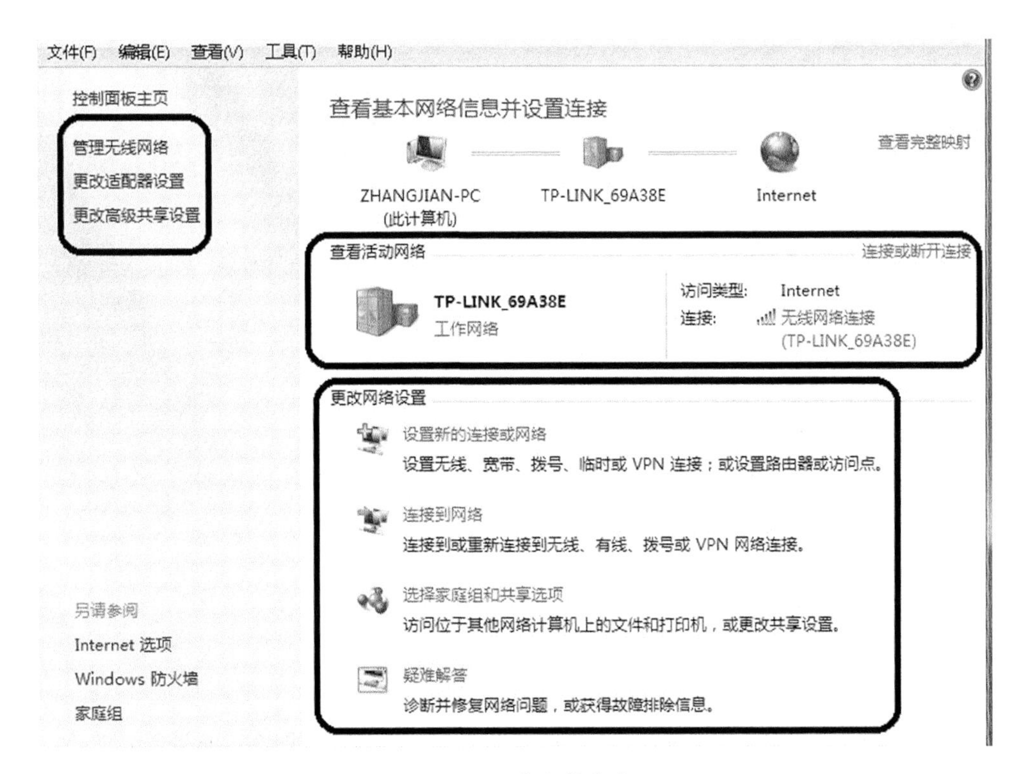

图 2－17　网络和共享中心

点击左侧区域中“管理无线网络”，打开如图 2－18 所示的窗口，可以看到已经使用过的所有无线网络，共 8 个对象。

点击左侧区域中“更改适配器设置”，打开如图 2－19 所示的窗口，可以看到所有的网络连接状态，包括可用的和不可用的。作者是通过无线上网，所以本地连接不可用，蓝牙也没有使用。

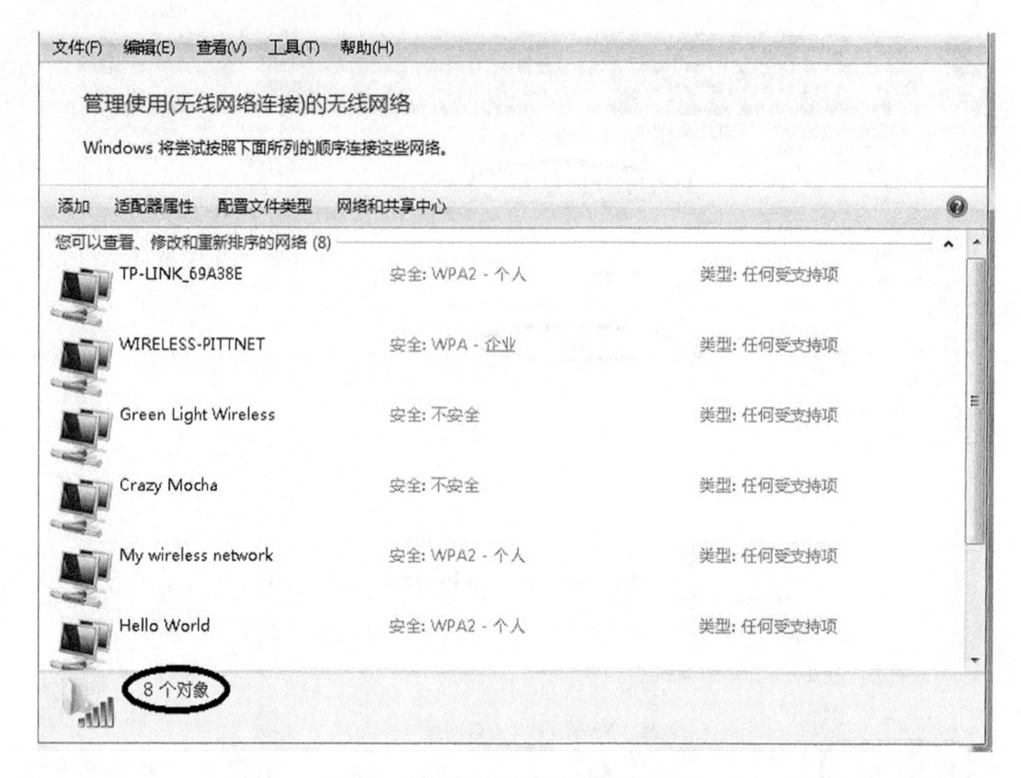

图 2－18　使用过的所有无线网络

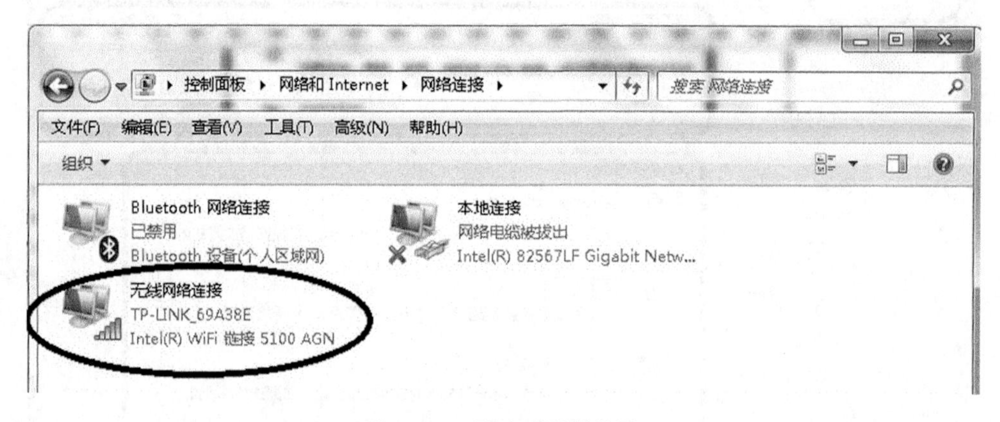

图 2－19　更改适配器设置

如果计算机还没有连接到 Internet,可以通过设置使其接入网络。在图 2－17 中,点击“更改网络设置”中的“设置新的连接和网络”,打开图 2－20 所示的界面。选择“连接到 Internet”→“下一步”,进入如图 2－21 所示界面。选择连接方式,通常选择无线和宽带两种方式。

作者选择“无线”,进入如图 2－22(a)所示界面,这里可以看到所有可检测到的无线网络,“三角区域”是无线信号的强弱,类似于手机信号。点击属于你的网络,得到如图 2－22(b)所示界面,点击“连接”,提示输入密码,进入,则连接成功。

图 2-20　连接到 Internet

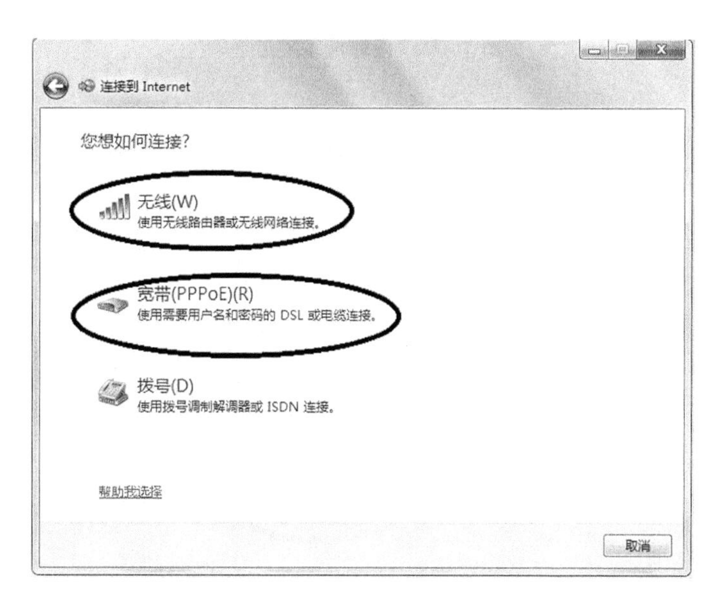

图 2-21　选择连接方式

2. Internet 选项

在图 2-16 中选择“Internet 选项”进入 Internet 的相关设置，如图 2-23 所示，包含很多的 Internet 设置。

在“常规”选项中，即默认界面中有主页的设置，如果想让 IE 浏览器打开时自动进入某网页，可以在此设置，如将主页地址改成“http://www.sina.com.cn”，或者先进入 IE 浏览器，打开新浪网站，然后再打开此设置，可以看到新浪网站的网址已经在上面，点击“使用当前页”即可。

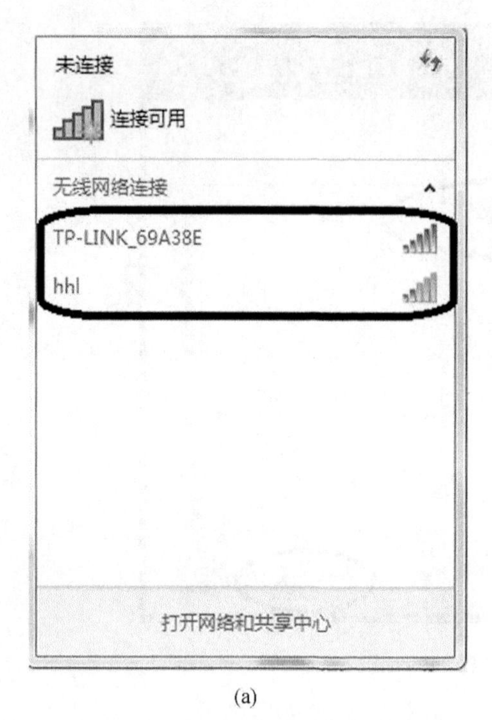

(a)

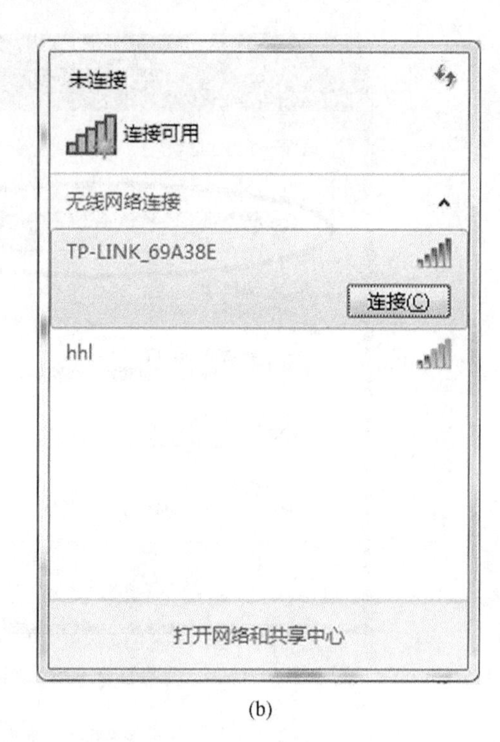

(b)

图 2－22　无线网络的选择

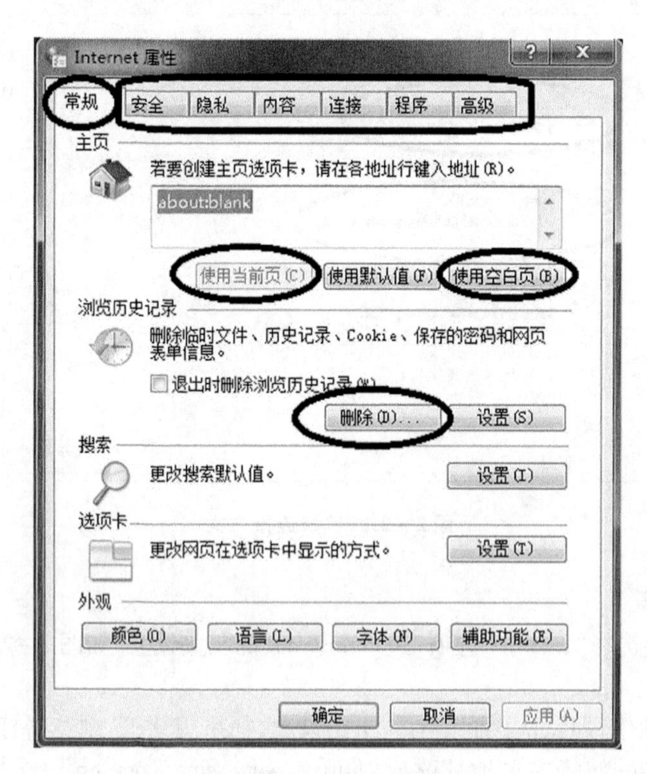

图 2－23　Internet 属性

设置的中间部分有“删除”按钮，可以删除 IE 浏览器所产生的临时文件、历史记录以及保存的密码等。每当进入网站的时候，IE 会先下载一些临时的文件，包括图片等信息，存放在计算机中，下次再进入的时候，就不必重新下载，节省时间，但也占用了计算机的很多空间。如果想节省空间，可以定期删除这些文件。

点击图 2－23 上面的选项卡，选择“安全”，进入如图 2－24 所示的界面，中间区域根据实际情况，通过滑块选择安全级别。

点击图 2－23 上面的选项卡，选择“隐私”，进入如图 2－25 所示的界面，根据实际需要，通过滑块选择隐私级别。还可以启用“弹出窗口阻止程序”，这样，再进入一些网站的时候，就不必为一些烦心的弹出广告等发愁了。

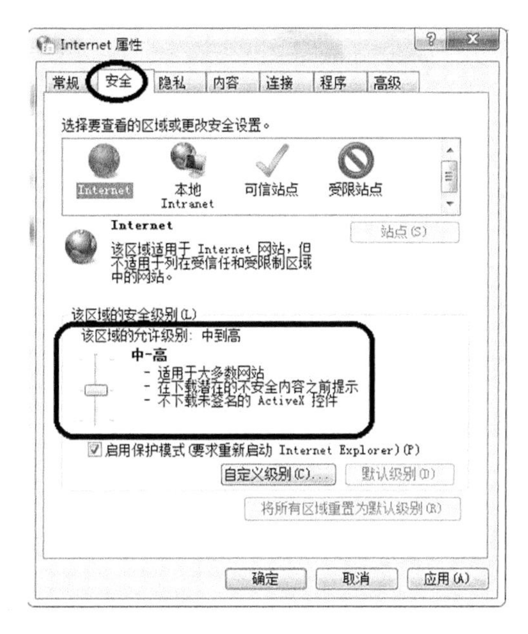

图 2－24　安全设置

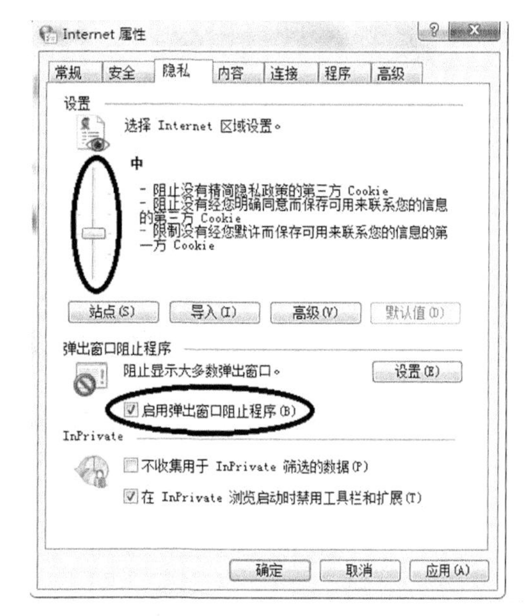

图 2－25　隐私设置

2.3　硬件和声音

在图 2－2 中点击“硬件和声音”，打开如图 2－26 所示界面。

1. 自动播放

在图 2－26 中点击“自动播放”，进入如图 2－27 所示界面。在这里可以修改音频、视频、图片的播放器。例如，图片选择“ACDSee”进行播放、音频选择“Windows Media Player”进行播放、视频选择“暴风影音”进行播放。

2. 声音

在图 2－26 中点击“声音”，进入如图 2－28 所示界面。在上端中选择“声音”，整个窗体就是 Windows 发出声音的设置窗口，包括 Windows 启动声音、Windows 关闭声音以及各种 Windows 的触发程序事件声音等。

在“声音方案”中有多种方案，包括“传统”“节日”等。在“程序事件”中，可以设置所有和 Windows 系统有关的声音。例如，设置 Windows 关机的声音为一首歌曲，而不是默认的声音,在“程序事件”中,找到“退出 Windows”,点击“浏览”,选择一个“.wav”格式的文件(多种方式可以将其他格式转成 wav 格式),例如,选择“王菲-传奇.wav”,点击“确定”。试试关机的声音。

同理,可以设置开机的声音以及各种其他的声音。关机声音选择如图 2-29 所示。

图 2-26　硬件和声音

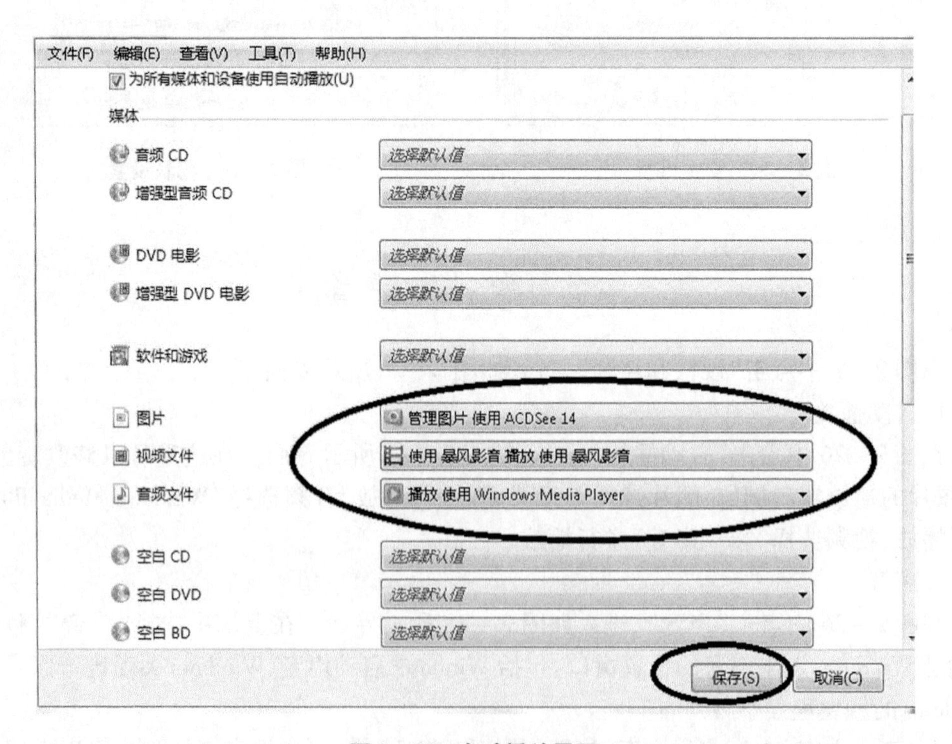

图 2-27　自动播放界面

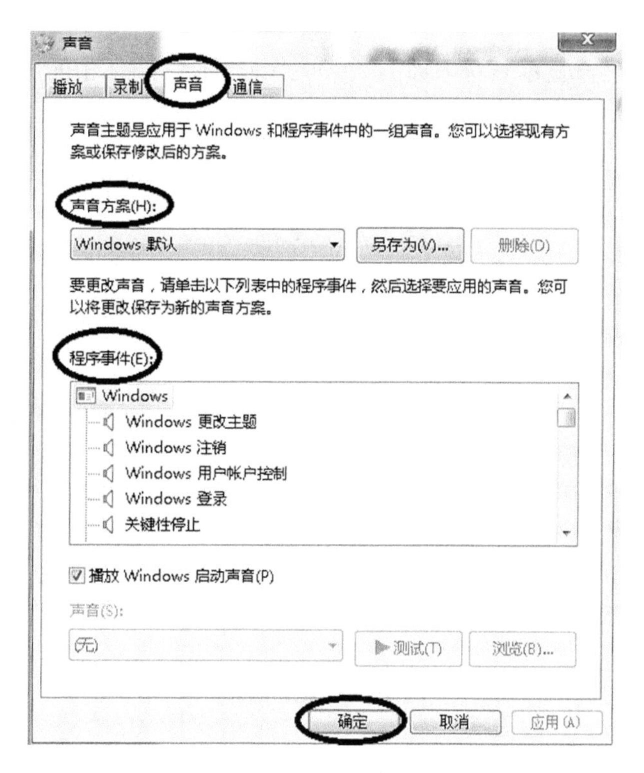

图 2－28　声音界面

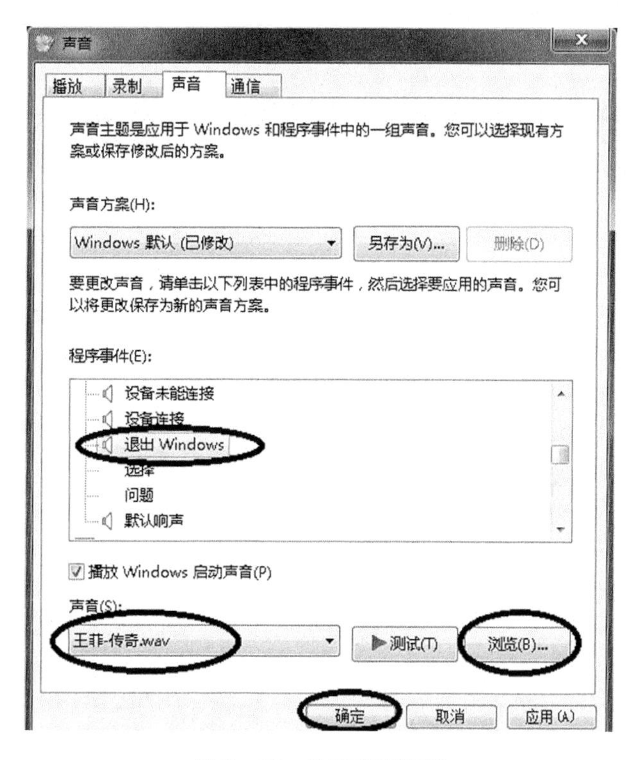

图 2－29　关机声音选择

3. 显示

在图 2－26 中点击“显示”，进入如图 2－30 所示界面。窗体中间可以快速地选择屏幕文本大小，有“较小”和“中等”两个选项。

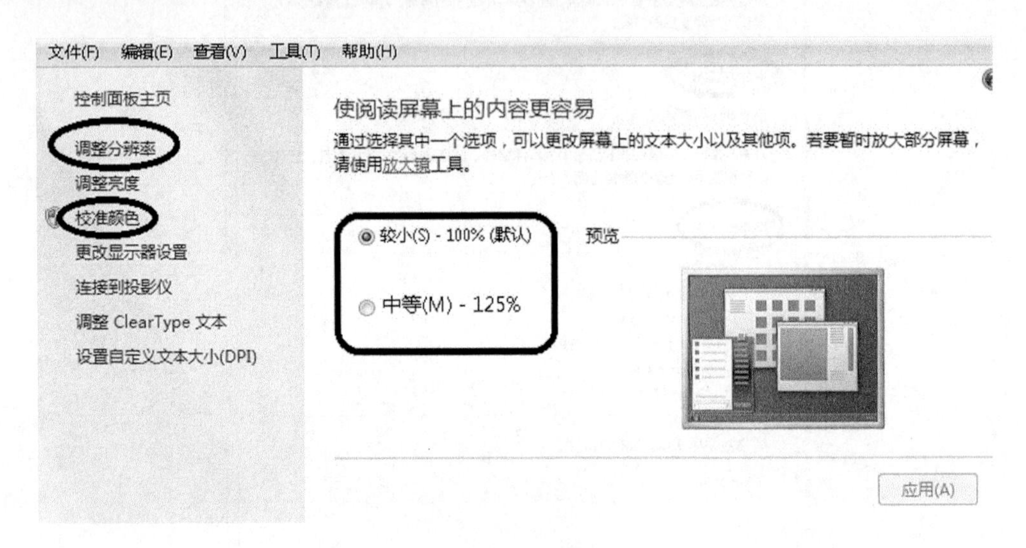

图 2－30　显示窗口

点击左侧的“调整分辨率”或者“更改显示器设置”，都会打开如图 2－31 所示界面。可以在中间位置调整显示器的分辨率。

现在有好多用户开始使用两个显示器，在这个界面会显示双显示器，可以进行相应的设置。

图 2－31　调整分辨率窗口

点击左侧的“校准颜色”，会提示如何校准进行“下一步”等操作，按照提示可以校准颜色。

4. Windows 移动中心

在图 2－26 中点击“Windows 移动中心”，进入如图 2－32 所示界面。可以看到“亮度”“音量”“电池状态”以及“网络”等内容，可以相应地进行调节。

图 2－32 Windows 移动中心

2.4 程序设置

在图 2－2 中点击“程序”，打开如图 2－33 所示界面。

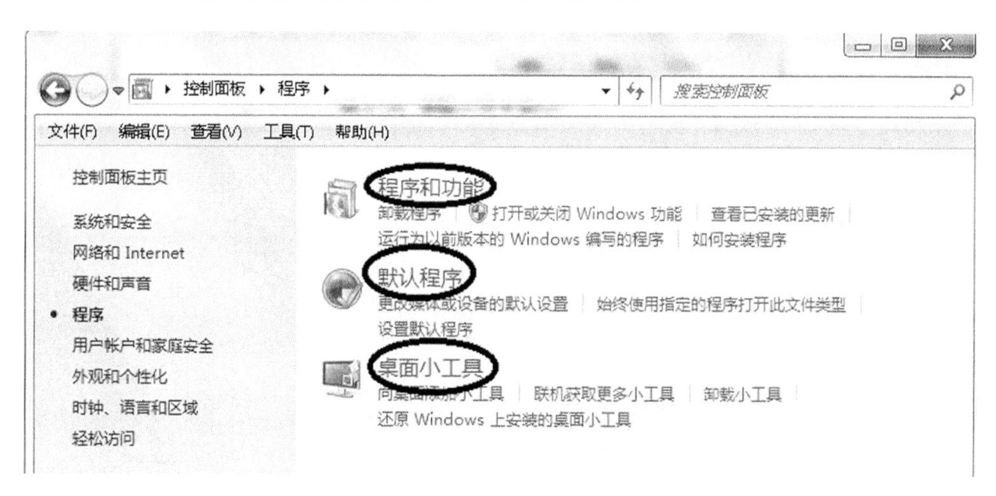

图 2－33 程序设置

1. 程序和功能

在图 2－33 中点击“程序和功能”，打开如图 2－34 所示界面。在这里可以卸载或者更改已经安装的程序。例如，要卸载“ACDSee 14”，点击“ACDSee 14”，在最下面可以看到有关它的一些简单介绍，再在上面点击“卸载”，会弹出对话框询问等，按要求即可将这个软件卸载。

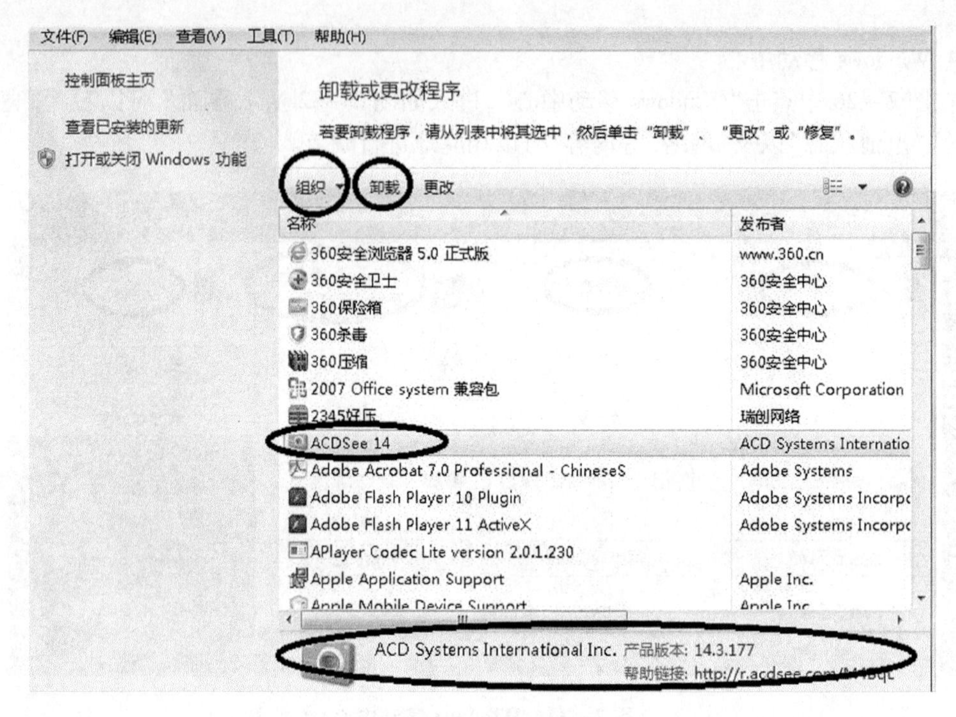

图 2－34　卸载程序

在图 2－34 中点击“组织”，打开如图 2－35 所示界面，选择“文件夹和搜索选项”，即可打开图 1－34 的界面，也就是 1.10 节提到的第二种方式，通过这种方法可以查看隐藏文件及扩展名。

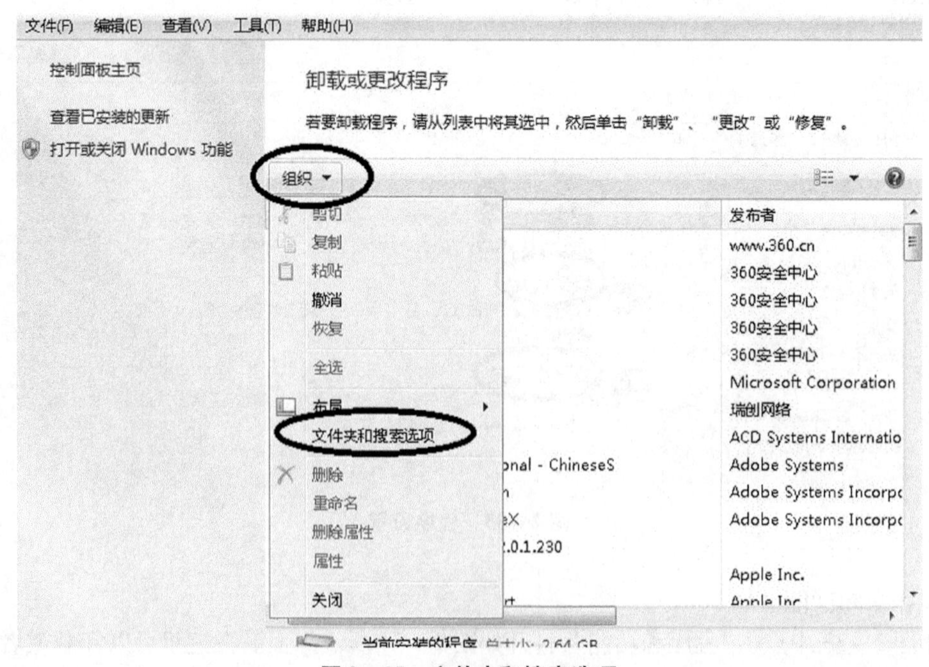

图 2－35　文件夹和搜索选项

2. 默认程序

在图 2－33 中点击“默认程序”，打开如图 2－36 所示界面。

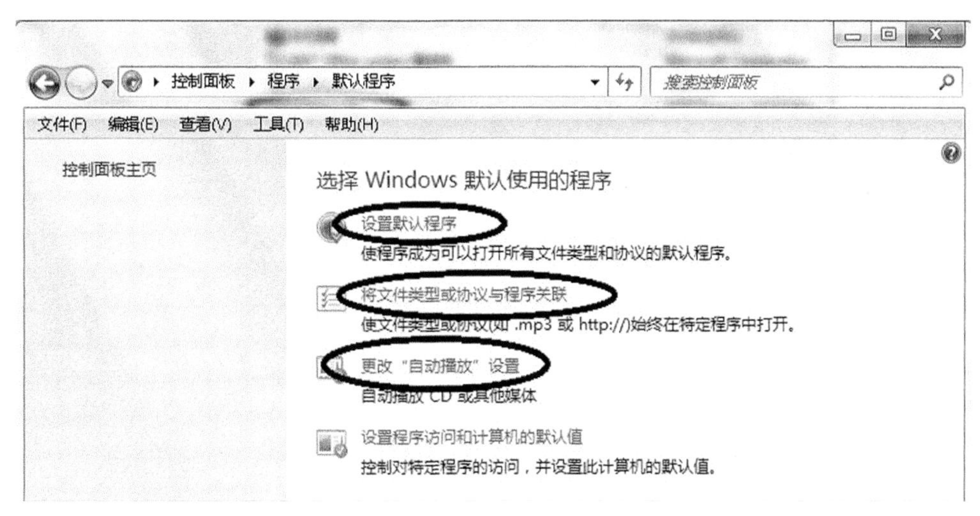

图 2－36 默认程序

选择“设置默认程序”，打开如图 2－37 所示界面。可以在左侧看到很多软件或工具，点击任意一个，可以看到右侧出现它的一个介绍以及它的若干个默认设置。点击“选择此程序的默认值”，打开如图 2－38 所示界面，可以看到“Windows 图片查看器”能打开的众多图片类型，如果想让“Windows 图片查看器”除了“. bmp”格式的图片外都能打开，点击“全选”，将“. bmp” 前面的钩去掉，点击“保存”，当遇到“. bmp”格式的图片时，就不能用“Windows 图片查看器”打开了。

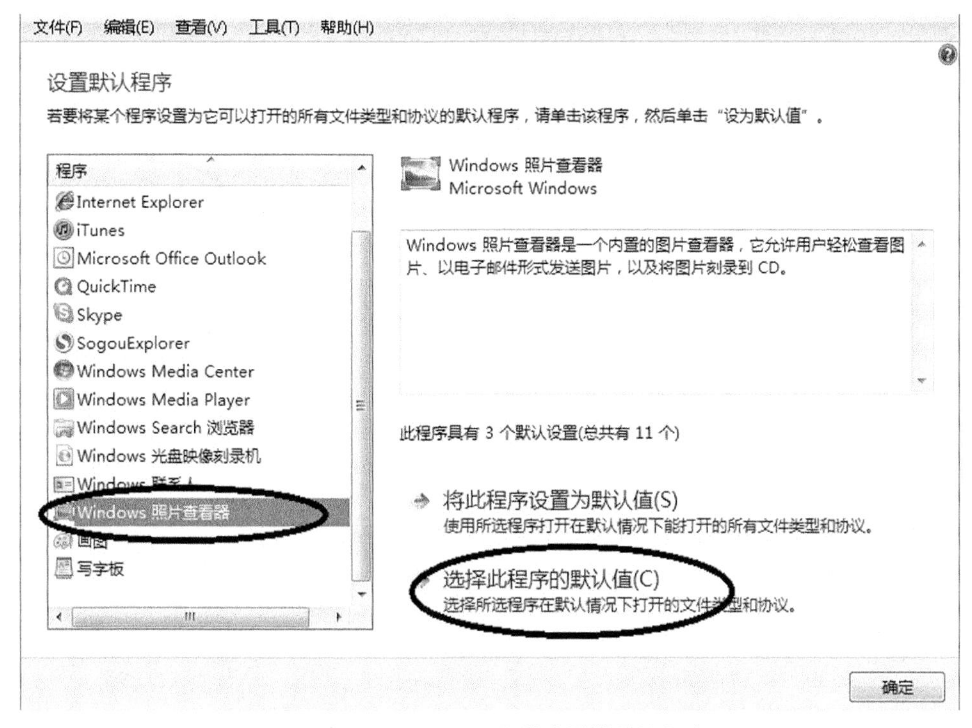

图 2－37 Windows 图片查看器默认程序

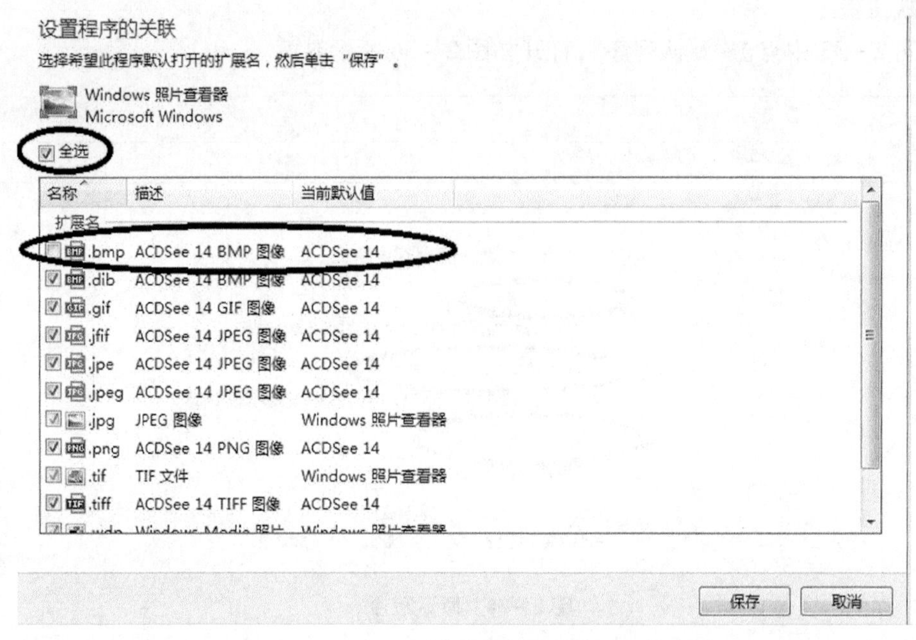

图 2－38　Windows 图片查看器的关联文件类型

在图 2－36 中选择“将文件类型或协议与程序关联”，打开如图 2－39 所示界面。这里，可以看到已经使用过的所有的文件类型以及它们的默认打开程序。如果要更改某个文件类型的打开程序，例如更改“. mp3”格式音乐的打开程序，点击“. mp3”即可看到它的默认打开程序是“千千静听”，点击“更改程序”，选择“gvod”，如图 2－40 所示，点击“确定”即可。

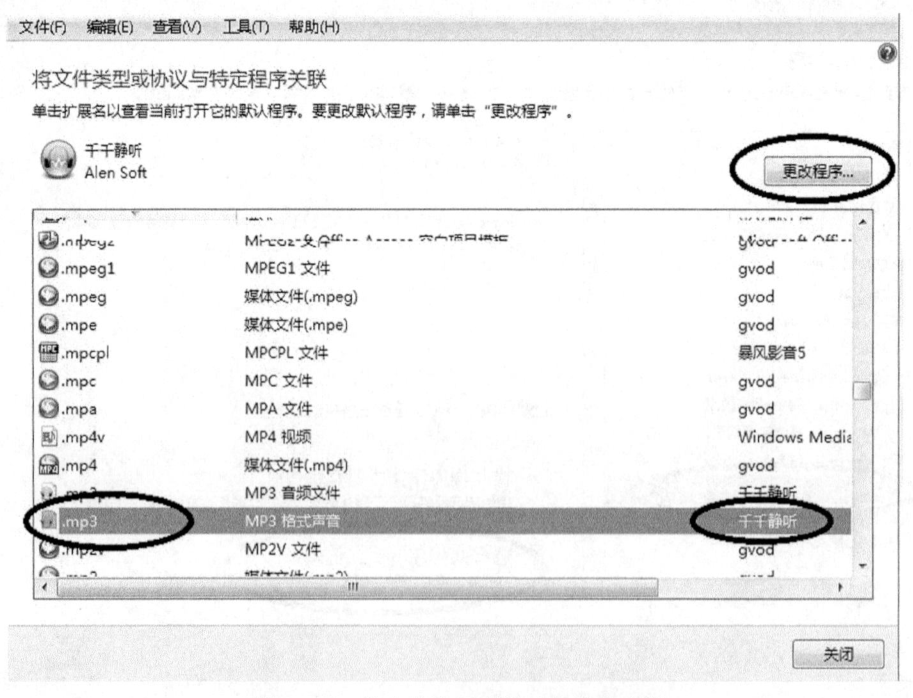

图 2－39　将文件类型或协议与程序关联

图 2-40 更改文件类型的关联程序

在图 2-36 中,选择“更改自动播放设置”就会出现如图 2-27 所示的自动播放界面,是一样的设置。

3. 桌面小工具

在图 2-33 中点击“桌面小工具”,打开如图 2-41 的界面。这里提供了很多小工具,都很实用,例如双击“时钟”,就会在桌面出现一个时钟的界面,如图 2-42(a)所示。鼠标放在时钟上,选择“选项”,弹出设置界面,如图 2-42(b)所示。可以选择不同的时钟界面以及是否显示秒针等,点击“确定”即可设置完成。

图 2-41 更改文件类型的关联程序

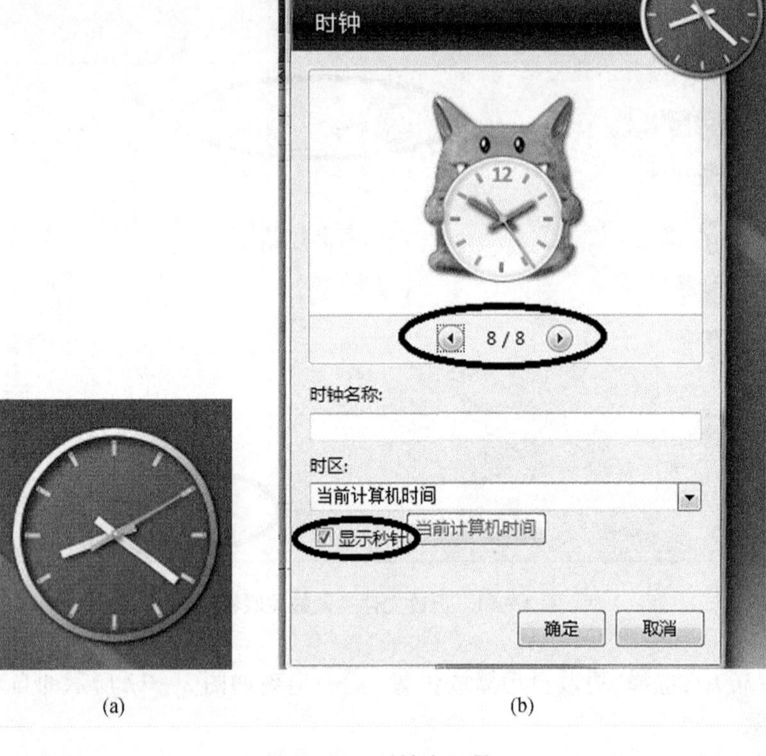

(a) (b)

图 2 - 42 时钟小工具

在图 2 - 2 的“控制面板”里，还有其他一些选项，相对比较简单，用户可以试着修改(不会对计算机产生“破坏性”影响)。

第 3 章　Word 文档

Word 2010 是 Microsoft 公司开发的 Office 2010 办公组件之一，主要用于文字处理工作。本章重点介绍较实用的文档处理操作方法。

3.1　选择内容的方法(如何快速选中文档内容)

在一篇长的文档中，经常要选择一些内容，有时候是一句话、一个段落、一页，甚至几页、几十页，如果只是按住鼠标左键，从开始到最后，再放开鼠标左键，内容少还可以，内容多达几十页，显然不方便，还容易出错。这里介绍几种方法可以快速选择内容。

1. 全选

这个比较常用，快捷键是“Ctrl + A”，就是全部选中文档内的所有内容，包括文字、表格、图形、图像等可见的和不可见的标记。

2. Shift + 方向键(→ ← ↑ ↓)

从光标处开始，“Shift + →”，向右选择文字，以字为单位；“Shift + ←”，向左选择文字；“Shift + ↓”，向下选择文字，以行为单位，“Shift + ↑”，向上选择文字。

3. Shift + Page Down/Page Up

从光标处开始，“Shift + Page Down/ Page Up”，向下/上选择一屏文档，即当前屏幕上的信息，如果将 Word 的显示比例调整为 50%，“Shift + Page Down”选择了整个屏幕能看到的所有三页(不同计算机屏幕显示有所不同)，如图 3－1 所示。同理，如果 Word 的显示比例调整为 200%，则只选择了大约半页。

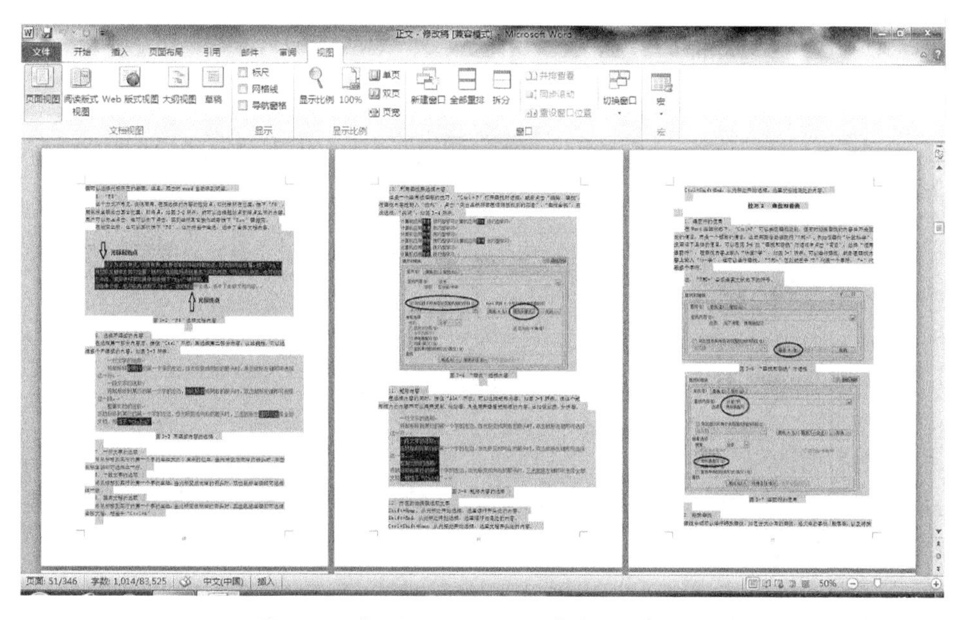

图 3－1　“Shift + Page Down”选择文档内容

4. 双击或三击

在光标所在位置双击鼠标左键可以选择光标所在位置的一个单词或词组，三击鼠标左键可以选择光标所在的段落。双击时，Word 自动识别词组。

5. F8

这个方式不常见，但很有用。在要选择的内容的起始点，即光标所在位置，按下“F8”，用鼠标左键单击其他位置，即终点，如图 3－2 所示，就可以选择起始点到终点之间的内容。用户可以向上点击，也可以向下点击，直到进行其他操作或者按下“Esc”键结束。

在结束之前，也可以再次按下“F8”，这时相当于全选，选中了全部文档内容。

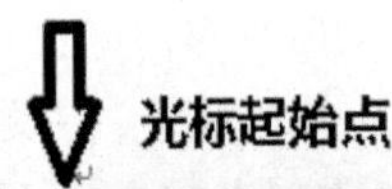

这个方式不常见，但很有用。在要选择的内容的起始点，即光标所在位置，按下“F8”，用鼠标左键单击其它位置，就可以选择起始点到单击之间的内容，可以向上点击，也可以向下点击，直到进行其它操作或者按下“Esc”键结束。

在结束之前，也可以再次按下“F8”，这时相当于全选，选中了全部文档内容。

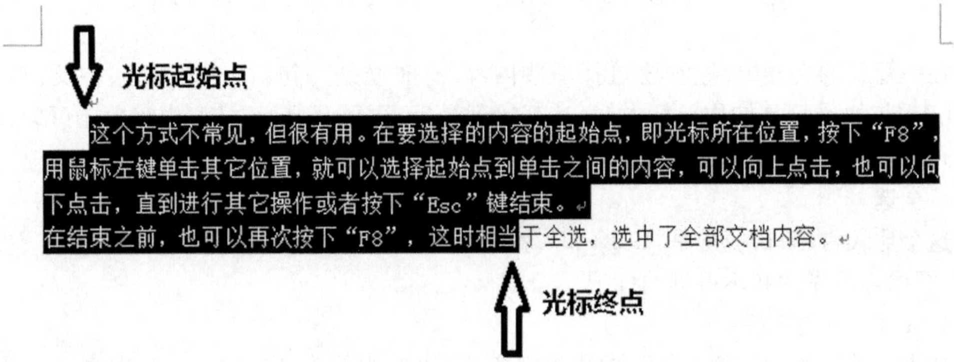

图 3－2 “F8”选择文档内容

6. 选择不连续的内容

在选择第一部分内容后，按住“Ctrl”不放，再选择第二部分内容，以此类推，可以选择多个不连续的内容，如图 3－3 所示。

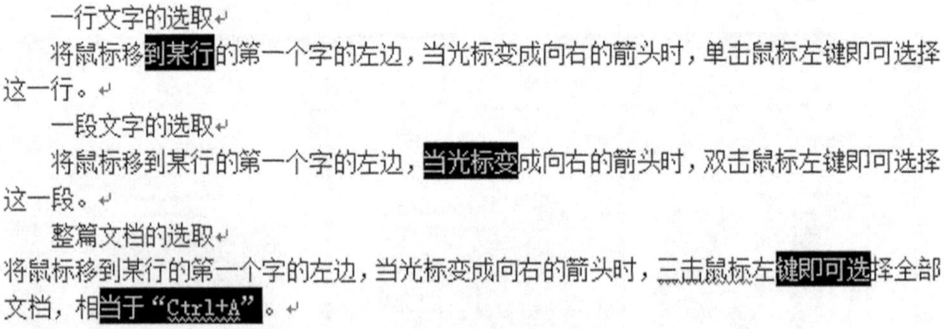

一行文字的选取

将鼠标移到某行的第一个字的左边，当光标变成向右的箭头时，单击鼠标左键即可选择这一行。

一段文字的选取

将鼠标移到某行的第一个字的左边，当光标变成向右的箭头时，双击鼠标左键即可选择这一段。

整篇文档的选取

将鼠标移到某行的第一个字的左边，当光标变成向右的箭头时，三击鼠标左键即可选择全部文档，相当于“Ctrl+A”。

图 3－3 不连续内容的选择

7. 一行文字的选取

将鼠标移到某行的第一个字的左边大约 1 cm 的位置，当光标变成向右的箭头时，单击鼠标左键即可选择这一行。

8. 一段文字的选取

将鼠标移到某行的第一个字的左边，当光标变成向右的箭头时，双击鼠标左键即可选择这一段。

9. 整篇文档的选取

将鼠标移到某行的第一个字的左边，当光标变成向右的箭头时，三击鼠标左键即可选择全部文档，相当于“Ctrl + A”。

10. 利用查找选择内容

这是一个经常被忽略的技巧。“Ctrl + F”打开查找对话框，或者点击“开始”→“查找”→“高级查找”，在查找内容栏输入“技术”，点击“阅读突出显示”→“全部突出显示”→“在以下项中查找”→“全文档”，完成选择，“关闭”，如图 3 – 4 所示。

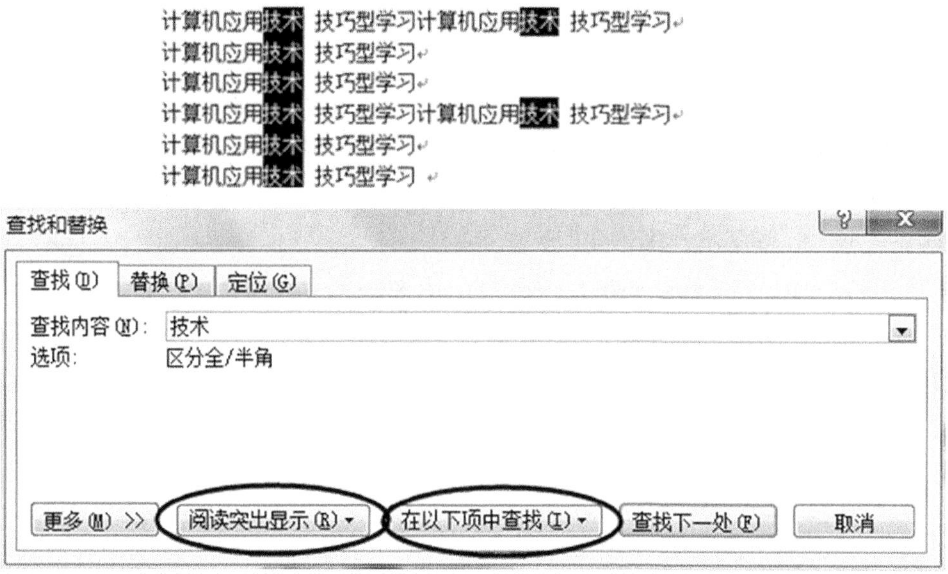

计算机应用技术 技巧型学习计算机应用技术 技巧型学习
计算机应用技术 技巧型学习
计算机应用技术 技巧型学习
计算机应用技术 技巧型学习计算机应用技术 技巧型学习
计算机应用技术 技巧型学习
计算机应用技术 技巧型学习

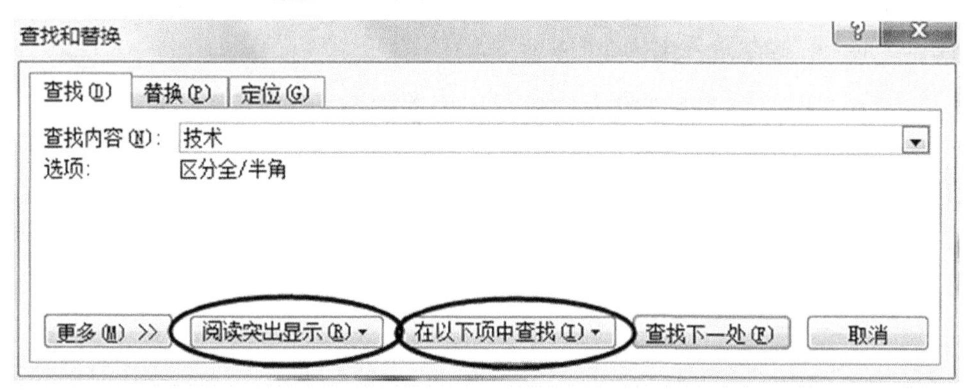

图 3 – 4 “查找”选择内容

11. 矩形内容

在选择内容的同时，按住“Alt”不放，可以选择矩形内容，如图 3 – 5 所示。但这个矩形框内的内容不可以用来复制、粘贴等，只是用来查看矩形框的内容，比如说比较、分析等。

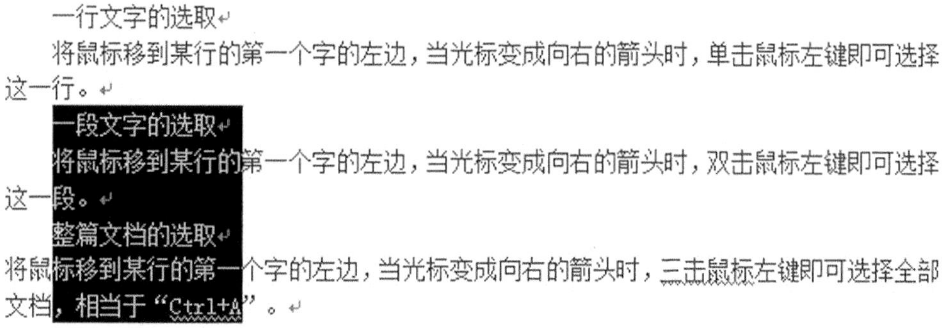

一行文字的选取

将鼠标移到某行的第一个字的左边，当光标变成向右的箭头时，单击鼠标左键即可选择这一行。

一段文字的选取

将鼠标移到某行的第一个字的左边，当光标变成向右的箭头时，双击鼠标左键即可选择这一段。

整篇文档的选取

将鼠标移到某行的第一个字的左边，当光标变成向右的箭头时，三击鼠标左键即可选择全部文档，相当于“Ctrl+A”。

图 3 – 5 矩形内容的选择

12. 方便的快捷键选取文字

①“Shift + Home”:从光标处开始选择,选至该行开头处的内容。

②“Shift + End”:从光标处开始选择,选至该行结尾处的内容。

③“Ctrl + Shift + Home”:从光标处开始选择,选至文档开头处的内容。

④“Ctrl + Shift + End”:从光标处开始选择,选至文档结尾处的内容。

3.2 查找和替换

1. 通配符的使用

在 Word 编辑状态下,“Ctrl + F”可以实现查找功能,但有时候要查找的内容并不是固定的信息,而是一个模糊的信息,这就需要借助通配符“?”和“ * ”。例如想查找“计算科学”,但忘记了具体的信息,可以在图 3 -6 中的“查找和替换”对话框中点击“更多”,选择“使用通配符”,在查找内容上输入“计算? 学”,如图 3 -7 所示,可以进行查找,或者在查找内容上输入“计 * 学”,也可以进行查找。“?”和“ * ”区别就在于“?”代表一个字符,“ * ”代表多个字符。

注:“?”和“ * ”必须是英文状态下的符号。

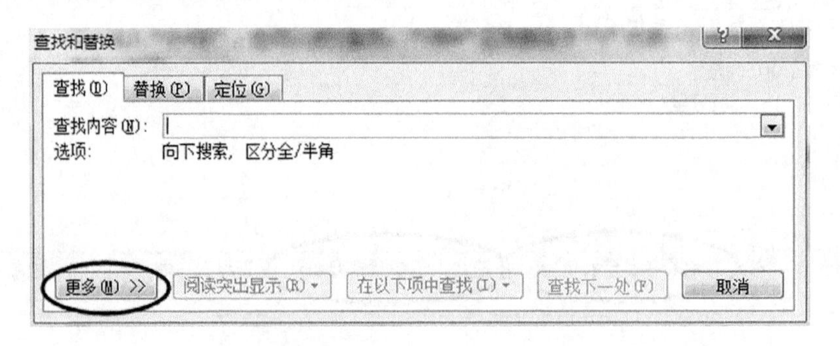

图 3 -6 “查找和替换”对话框

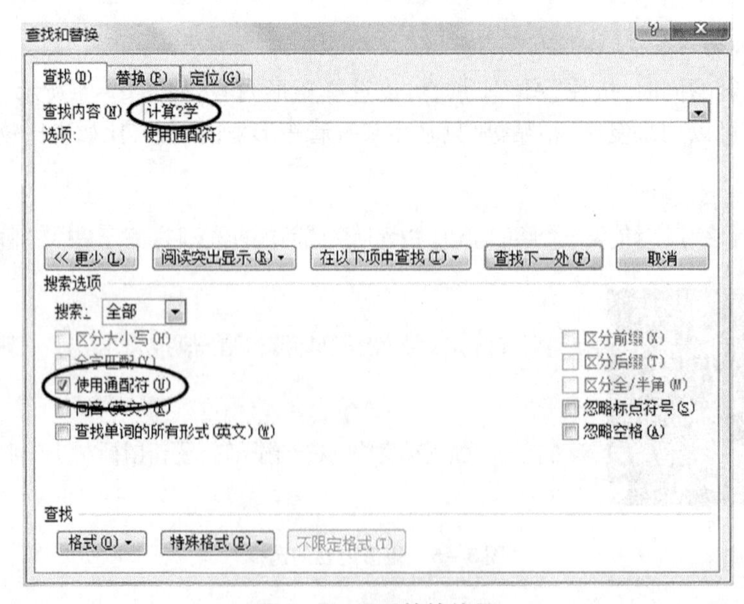

图 3 -7 通配符的使用

2. 特殊查找

查找中还可以进行特殊查找，如区分大小写的查找、格式中的字体、段落等以及特殊字符的查找等，如图 3－8 所示。例如，在一篇文档中，查找字号为“小三、加粗、斜体”的文字，可以在图 3－8 中点击“格式”→“字体”，打开如图 3－9 所示对话框，字形选择“加粗 倾斜”，字号选择“小三”，点击“确定”，在查找对话框“查找内容”栏出现“格式”的内容，点击“查找下一处”，得到如图 3－10 所示的效果。

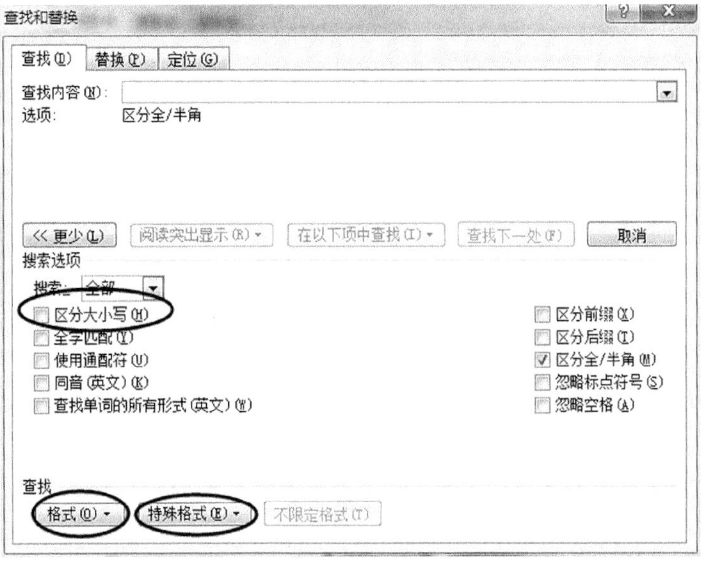

查找和替换
查找(D) 替换(P) 定位(G)
查找内容(N):
选项: 区分全/半角
<< 更少(L) 阅读突出显示(R) 在以下项中查找(I) 查找下一处(F) 取消
搜索选项
搜索: 全部
区分大小写(H)
全字匹配(Y)
使用通配符(U)
同音(英文)(K)
查找单词的所有形式(英文)(W)
区分前缀(X)
区分后缀(T)
区分全/半角(M)
忽略标点符号(S)
忽略空格(A)
查找
格式(O) 特殊格式(E) 不限定格式(T)

图 3－8 特殊查找

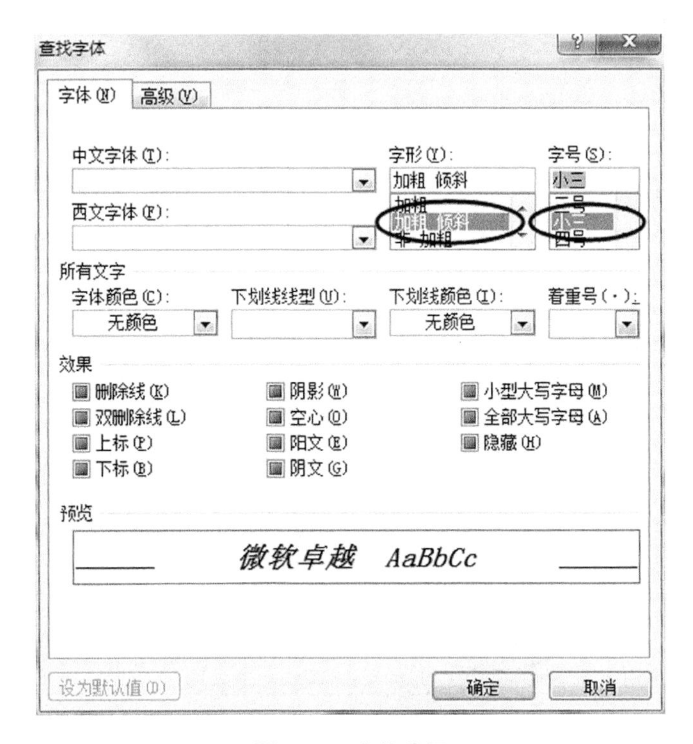

图 3－9 字体选择

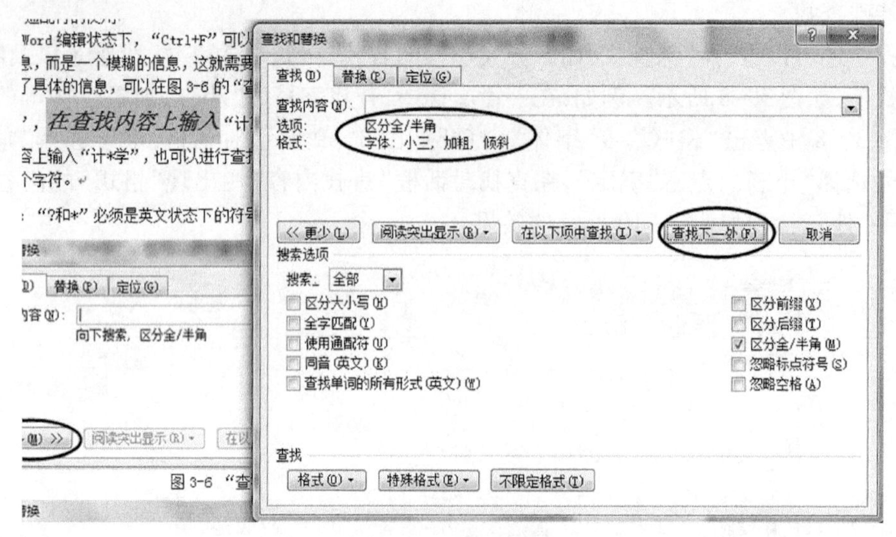

图 3－10　字体查找

3. 文字批量删除

在"替换"对话框中,"查找内容"栏输入要删除的文字,在"替换为"栏用空白替换,即替换的内容为空。这种方法可以批量删除文字。

4. 用图像替换文字

如果要用一幅图片替换文档中的文字,例如用一幅汽车图片替换文档中的文字"应用",在查找内容上输入"应用",找到汽车图片,将其剪切到剪切板,即点击图像,按快捷键"Ctrl + X",在"替换为"栏点击"特殊格式"中的"剪切板内容",全部替换,如图 3－11 所示。替换之后的效果如图 3－12 所示。

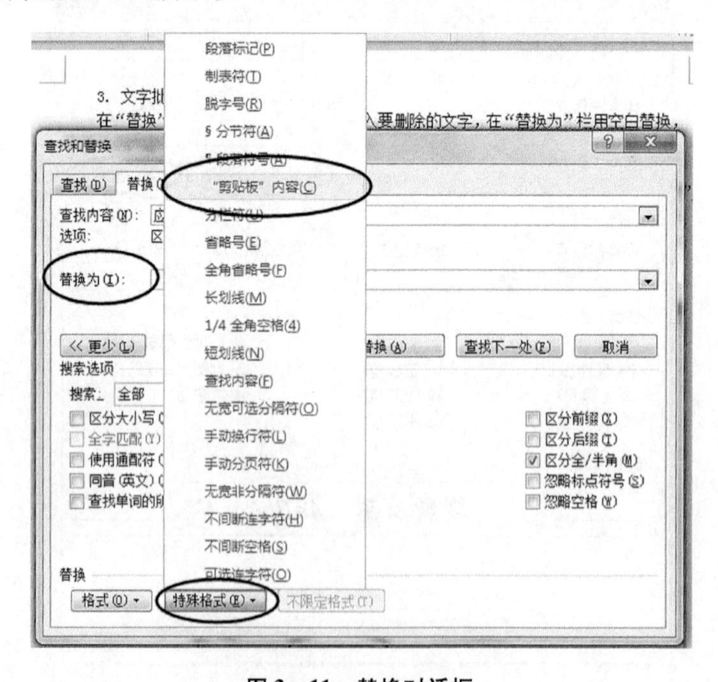

图 3－11　替换对话框

图 3-12 替换后的效果

5. 合并几个段落为一个段落

当需要将若干个段落合并为一个段落时，可以在查找内容栏填入“^p”，或者是点击“特殊字符”，选择“段落标记”，用空白替换它，如图 3-13 所示，即可完成合并几个段落为一个段落的操作。

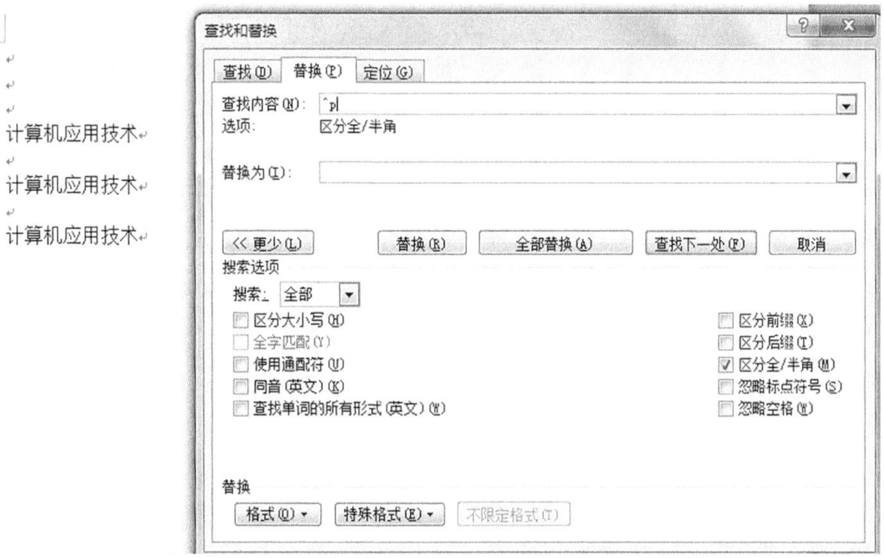

图 3-13 替换对话框

6. 分割段落

与之相反，如果想把一段话在遇到句号“。”时分割成不同的段落，可以在“查找内容”栏输入“。”,在“替换为”栏输入“。^p”,即句号加段落标记,如图 3 - 14 所示,点击“全部替换”即可完成操作。

计算机应用技术。计算机应用技术。计算机应用技术

查找和替换

查找(D) 替换(P) 定位(G)

查找内容(N): 。
选项: 区分全/半角

替换为(I): 。^p

<< 更少(L) 替换(R) 全部替换(A) 查找下一处(F) 取消

搜索选项
搜索: 全部
区分大小写(H)
全字匹配(Y)
使用通配符(U)
同音(英文)(K)
查找单词的所有形式(英文)(W)
区分前缀(X)
区分后缀(T)
区分全/半角(M)
忽略标点符号(S)
忽略空格(W)

替换
格式(O) 特殊格式(E) 不限定格式(T)

图 3 - 14　替换对话框

3.3　格　式　刷

格式刷是 Word 中非常强大的功能之一,其工作原理是将已设定好的样本格式快速复制到文档或工作表中需设置此格式的其他部分,使之自动与样本格式一致。有了格式刷功能,我们的工作将变得更加简单省时。格式刷的快捷键是“Ctrl + Shift + C” 和“Ctrl + Shift + V”。格式刷的位置在“常用工具栏”上,或者在向右箭头中,如图 3 - 15 所示。

图 3 - 15　格式刷位置

先用光标选中文档中的某个带格式的“词”或者“段落”,然后单击选择“格式刷”,接着单击想要替换格式的“词”或“段落”,此时,它们的格式就会与开始选择的格式相同。单击一次“格式刷”,可以重复一次复制字体或段落。

如果想重复多次,可以双击“格式刷”,这样可以无限次地刷,直到再次单击“格式刷”按钮,或者用键盘上的“Esc”键关闭。

3.4 保护 Word 文件

对 Word 文档进行保密有三个层次：拒绝访问（需要密码才能访问）；可以访问，但不能修改；可以访问，部分内容能修改，部分内容不能修改。

1. 拒绝访问

有两种方式可以实现密码保护。一种方式是点击“文件”→“信息”，选择“保护文档”→“用密码进行加密”，必须在英文状态下输入密码，如图 3－16 所示，确定之后提示再次输入密码即可。

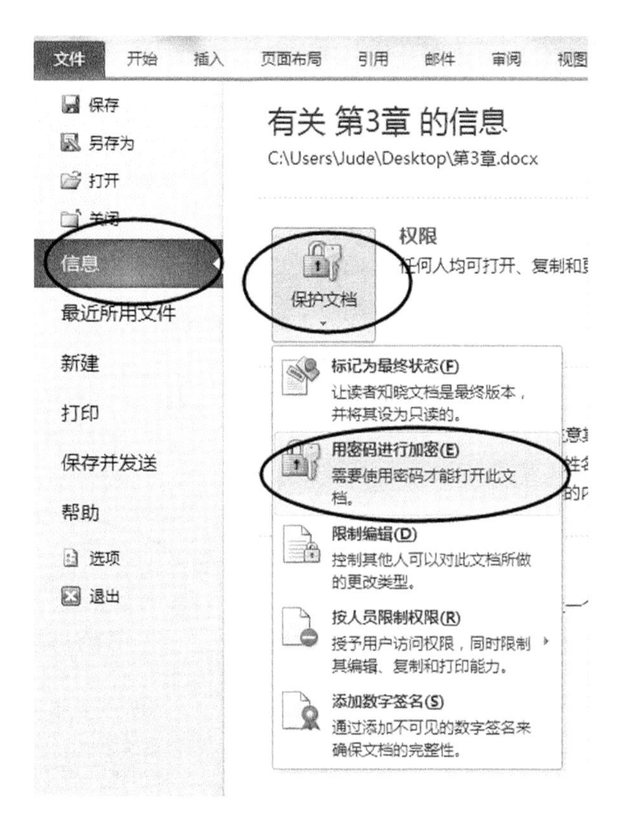

图 3－16 打开文件密码对话框

另一种方式是点击“文件”→“另存为”→“工具”→“常规选项”，余下的步骤与第一种方式相同，如图 3－17 所示。

如果要删除密码，只需再次进入文档，将密码置为空即可。

2. 可以访问，但不能修改

这一层次同样有两种方式进行设置。第一种方式是点击“文件”→“另存为”→“工具”→“常规选项”，在英文状态下输入密码，如图 3－18 所示，确定之后提示再次输入密码即可。

另一种方式是点击“文件”→“信息”→“权限”→“限制编辑”，勾选“编辑限制”中的“仅允许在文档中进行此类编辑”，再点击“是，启动强制保护”，如图 3－19 所示，输入密码即可。

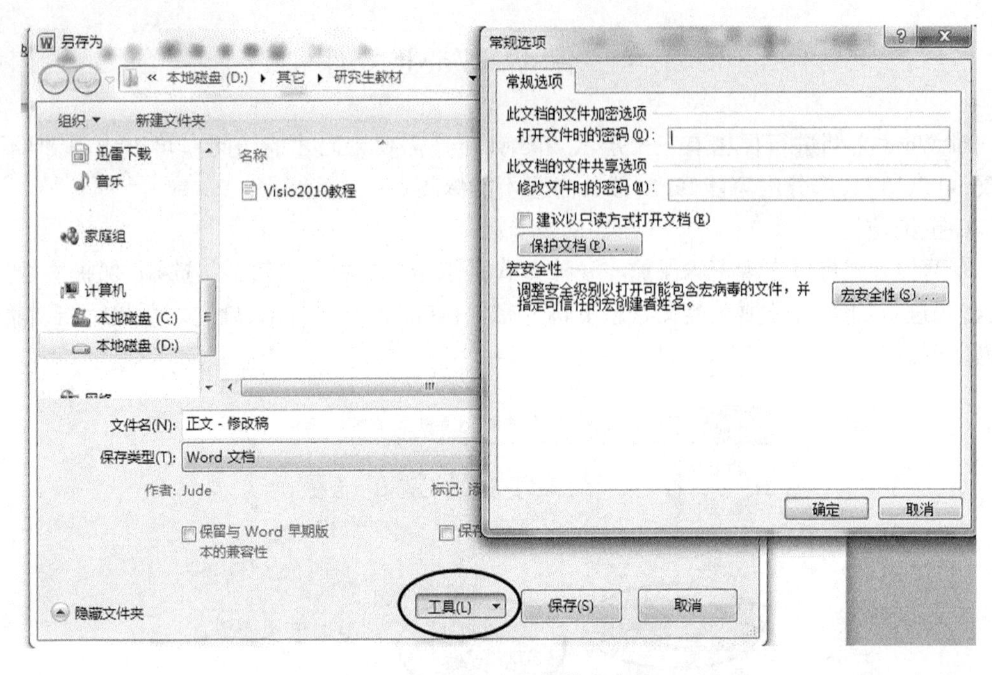

图 3－17　Word 文件的安全性

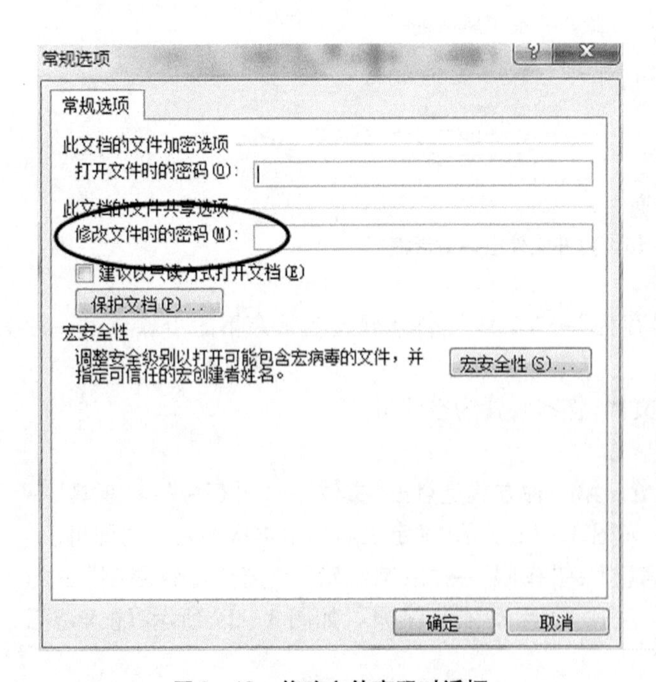

图 3－18　修改文件密码对话框

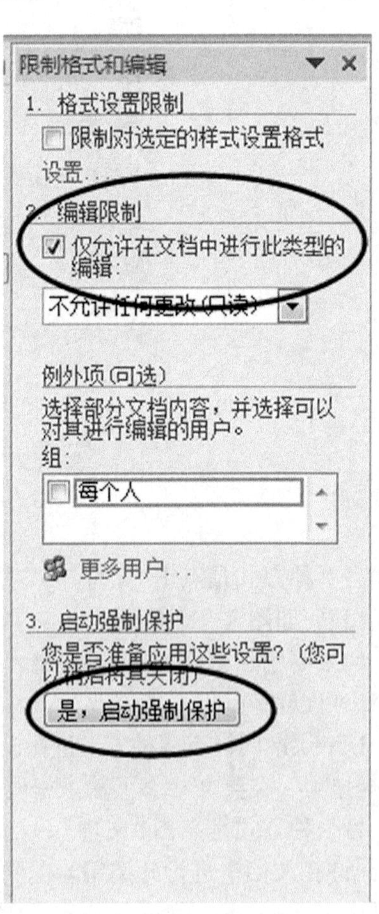

图 3－19　保护文档对话框

3. 可以访问,部分内容能修改,部分内容不能修改

点击“文件”→“信息”→“保护文档”→“限制编辑”,勾选“编辑限制”中的“仅允许在文档中进行此类编辑”。在文档中选择可以进行更改的内容,再点击“例外项”→“每个人”,如图 3－20 所示,最后点击“是,启动强制保护”,输入密码,这时出现如图 3－21 所示的窗口,当勾选“突出显示可编辑的区域”时,可以看到可编辑的区域用黄色的中括号括起来,即这部分可以修改,其余部分不能修改。

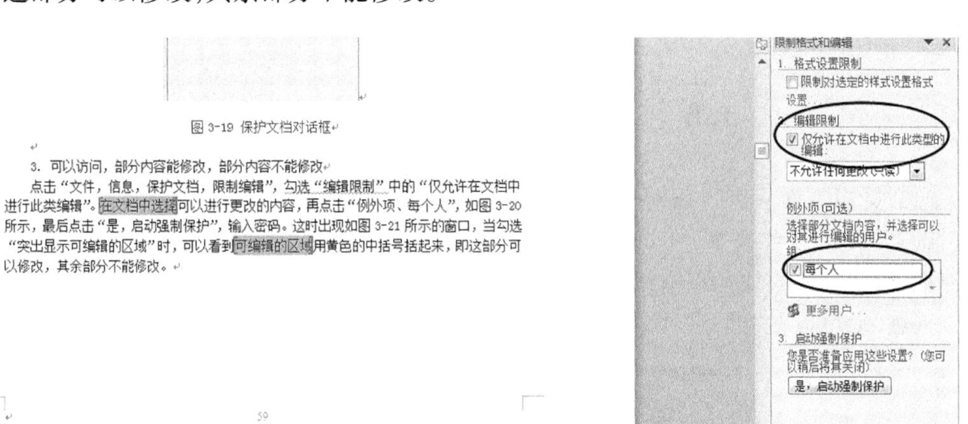

图 3－20　保护文档对话框

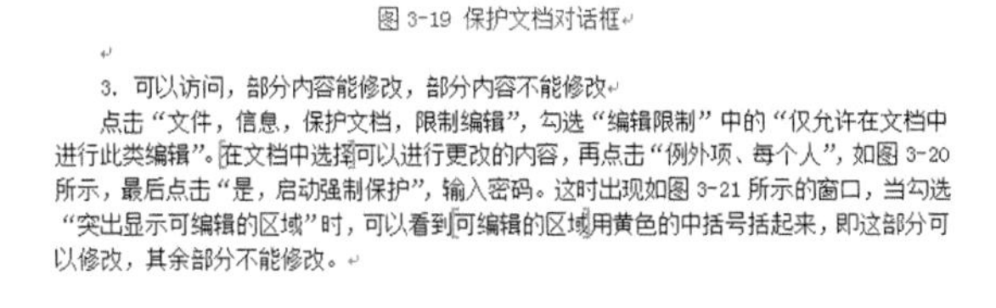

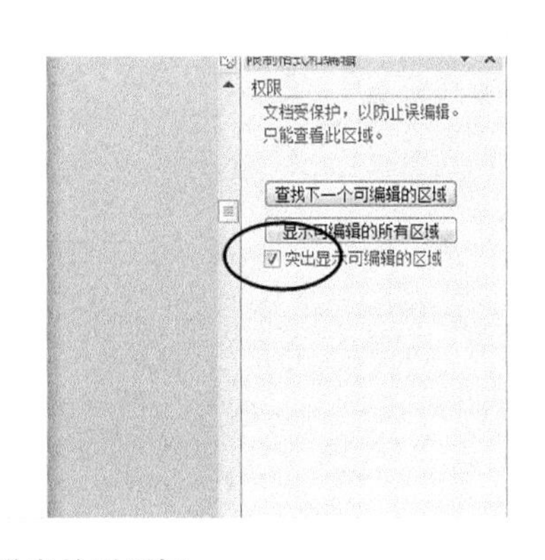

图 3－21　点击“是,启动强制保护”后弹出的对话框

注:“例外项”里通常只有一个选项,即“每个人”,如果计算机有多个登录账户,这里会显示不同的用户,可以对每个用户进行权限设置。

3.5　奇偶页页眉不同

在写论文的时候,经常会遇到奇偶页页眉不同,可以采用如下设置。

点击“插入”→“页眉”,点击“编辑页眉”按钮,如图 3－22 所示,在打开的窗口中勾选“奇偶页不同”。这时,就可以在奇数页和偶数页上分别设置不同的页眉。

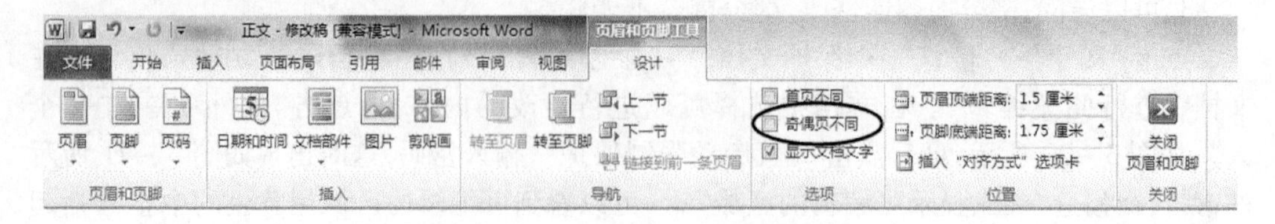

图 3－22　页眉和页脚对话框

3.6　设置页眉下面横线为双线

通常页眉下面只有一条横线,可以将其变成双线。

点击“开始”→“段落”→“边框和底纹”,如图 3－23 所示。样式选择“双线”,预览窗口,只保留四个小方块的下框线,应用于“段落”,点击“确定”,如图 3－24 所示。

当然,也可以在“线型”中选择其他线,如三线、波浪线等。

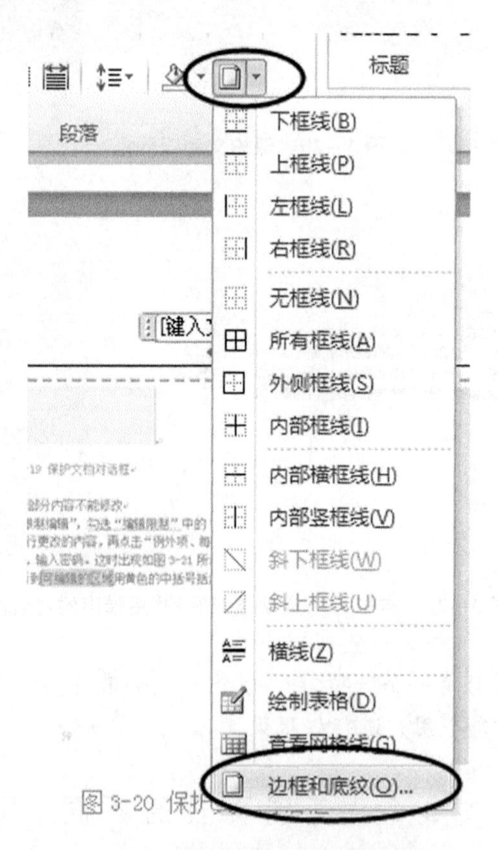

图 3－23　边框和底纹选项位置

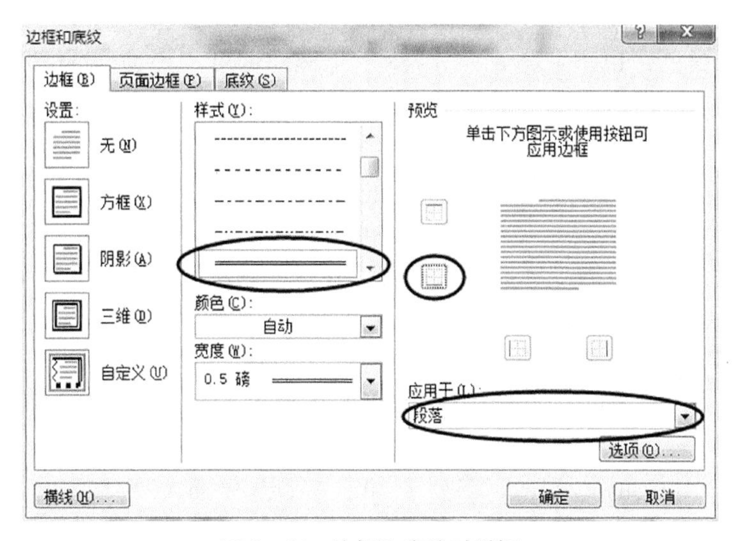

图 3-24　边框和底纹对话框

3.7　删除页眉的横线

在写文章和论文时，经常遇到页眉上有一条横线，如图 3-25 所示。如何将其删除？可以采用如下几种方法。

计算机应用技术↵

图 3-25　页眉上的横线

①双击页眉，再点击“开始”→“段落”→“边框和底纹”，设置边框为“无”，应用于“段落”，点击“确定”，如图 3-26 所示。

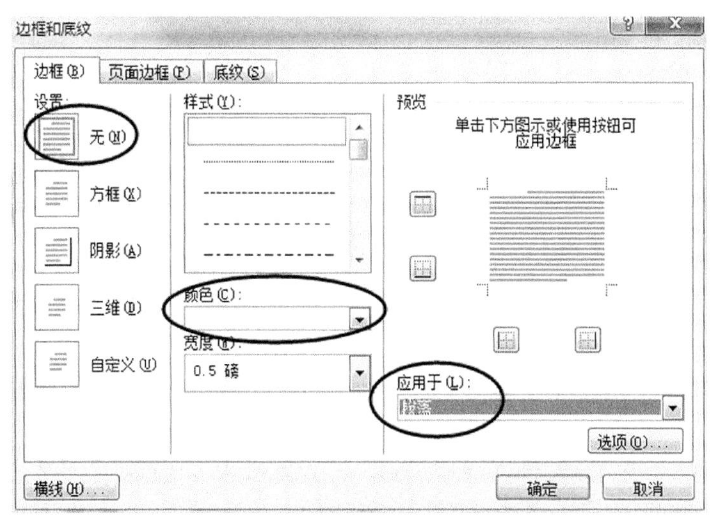

图 3-26　边框和底纹对话框

②双击页眉，再点击“开始”→“段落”→“边框和底纹”，这时不管边框是什么状态，只需将颜色设置成白色，如图3－26所示，应用于“段落”即可。其实，边框并没有删除，只不过是白色和背景色一样，看不见而已。

3.8 分节符的妙用

分节符是指为表示节的结尾插入的标记。分节符包含节的格式设置元素，如页边距、页面的方向、页眉和页脚以及页码的顺序等。

1. 一个文档中设置两种页码

例如，要在一个共10页的文档中，前5页的页码是“Ⅰ，Ⅱ，…，Ⅴ”，后5页的页码是“1，2，…，5”。

首先，给这个10页的文档插入页码“Ⅰ，Ⅱ，…”，点击“插入”→“页码”→“设置页码格式”，选择“Ⅰ，Ⅱ，Ⅲ，…”，如图3－27所示。

其次，将光标放在第五页的末尾，选择“页面布局”→“分隔符”→“分节符”→“下一页”，如图3－28所示。

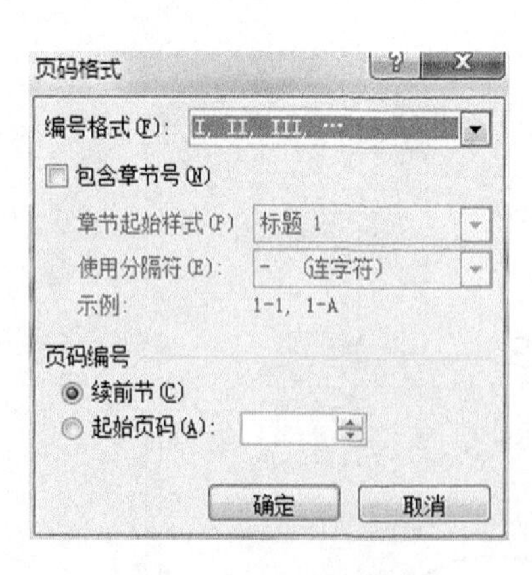

图3－27　页码对话框

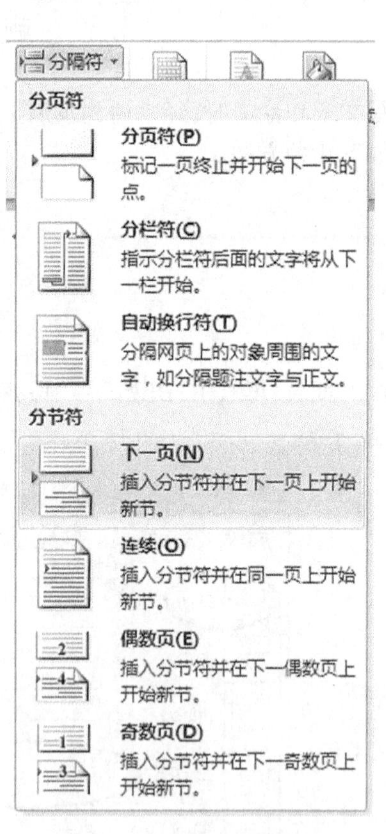

图3－28　分隔符对话框

最后，在当前状态下，选择“插入”→“页码”→“设置格式”，在页码格式选择“1，2，3，…”，尤其重要的是选择起始页码“1”开头，如图3－29所示，点击“确定”，这时，通常会在第六页上多出一行或一页，只需按“Delete”键将这一行/页删除即可。

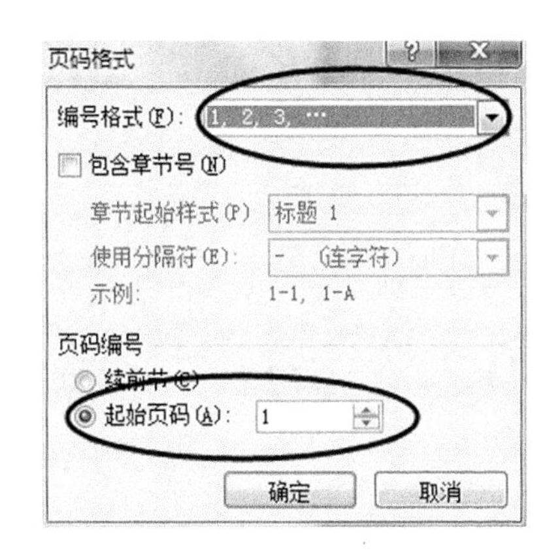

图 3－29　页码对话框

2. 删除分节符

删除分节符的方法有两种。

方法 1：删除文档中的分节符，可以使用“替换”功能。“Ctrl＋H”打开替换对话框，光标在“查找内容”栏，点击“更多”→“特殊格式”，选择“分节符”，如图 3－30 所示。查找内容栏变成了“^b”，当然也可以在查找内容栏直接输入“^b”，替换栏为空，如图 3－31 所示。通过点击“查找下一处”逐个删除分节符，或者直接全部替换。

注：在删除分节符时，该分节符前面的文字会依照分节符后面的文字版式进行重新排版。例如，在前面的不同页码设置中，如果删除分节符，前面的页码“Ⅰ，Ⅱ，Ⅲ，…”将消失，取而代之的是“1，2，3，…”。

图 3－30　查找和替换对话框

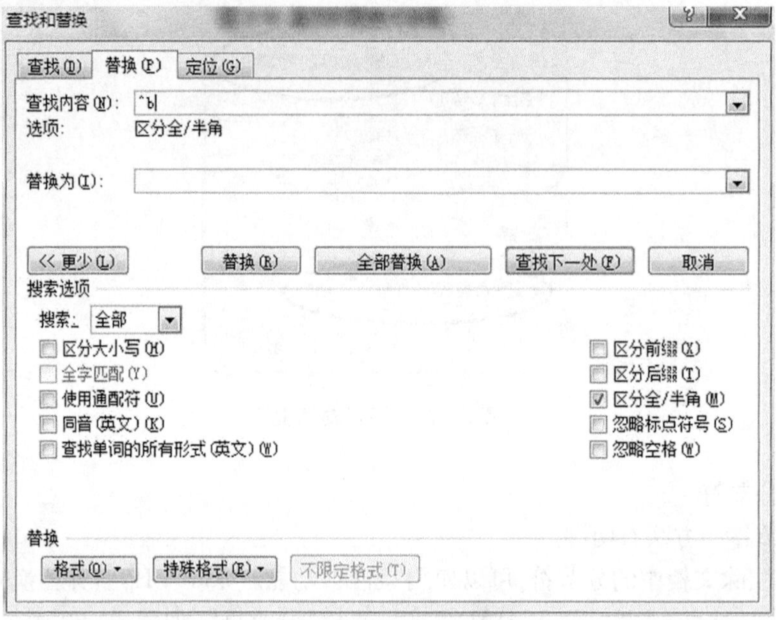

图 3－31　查找和替换对话框

方法 2：在文档任一位置，点击“视图”→“普通”，可以在第五页和第六页之间看到如图 3－32 所示的分节符。

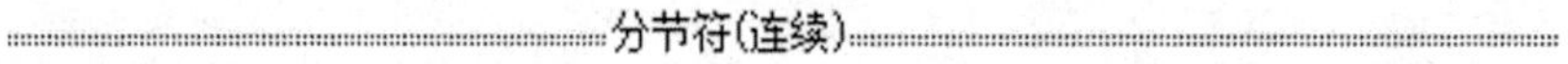

分节符(连续)

图 3－32　分节符

将光标放在这条线上面的任一位置，按键盘的“Delete”键，即可将分节符删除。当然，这只能一次删除一个分节符，如果想批量删除，还需采用方法 1。

3. 多页文档设置不同的页眉

例如，毕业论文分多个章节，每个章节用不同的页眉。

首先，在文档的第一章起始页上添加页眉，点击“插入”→“页眉”，在页眉上输入第一章的章名。接下来，将光标放在第一章的末尾，选择“页面布局”→“分隔符”→“分节符类型”→“下一页”，点击“确定”。再次点击“插入”→“页眉”，在输入新的页眉之前，点击窗口中的“链接到前一条页眉”图标，如图 3－33 所示，使页眉右上方的“与上一节相同”消失，如图 3－34 所示，再输入新的页眉，即可完成。

这时，通常会在第一章和第二章之间多出一行/页，只需按“Delete”键将这一行/页删除即可。

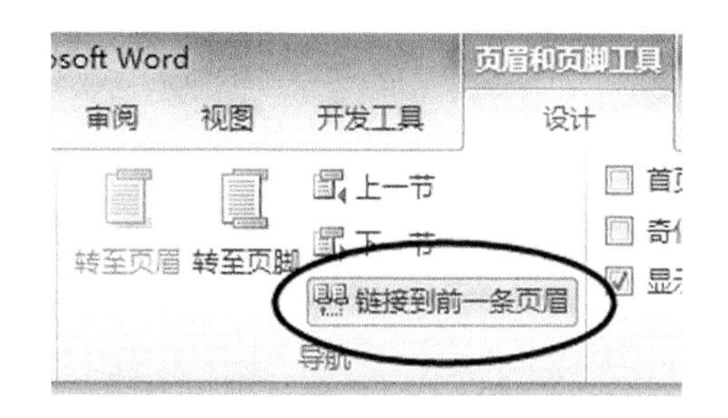

图 3－33 页眉和页脚对话框

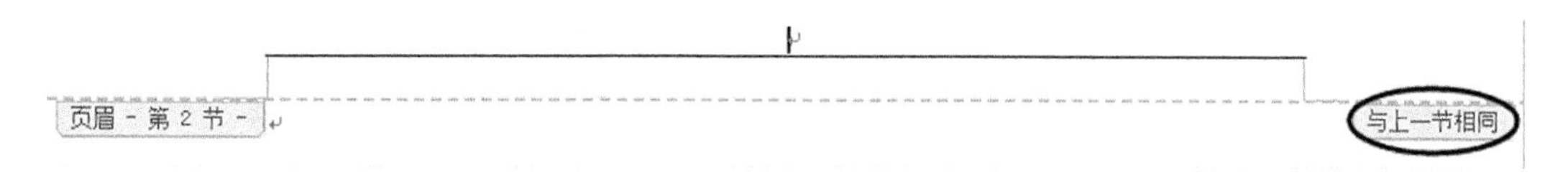

图 3－34 页眉

3.9 分　　栏

在阅读文献时，大多数文章都是如图 3－35 所示的排版方式，即题目和摘要不分栏，正文开始进行分栏。

计算机应用技术

摘要：×××××××××××××××××××××××××××××××××××××
×××××××××××××××××××××××××××××××××××××××
××××××

正文：

****
****
****
****
****
****
****
****

****
****
****
****
****
****
****
****
****

图 3－35 文章的排版方式

实现分栏有两种方式。

一种是使用分隔符，在需要进行分栏的行首点击“页面布局”→“分隔符”→“分节符”→“连续”，如图 3－36 所示，在分栏结束的地方重复这个操作，然后在中间任一位置点击“页面布局”→“分栏”→“更多分栏”，选择“两栏”→“本节”，如图 3－37 所示，即可完成分栏操作。

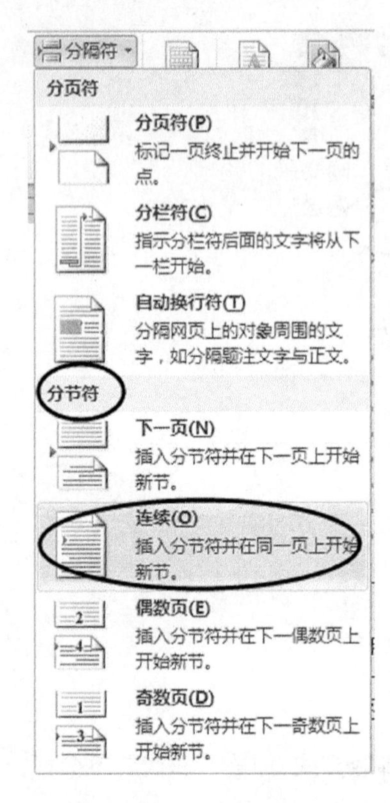

图 3－36　分隔符对话框

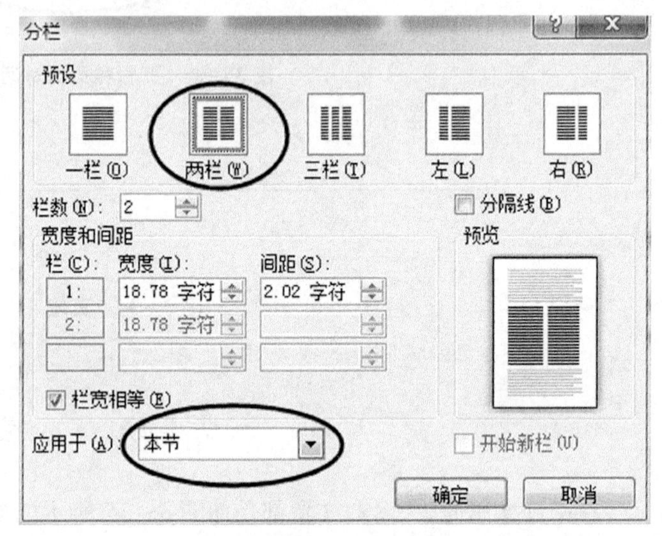

图 3－37　分栏对话框

另一种方式是在正文所在行的起始位置，点击“页面布局”→“分栏”→“更多分栏”，选择“两栏”以及“插入点之后”，如图 3－38 所示。默认是左右栏宽相等，也可以调整宽度，还可以在左右栏中间添加分割线等操作，点击“确定”，完成插入点后的分栏。

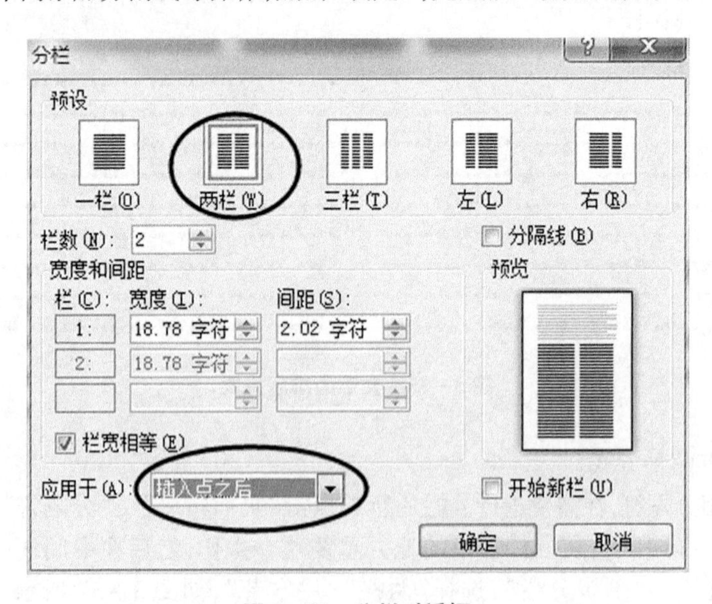

图 3－38　分栏对话框

有时候,在正文还需要插入一个图像或者表格,一个栏装不下,于是需要在分栏的内容中间,将两栏设置为一栏。

选择要变成一栏的内容,点击“页面布局”→“分栏”→“更多分栏”,选择“一栏”以及“所选文字”,如图3-39所示。最终效果如图3-40所示。

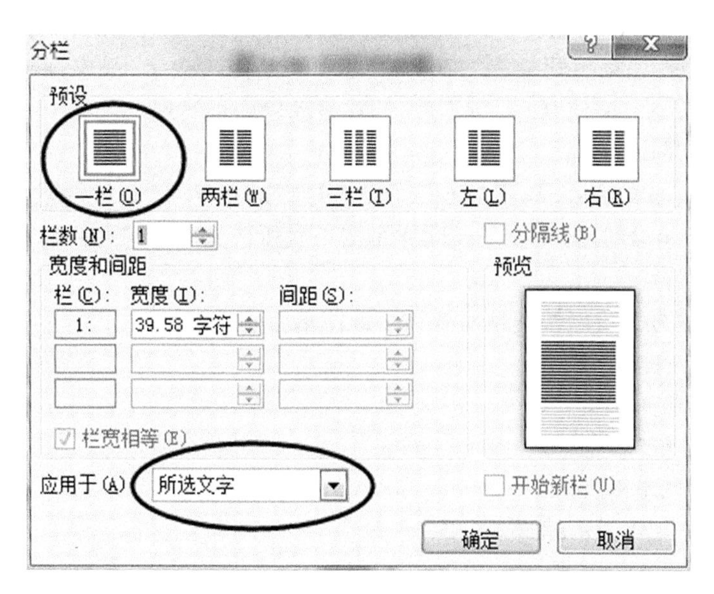

图3-39 分栏对话框

图3-40 分栏效果图

3.10 快速定位与快速调整

1. 快速定位光标

①“Home”:将光标从当前位置移至行首。

②“End”:将光标从当前位置移至行尾。

③“Ctrl + Home”:将光标从当前位置移至文件的行首。

④“Ctrl + End”:将光标从当前位置移至文件结尾处。

2. 快速定位上次编辑位置

在Word中编辑文件时,经常需把光标快速移到前次编辑的位置,如果采用拖动滚动条的方式非常不便，可以利用一种组合键进行快速定位。在需要返回到前次编辑位置时，可直接在键盘上按组合键“Shift + F5”。同时，使用该组合键还可使光标在最后编辑过的三个位置间循环转换。

3. 快速调整显示比例

调整 Word 窗口的显示比例，可以通过工具栏调节，但其可调整的比例有限，如“100%”“150%”“200%”等，如果想调整为“120%”，需要手动修改数字，很麻烦。此时，可以采用快捷键的方式去调整。按住“Ctrl”键不放，调整滚动轮即可实现。

4. 快速调整字号

选择好需调整的文字后，利用“Ctrl + [”组合键缩小字号，每按一次将使字号缩小一磅；利用“Ctrl +]”组合键可扩大字号，同样每按一次所选文字将扩大一磅。

5. 快速对齐段落

以下的快捷键方式可以快速地对齐文字或段落。

①“Ctrl + E”：段落居中。

②“Ctrl + L”：左对齐。

③“Ctrl + R”：右对齐。

④“Ctrl + J”：两端对齐。

⑤“Ctrl + M”：左侧段落缩进。

⑥“Ctrl + Shift + M”：取消左侧段落缩进。

⑦“Ctrl + T”：创建悬挂缩进效果。

⑧“Ctrl + Shift + T”：减小悬挂缩进量。

⑨“Ctrl + Q”：删除段落格式。

⑩“Ctrl + Shift + D”：分散对齐。

6. 快速调整 Word 行间距

在需要调整 Word 文件中行间距时，只需先选择需要更改行间距的文字，再同时按下“Ctrl + 1”（数字 1）组合键便可将行间距设置为单倍行距，而按下“Ctrl + 2”组合键则将行间距设置为双倍行距，按下“Ctrl + 5”组合键可将行间距设置为 1.5 倍行距。

7. 快速设置字体

快速设置字体时，可选中要修改字体的内容，执行下列快捷键：

①“Ctrl + B”：可以实现字体加粗。

②“Ctrl + I”：可以实现斜体。

③“Ctrl + U”：可以实现下划线添加。

④“Ctrl + Shift + W”：可以实现为每个字添加下划线（尤其是字之间有空格时），如图 3 – 41 所示。

可以 实现 为 每个字 添加 下划线

图 3 – 41　为每个字添加下划线

3.11 为 Word 加上可更新的系统时间

在 Word 编辑中可以为 Word 加上系统时间，而且这个时间是可以自动更新的。

点击“插入”→“时期和时间”，打开如图 3－42 所示的对话框，选择中文语言，再选择一个合适的时间，勾选“自动更新”，点击“确定”，可以得到如图 3－43(a)所示的时间。这个时间是可以更新的，鼠标单击这个时间，按下“F9”，变成了如图 3－43(b)所示的时间。当关闭 Word，再重新打开的时候，这个时间自动更新为系统的最新时间。

为了更清楚地表示时间，将年、月、日及具体的时间都显示出来，可以选择英文语言，如图3－44 所示。

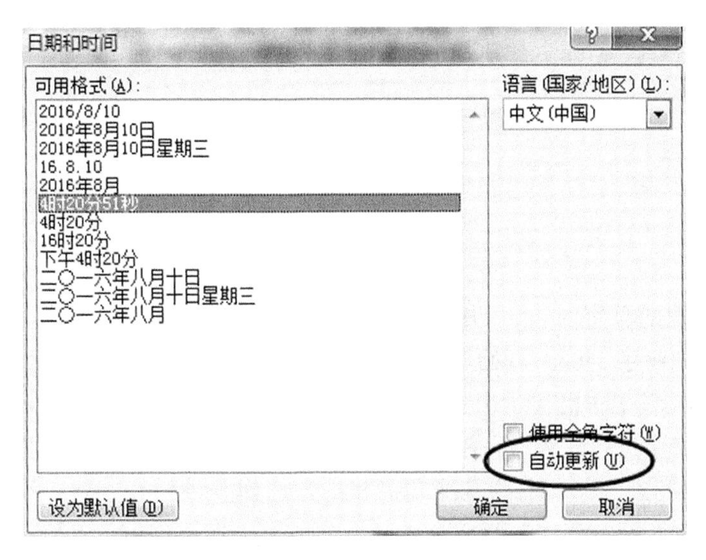

图 3－42　日期和时间对话框

9时35分31秒　　9时36分58秒

(a)　　(b)

图 3－43　插入的时间

也可以采用快捷键的方式插入日期和时间。“Alt + Shift + D”组合键即可插入日期，按下“Alt + Shift + T”可插入当前时间。

已经设置成自动更新的日期和时间是不可以通过勾选如图 3－44 所示的“自动更新”进行取消的，如果想取消自动更新，点击日期和时间，可以使用“Ctrl + F11”组合键，这样就可以锁定时间和日期了。还有一种一劳永逸的方法，就是按下“Ctrl + Shift + F9”组合键使时间和日期变为正常的文本，自然就不会自动更新了。

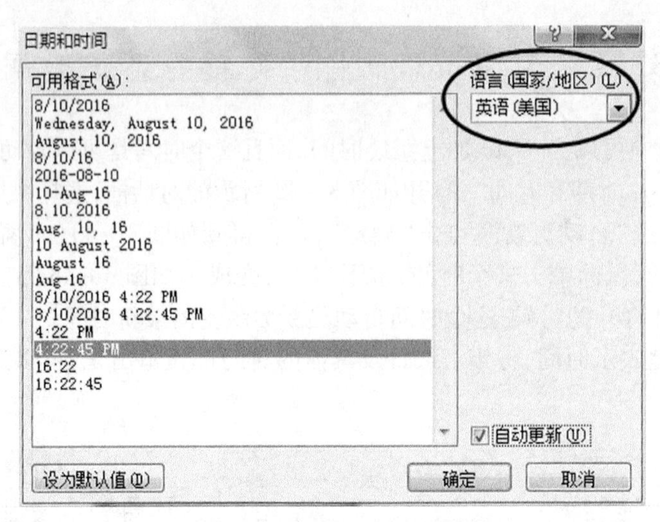

图 3－44　日期和时间对话框

3.12　为汉字加拼音

当遇到不认识的汉字时,可以用“拼音指南”查看它的读音,也可以为汉字添加拼音。选中要查看读音的汉字,点击“开始”→“拼音指南”,打开如图 3－45 所示的“拼音指南”对话框。在“基准文字”框中已显示出选定的文本,“拼音文字”框中自动给出了每个汉字的拼音。如需对某个文字进行注释,可在其“拼音文字”文本框中进行添加。

单击打开“对齐方式”列表,为基准文字和拼音选择一种对齐方式。设置“偏移量”,指定拼音和汉字间的距离。使用“字体”和“字号”列表为拼音选择字体和字符大小,“组合”可以将几个字组合在一起显示,点击“确定”。

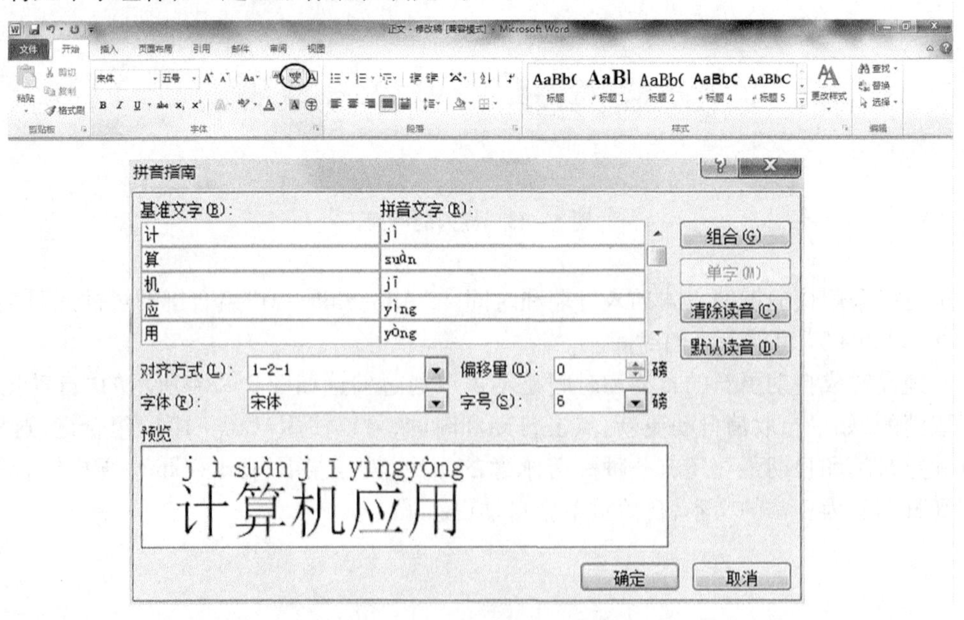

图 3－45　拼音指南对话框

拼音指南一次可以为39个汉字注音。当选定的文本在11个(包括11个,不包括段落标记)字符之内时,对话框中的“组合”按钮呈激活状态,单击“组合”可使选定的文本都集中在一个“基准文字”框中。单击“单字”按钮,则一个“基准文字”框中只有一个字。

如果需要删除拼音,可选择带拼音的文本,然后在“拼音指南”对话框中单击“全部删除”按钮。

如果需要拼音出现在汉字的右侧,可进行如下操作:选中带拼音的汉字,复制(点击“Ctrl + C”),单击“编辑”→“选择性粘贴”,选择“无格式文本”,如图3-46所示,点击“确定”。

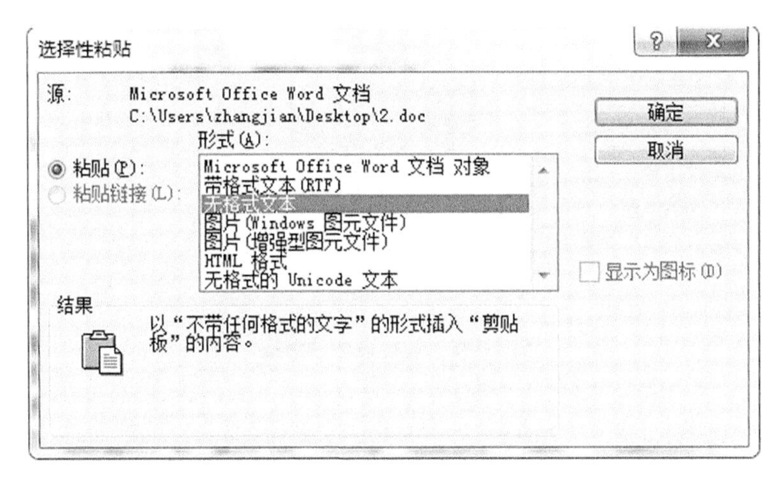

图3-46 选择性粘贴对话框

3.13 将鼠标的“自动滚动”功能添加到工具栏

对于一个有多页的文档,为了快速移动和查找页面,可以使用鼠标中间的滚轮实现自动滚动,即按一下鼠标中间的滚轮(有的鼠标滚轮可能在侧面),屏幕出现一个有上下两个箭头方向的指示形状。这时,上下移动鼠标即可实现页面的滚动。

其实,可以将鼠标的这一功能放到工具栏上。

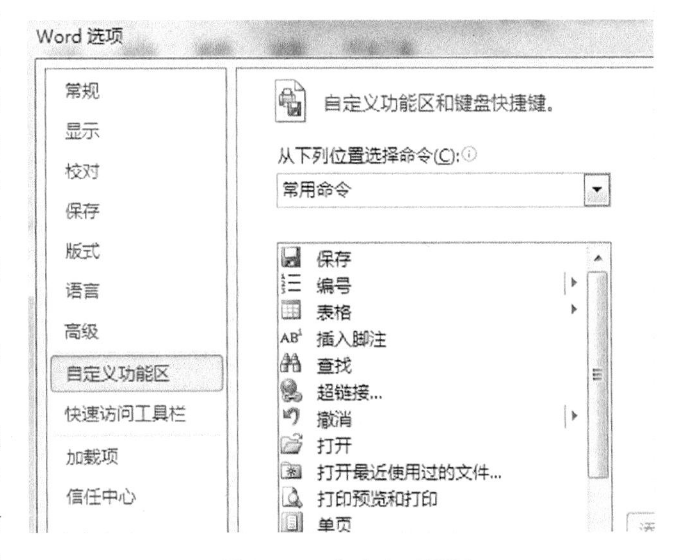

图3-47 自定义对话框

点击“文件”→“选项”,选择“自定义功能区”,如图3-47所示。打开“从下列位置选择命令”对话框,如图3-48所示,选择“不在功能区中的命令”。在下面的对话框中,选择“自动滚动”选项,如图3-49所示。“自动滚动”出现在工具栏菜单中的相应位置，如图 3－50 所示。点击这个按钮，即可实现鼠标滚轮的效果，滚动的快慢就是鼠标移动的快慢。

如果要删除工具栏上的某个按钮，只需在图 3－49 中选择删除即可。

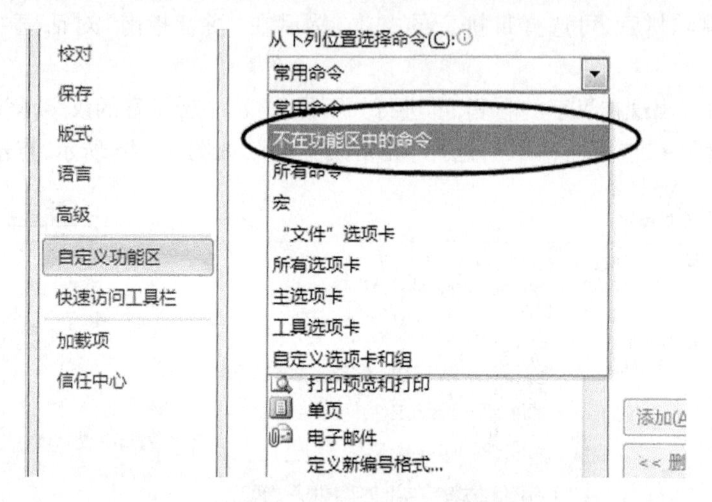

图 3－48　重排命令对话框

图 3－49　添加命令对话框

图 3－50 工具栏

3.14 工具栏使用大图标显示

对于特殊人群,可能会希望 Word 中的字和工具栏上的图标大一些。对于字,只需对工具栏上的显示比例“100%”进行调整即可,调整为“150%”“200%”,甚至是“500%”。或者是直接按住“Ctrl”键,然后调整鼠标滚动轮,也可以调整显示比例,而且这种方式的放大缩小比例是以“10%”为单位的,更实用些。

3.15 剪 切 板

在 Word 的编辑过程中经常要使用到复制、粘贴和剪切等功能,但是复制、粘贴只会记忆前一次的复制内容,不会涉及之前复制的内容,不是很方便,所以可以运用剪切板这个功能。剪切板最多可以剪切保存 24 个内容,包括文本、表格、图形等。

打开 Word 的剪切板的方式有以下几种。

1. 使用快捷键

连续两次按下“Ctrl + C”可以打开剪切板,如图 3－51(a)所示。

2. 点击“开始”→“剪切板”

点击“开始”→“剪切板”也可以打开剪切板。

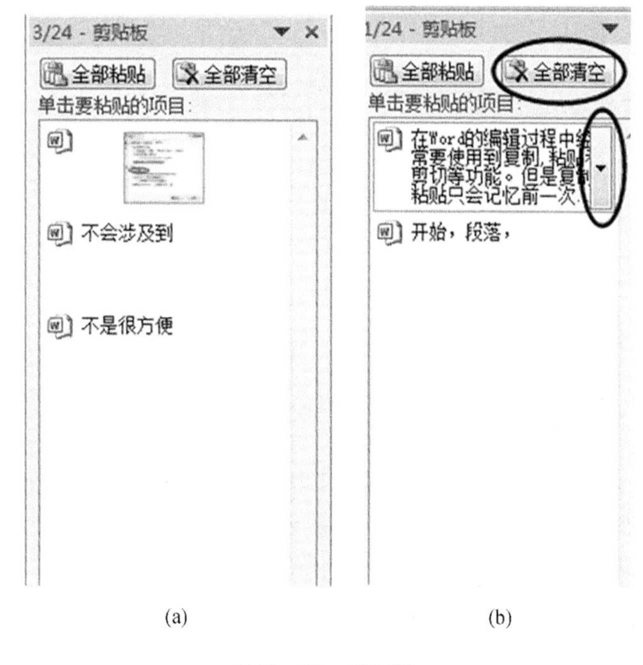

(a) (b)

图 3－51 剪切板

在剪切板中可以存放很多之前剪切的内容,单击任何一个可以直接粘贴到光标的相应位置。如果要删除某个剪切板内容,可以单击该内容右边的箭头,选择删除。如果要删除所有剪切板内容,可以单击上面的“全部清空”,如图 3－51(b)所示。

3.16 快速输入上标与下标

当需要设置某个字母或文字为上标或下标时,可以采用如下两种方式进行。

一种方式是使用快捷键。选中文字后,点击“Ctrl + =”实现下标,点击“Ctrl + Shift + =”实现上标。当已经是上标或者下标时,可以再次使用这个快捷键将其还原为正常字号。如果某个字母既想上标又要下标,如图 3－52(c)所示,可以使用“双行合一”,输入“Abc”,选择“bc”,点击“格式”→“中文版式”,选择“双行合一”,如图 3－53(a)所示。这时,将“bc”间空一格,如图 3－53(b)所示,点击“确定”即可得到含有上下标的字母。

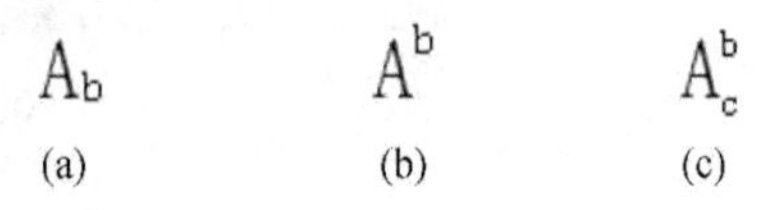

图 3－52　上标与下标

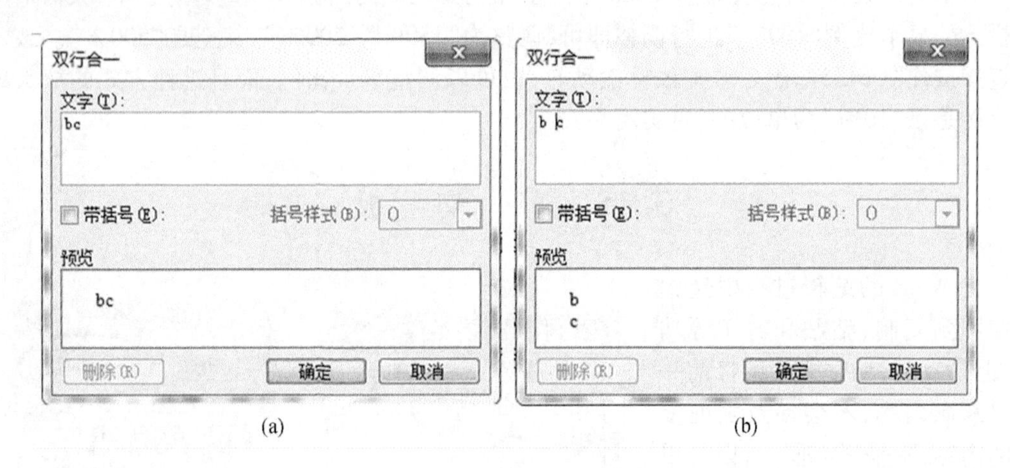

(a)　　(b)

图 3－53　“双行合一”对话框

3.17 删除换行符“↓”

从网页上复制文字到 Word 中时,在每段的结束经常带有“↓”符号,如图 3－54 所示。

计算机应用技术↓
计算机应用技术↓
计算机应用技术↓

图 3－54　换行符

“↓”是手动换行符,类似于“Enter 回车”,是 Word 中的一种换行符号,又叫作软回车,通常出现在从网页复制到 Word 的文字中。它在 Word 中的代码是“Ctrl + l”(是小写字母 L,不是数字 1)。既然有代码,就可以通过替换操作进行删除。

点击“Ctrl + H”打开替换窗口,在“查找内容”栏点击“特殊字符”,选择“手动换行符”,在“替换为”栏点击“特殊字符”,选择“段落标记”,如图 3－55 所示。点击“全部替换”,删除换行符“↓”完成。或者,直接在“查找内容”栏输入“^l”,在“替换为”栏输入“^p”,是一样的。这里,“^”就是“Ctrl”。

图 3-55 查找和替换对话框

注:如果想输入手动换行符“↓”怎么办?“Enter”是换行符,“Shift + Enter”就是手动换行符。

如何在键盘上输入特殊的箭头,如“→”“←”“↑”“↓”?

打开任何一个输入法,如作者的输入法为谷歌拼音,右键点击“小键盘”图标,如图 3-56 所示,选取“特殊字符”即可找到许多特殊的字符,包括“→ ← ↑ ↓”。

图 3-56 查找和替换对话框

3.18 Normal. dot 错误的解决

在使用 Word 时,经常会遇到 Word 无法打开,提出“Word 启动失败”或者“Normal. dot 错误”等信息,这是由于 Word 的模板出现错误导致的,将 Word 的模板删除就可以了,即删除文件“Normal. dot”。

在 Windows XP 系统中,“Normal. dot”的位置是:

“C:\Documents and Settings\Administrator\Application Data\Microsoft\Templates”

在 Windows 7 系统中,“Normal. dot”的位置是:

“C:\Users\用户名\AppData\Roaming\Microsoft\Templates”

3.19 数字的大写

在文档中插入财务中的大写数字,如果要一个一个输入会很麻烦,比如要输入“112534元”的大写,可以采用如下两种方法。

①点击菜单“插入”→“数字”,在上面输入“112534”,在下面选择“壹,贰,叁…”,如图 3-57 所示,点击“确定”,即可得到“壹拾壹万贰仟伍佰叁拾肆”。

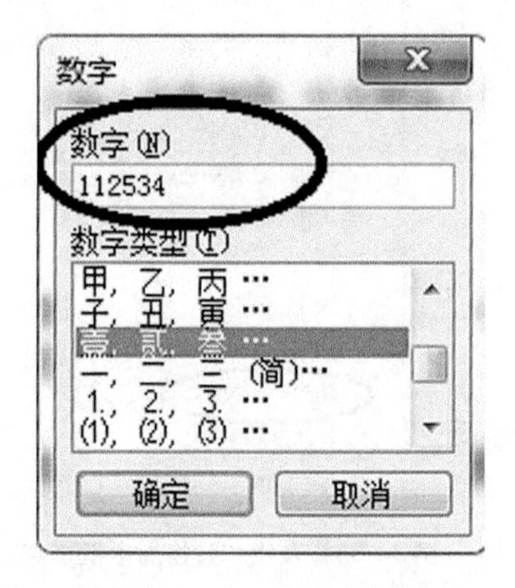

图 3-57 查找和替换对话框

②在文档中直接输入“112534”,选中它们后,使用“插入”→“数字”,直接选择“壹,贰,叁…,点击“确定”,可以得到同样的效果。

注:这里不仅可以选择大写的数字,还有很多选择,如“甲,乙,丙…”“子,丑,寅…”等。

3.20 公式编辑器的使用

“公式编辑器”是 Word 中一个十分实用的组件,利用它可以很方便地插入各种数学公式。但它是一个可选组件,在默认安装状态下没有出现在工具栏上。有两种方式可以使用“公式编辑器”。

点击“插入”→“对象”,选择“Microsoft 公式 3.0”,如图 3-58 所示,点击“确定”,可以进行公式的输入。输入完毕后,可以通过点击输入框外的任意地方退出“公式编辑器”窗口回到 Word 编辑窗口,如果需要更改公式内容,则可以双击公式打开“公式编辑器”窗口进行修改。

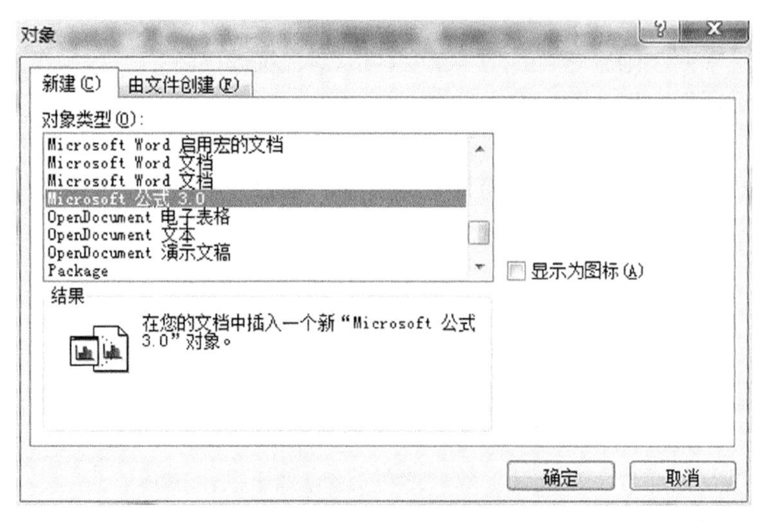

图 3－58 插入对象对话框

3.21 公式编辑器中的技巧

公式编辑器在使用过程中有很多技巧。

1. 在公式编辑器中输入空格的两种方式

一种方式是使用快捷键的方式，即“Ctrl + Shift + Space”。

另外一种方式是调出中文输入法，点击全角半角切换的符号，切换为全角字符录入状态(月亮变为太阳)，如图 3－59 所示。此时，即可在键盘上输入空格，即全角空格。

图 3－59 全角半角切换

2. 公式编辑器中最常用的几个快捷键

①“Ctrl + H”：上标。

②“Ctrl + L”：下标。

③“Ctrl + J”：上下标。

④“Ctrl + R”：根号。

⑤“Ctrl + F”：分号。

3. 公式编辑器中通用的几个快捷键

①“Ctrl + A”：全选。

②“Ctrl + X”：剪切。

③“Ctrl + C”：复制。

④“Ctrl + V”：粘贴。

⑤“Ctrl + B”：加黑。

⑥“Ctrl + S”：保存。

⑦“Shift + 方向键”：局部选择。

4. 上下标尺寸的调整

如果上下标为汉字,则显得很小,看不清楚,可以对设置进行如下改变,操作为“尺寸”→“定义”,在出现的对话框中将上下标设为8磅。

5. Word 正文中字号与公式编辑器中字号的匹配

如果 Word 正文选用五号字,则将公式编辑器中“尺寸”→“定义”对话框中的“标准”定为11磅最为适宜。

3.22 字数统计的妙用

Word 中有一个非常实用的字数统计功能,如要统计一个文件中字数,可直接在菜单栏中点击“审阅”→“字数统计”命令,便可得到一个详细的字数统计表,而且还可在文件中选中一部分内容进行该部分字数统计。除此之外,还有如下两个技巧。

1. 显示统计数字工具条

点击“审阅”→“字数统计”,如图3-60所示。

继续编辑文档,如果文档的字数有变动时,可以点击“重新计数”进行重新统计。

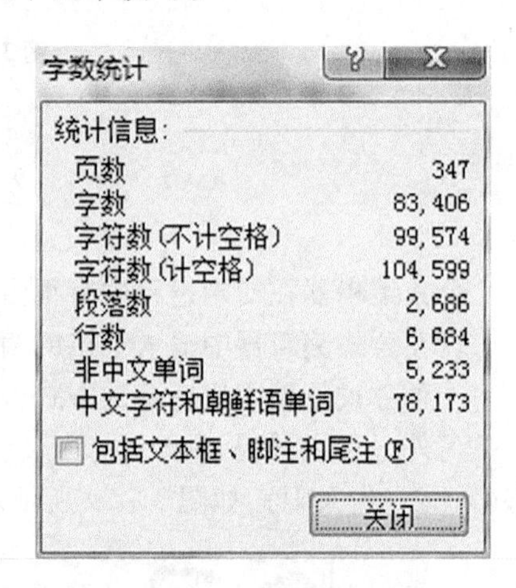

图3-60 字数统计对话框

2. 快速插入文件字数到文档中

有时候需要把文件字数插入到文档中,如果字数很少,可以直接键盘输入,但数字比较大,就很麻烦,输入还可能产生错误。

在菜单栏点击“插入”→“文档部件”→“域”命令,在对话框“类别”下拉列表中选择“文档信息”选项。在“域名”下拉列表中选择“NumWords”选项,并在右侧相应栏设置域属性格式及域数字格式,如图3-61所示,点击“确定”即可将统计数字插入到文档中。

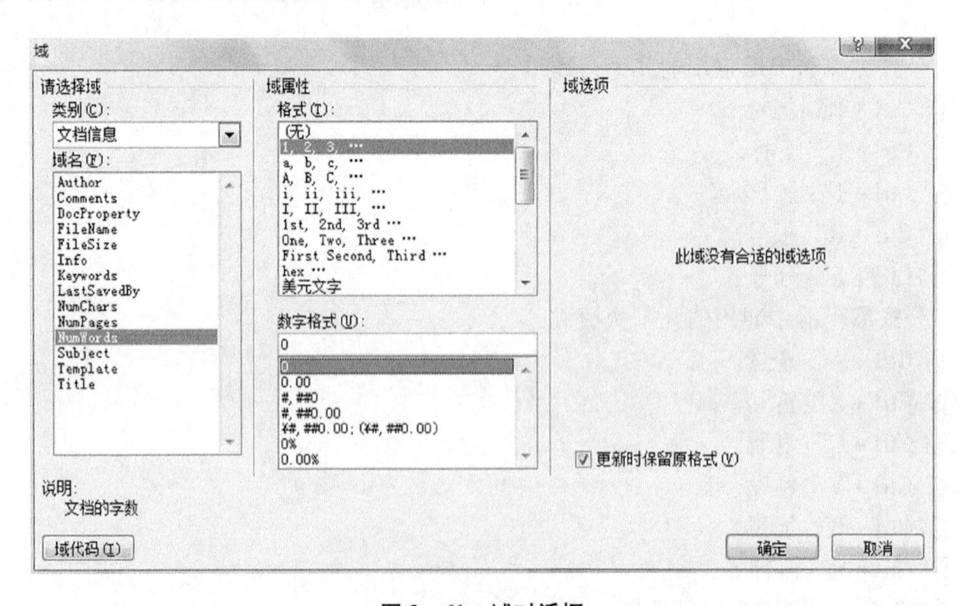

图3-61 域对话框

3.23 批注、脚注与尾注

在平时的工作中，经常要多个人共同完成一个文档。例如，学生写好的文章，老师要提出意见等，类似于“批语”，在 Word 中可以通过批注完成。点击“审阅”→“新建批注”，弹出“批注对话条”，可以输入批注的内容，如图 3－62 所示。

图 3－62 批注对话框

要删除批注，只需右键点击批注，删除即可。

如果批注很多，需要批量删除，可以点击任一批注，然后点击工具栏上的删除图标，选择“删除文档中的所有批注”，如图 3－63 所示。

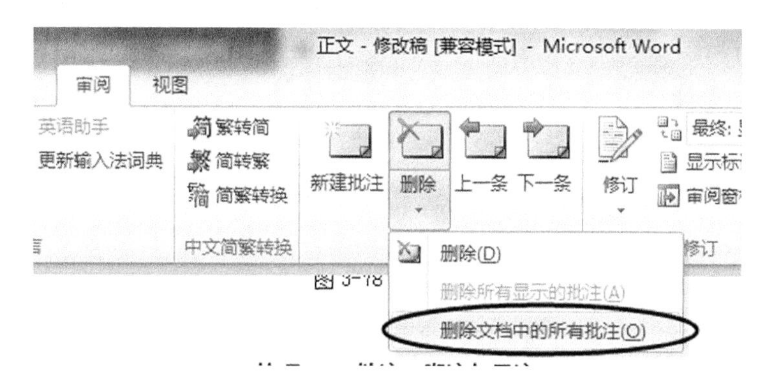

图 3－63 删除批注菜单

当需要在文档中某页的最下边或者在文档的最后插入注释的时候，可以采用“脚注和尾注”，点击“引用”，选择“脚注”右下角的小箭头，可以选择脚注或者尾注，包括编号格式、起始编号等选项，点击“插入”即可，如图 3－64 所示，此时，会在正文内容的右上角出现编号的顺序，在页面下段出现相应的注释，如图 3－65 所示。如果想删除某个注释，只需将正文的编号数字删除即可。

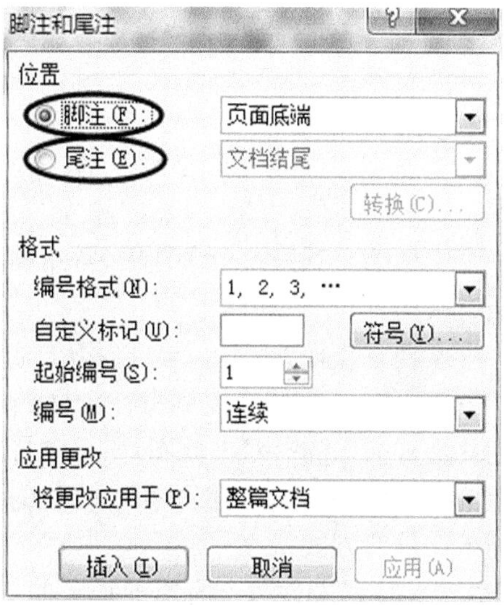

图 3－64 脚注和尾注

"插入，引用，脚注和尾注"，[1]
计算机[2]

(a)

[1] 计算机应用技术
[2] 计算机科学

(b)

图 3－65　脚注和尾注

3.24　调整空格的大小

在 Word 编辑过程中经常需要空格，但有时候感觉空格的间距过大，其实这个空格的大小是可以调整的。

点击 Word 工具栏上的双向箭头图标，即"显示/隐藏编辑标记"，如图 3－66 所示，就可以看到文档中的所有空格(之前是看不到的)，如图 3－67 所示。选中这个空格，可以任意调节其字号，如将空格的字号大小调整为"五号"，如图 3－68 所示，可以看出空格的变化情况。

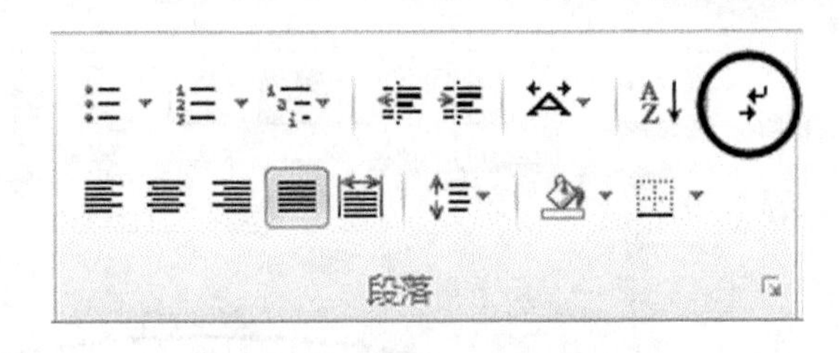

图 3－66　显示/隐藏编辑标记

计算机 · 应用 · 技术

图 3－67　原空格

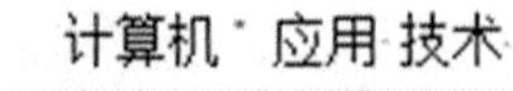

计算机 · 应用 技术

图 3－68　新空格

3.25　插入与合并文档

将一个文档插入到另一个文档中，常用的方式有以下三种方式。

1. 最直接的方式——拖动

将一个文档直接拖到另一个文档相应位置。如图 3－69 所示，把桌面上的一个 Word 文档"技巧(2).docx"直接拖拽到另一个文档中，效果如图 3－70 所示。这时，新插入的内容是以图片形式插入的。双击此图片，自动打开一个新建文档，如图 3－71 所示。可以对其进行修改，修改后关闭这个文档即可。修改的结果不会影响原文件"技巧(2).docx"。

2. 插入文件的方式

点击"插入"→"文件"，选择需要插入的文档，插入即可。这时，插入的内容不再是图片形式，而是正常的文档，可以自由编辑。

图 3－69　拖拽文件到 Word

图 3－70　拖拽的结果

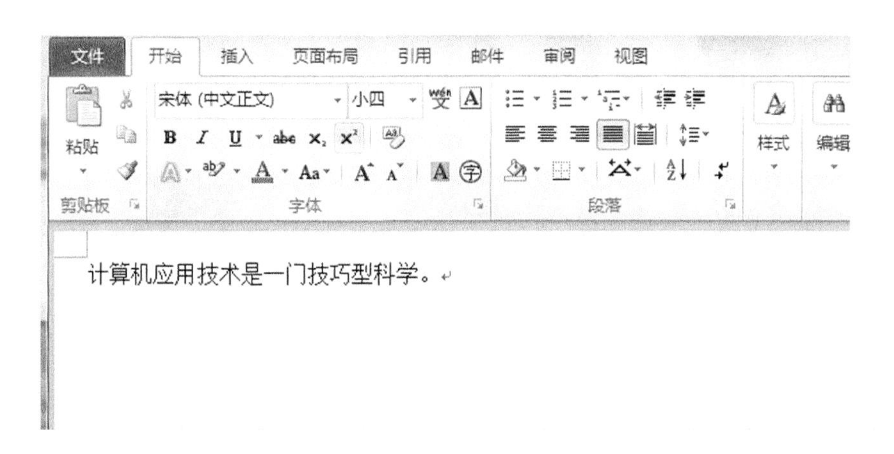

图 3－71　新建文档

3. 插入对象的方式

点击“插入”→“对象”，选择“由文件创建”，如图 3 － 72 所示，浏览找到文件，如图 3－73 所示，点击“确定”。这时，插入的内容仍然是图片形式。

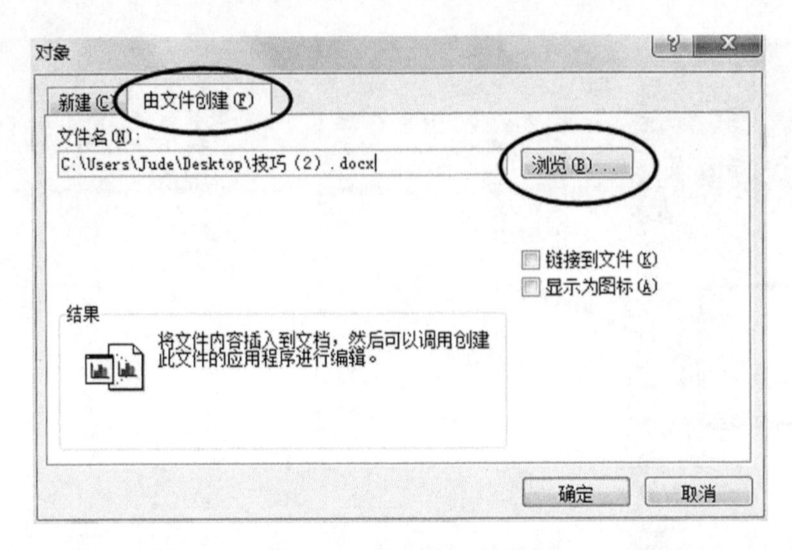

图3－72　插入对象对话框

图3－73　插入文件对话框

3.26　为突出信息将文字上移/下移

选择要突出的文字后，点击“开始”→“字体”，点击右下角的小箭头，选择“高级”→“位置”改为“提升”或“降低”，设置好需要提升/降低的幅度磅值，可以在“预览”中看到效果，如图3－74所示，点击“确定”后可以得到如图3－75所示的效果，可以发现，“计算机应用技术”提高了一点距离。

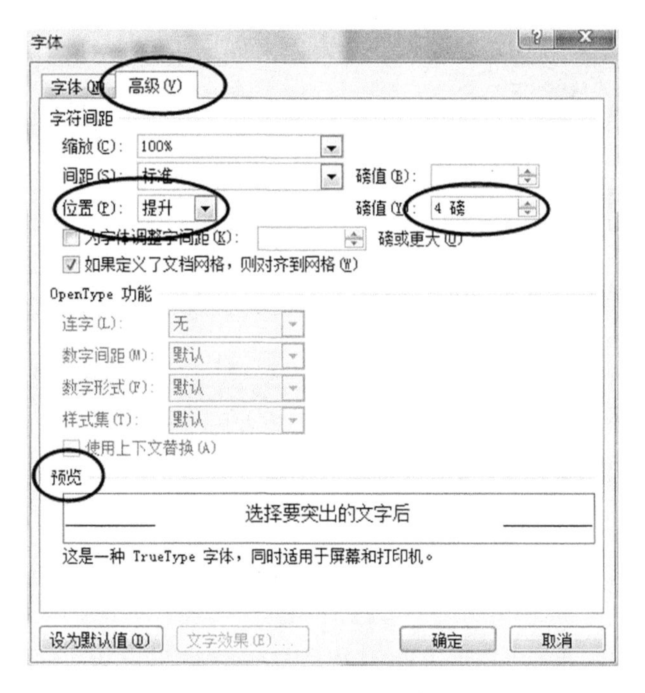

图 3－74　字体对话框

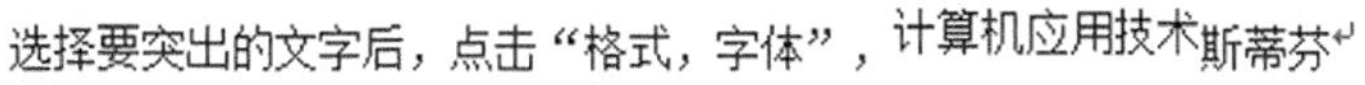

选择要突出的文字后，点击“格式，字体”，计算机应用技术斯蒂芬

图 3－75　效果图

3.27　特殊字符的输入方法

如果要输入特殊字符，有如下三种方式。

1. 通过插入特殊字符的方式

点击“插入”→“符号”→“其他符号”，可以选择“符号”“特殊字符”，还有一些“子集”可以选择，如图 3－76 所示。

2. 通过特殊字体的方式

将字体修改为“Webwings”和“Wingdings”，如图 3－77 所示。在英文输入状态下，输入数字、英文字母和其他的一些字符可显示为一些特殊的符号，如图 3－78 所示。

3. 利用输入法中特殊字符的方式

打开任何一个输入法，如“谷歌拼音输入法”，右键点击“小键盘”的图标，会出现很多符号库，选择任何一种，如图 3－79 所示，如选择“希腊字母”，如图 3－80 所示。在图 3－80 中任意点击按键选择即可。

图 3-76 符号对话框

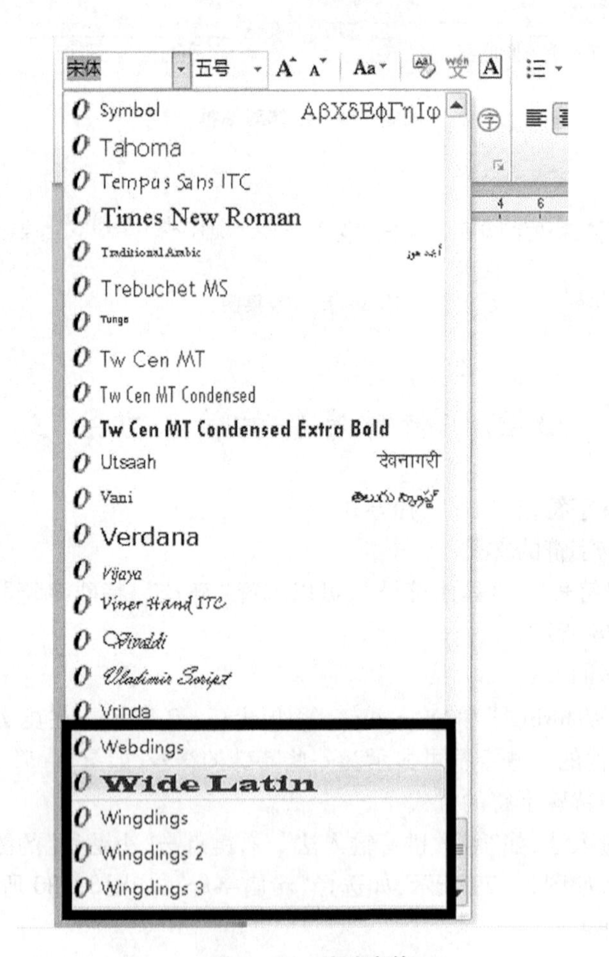

图 3-77 特殊字体

图 3－78　特殊字体

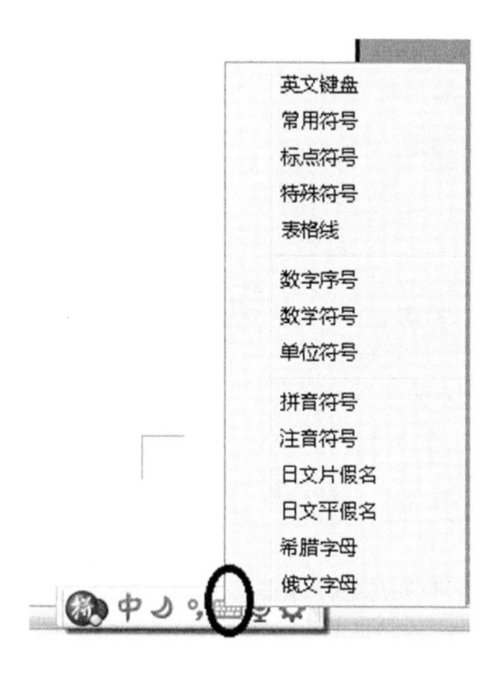

图 3－79　谷歌拼音输入法的特殊字体

图 3－80　希腊字母

3.28　带圈字符的输入

在编辑 Word 文档时，有时候需要输入带圈的字符。可以点击工具栏上的图标，如图 3－81 所示。打开“带圈字符”对话框，选择“样式”→“圈号”，输入“文字”，如图 3－82 所示。选择其中一些带圈字符，其结果如图 3－83 所示。

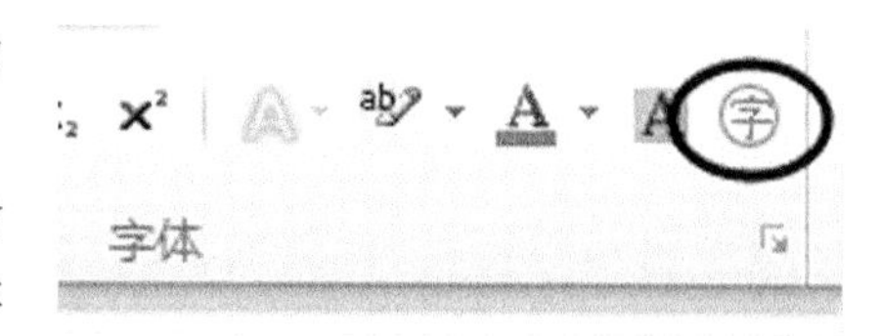

图 3－81　带圈工具栏

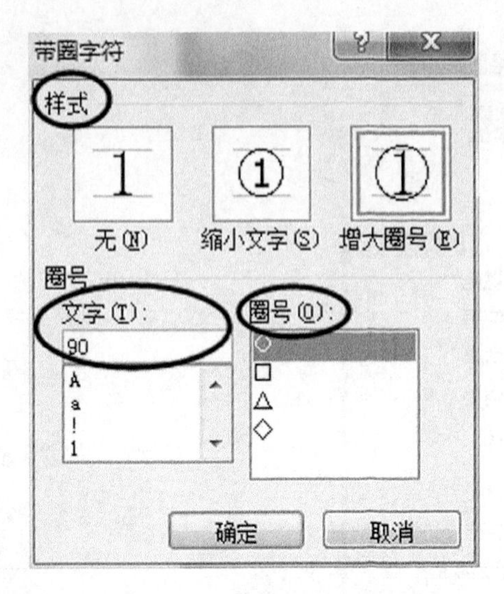

图 3-82　带圈字符对话框

图 3-83　使用效果图

3.29　复制一些网页不能复制的信息

在浏览某些网页时,有的时候想选取某些文本进行复制,按住鼠标左键拖动时,无论如何也无法选中需要的文字。这是网页的设计者给它加入了不能选中的脚本,简单防止别人拷贝其网页内容。其实解决的办法很简单,可采用如下办法。

①在网页文字位置右键单击,选择"查看源文件",如图 3-84 所示,或者在浏览器上面工具栏上点击"查看"→"查看源文件",如图 3-85 所示,打开一个如图 3-86 所示的新网页,在里面找到相应的内容就可以复制了。如果源文件比较大,可以通过"查找"进行,页面上没有"查找"的话,可以使用快捷键"Ctrl + F"。

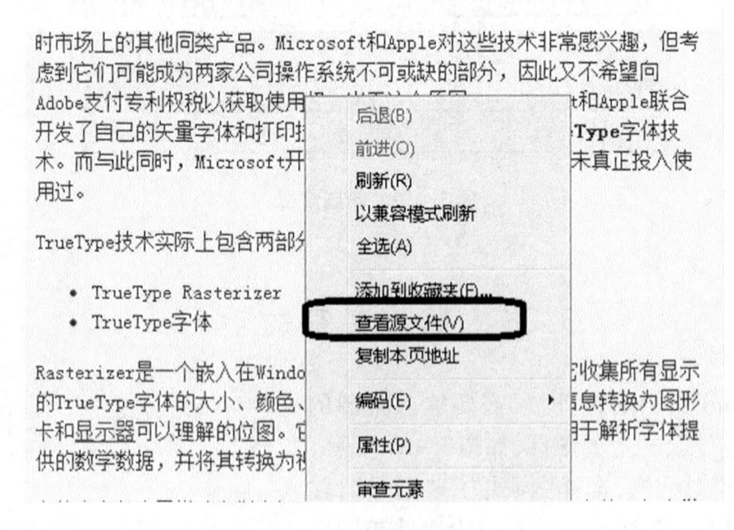

图 3-84　查看源文件

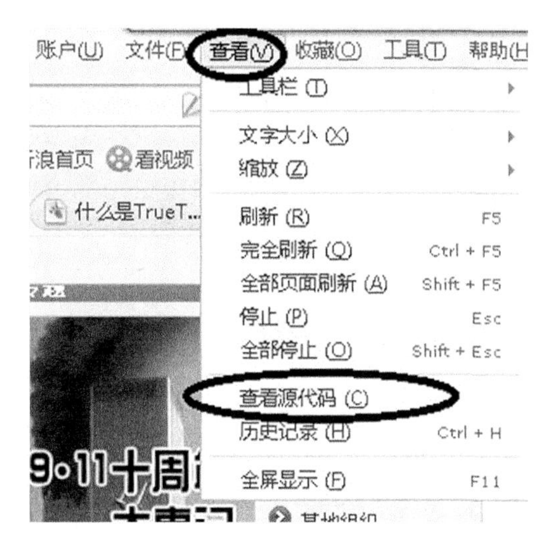

图 3－85 查看源文件

```
× 查找:                    未查找  下一个  上一个  高亮
 1 <!DOCTYPE html PUBLIC "-//W3C//DTD XHTML 1.0 Transitional//EN" "http://www.w3.org/TR/xhtml1/DTD/xhtml1-transitional.dtd">
 2 <html xmlns="http://www.w3.org/1999/xhtml">
 3 <head>
 4         <title>什么是TrueType字体？ 博闻网</title>
 5         <link rel="shortcut icon" href="http://static.bowenwang.com.cn/zh-cn/computer/misc/favicon.ico" type="image/x-icon" />
 6 <link rel="alternate" type="application/rss+xml" title="博闻网文章精选" href=" http://feeds.bowenwang.com.cn"/>
 7         <link rel="meta" href="http://computer.bowenwang.com.cn/labels.rdf" type="application/rdf xml" title="ICRA labels" />
 8         <meta http-equiv="imagetoolbar" content="no">
 9         <meta http-equiv="pics-label" content='(pics-1.1 "http://www.icra.org/pics/vocabularyv03/" l gen true for "http://bowe
od 0 oe 0 of 0 og 0 oh 0 c 1) gen true for "http://computer.bowenwang.com.cn" r (n 0 s 0 v 0 1 0 oa 0 ob 0 oc 0 od 0 oe 0 of 0
10         <meta http-equiv="Content-Type" content="text/html; charset=UTF-8">
11         <meta name="robots" content="noodp">
12         <meta name="keywords" content="truetype字体,矢量字体,type1,打印语言,微调代码,缩放">
13         <meta name="description" content="字体是计算机显示文本时所使用的字符样式，那么什么是TrueType字体呢？本文将给您作答。">
14 <script type="text/javascript">var _sf_startpt=(new Date()).getTime()</script>
15
16
17 <script type="text/javascript">
18
19   var _gaq = _gaq || [];
20   _gaq.push(['_setAccount', 'UA-5522342-3']);
21   _gaq.push(['_setDomainName', 'bowenwang.com.cn']);
22   _gaq.push(['_trackPageview']);
23   (function() {
24     var ga = document.createElement('script'); ga.type = 'text/javascript'; ga.async = true;
25     ga.src = ('https:' == document.location.protocol ? 'https://ssl' : 'http://www') + '.google-analytics.com/ga.js';
26     var s = document.getElementsByTagName('script')[0]; s.parentNode.insertBefore(ga, s);
27   })();
28
29 </script>       <script src="http://www.bowenwang.com.cn/js/jquery.js"></script>
30 <script src="http://www.bowenwang.com.cn/js/hswi.js"></script>  <link rel="stylesheet" type="text/css" href="http://www.bowenw
31         <link rel="stylesheet" type="text/css" href="http://www.bowenwang.com.cn/css/article.css">
```

图 3－86 源文件

②点击浏览器“文件”→“另存为”，保存类型中选择“文本文件(＊.txt)”，这种方式不是每次都能用。

③点击浏览器“文件”→“保存网页”，然后用 Word 或 Frontpage 编辑，再复制相关内容。

④单击浏览器“工具”→“Internet 选项”，进入“安全”标签页，单击“自定义级别”按钮，如图 3－87 所示。在打开的“安全设置”对话框中，将所有“脚本”选项禁用，如图 3－88 所示。点击“确定”后按 F5 键刷新网页，就会发现那些无法选取的文字可以选取了。

注：在选择了自己需要的内容后，记得给脚本解禁，否则会影响我们浏览网页。

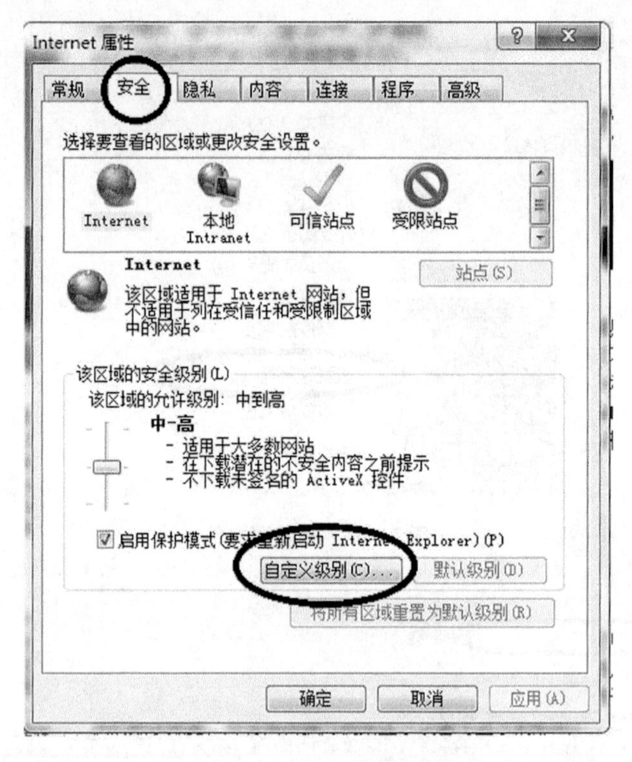

图 3-87　Internet 属性对话框

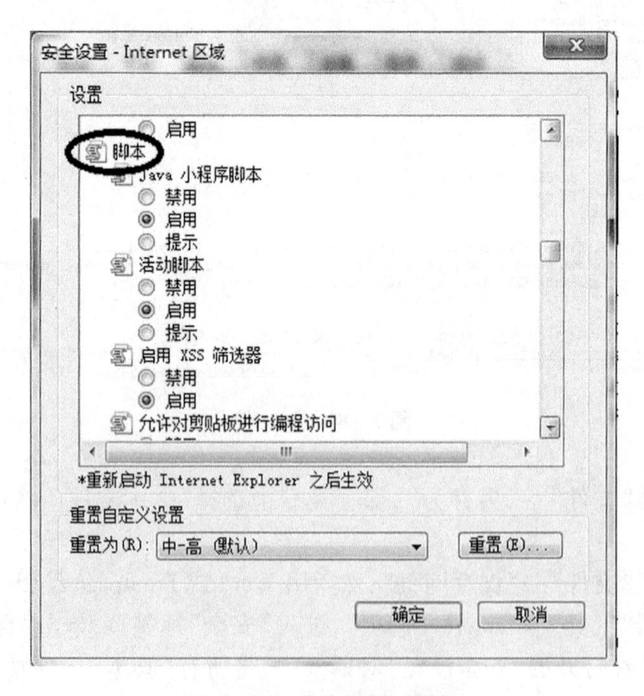

图 3-88　安全设置对话框

⑤利用抓图软件 SnagIt 实现。SnagIt 中有一个“文字捕获”功能，可以抓取屏幕中的文字，也可以用于抓取加密的网页文字。单击窗口中的“文字捕获”按钮，单击“输入”菜单，选择“区域”选项，最后单击“捕获”按钮。这时，光标会变成带十字的手形图标，按下鼠标左键在网页中拖动选出你要复制的文本，松开鼠标后会弹出一个文本预览窗口，可以看到网页中的文字已经被复制到窗口中。当然，也可以直接在这个预览窗口中编辑修改后直接保存。

⑥使用特殊的浏览器。如 TouchNet Browser 浏览器具有编辑网页功能，可以用它复制所需文字。在“编辑”菜单中选择“编辑模式”，即可对网页文字进行选取。

3.30 水　　印

在下载一些重要的文件时，经常看到 Word 的背景里有水印，那如何实现呢？

Word 2010 具有添加文字和图片两种类型水印的功能，水印将显示在打印文档文字的后面。水印是可视的，不会影响文字的显示效果。

1. 添加文字水印

点击“页面布局”→“页面背景”→“水印”→“自定义水印”，选择合适的文字、字体、颜色、透明度和版式等，如图 3－89 所示，点击“确定”。

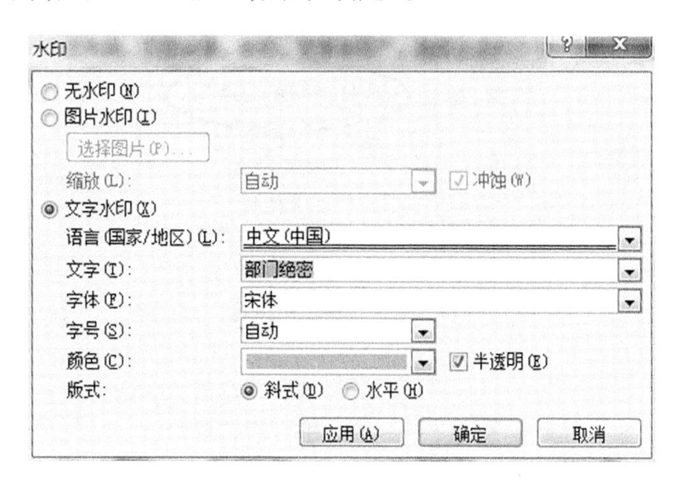

图 3－89　水印对话框

2. 添加图片水印

选择“图片水印”，然后找到要作为水印图案的图片。添加后，设置图片的缩放比例、是否冲蚀。冲蚀的作用是提高文字后面所添加图片的透明度，以免影响文字的显示效果。

若要删除水印，只需点击“无水印”即可。

注：Word 2010 只支持在一个文档添加一种水印，若是添加文字水印后又定义了图片水印，则文字水印会被图片水印替换，在文档内只会显示最后制作的那个水印。

3. 打印水印

通常情况下，打印文档是看不到水印的，可以进行必要的设置以打印出水印，点击“文件”→“选项”→“显示”→“打印背景色和图像”，如图 3－90 所示。

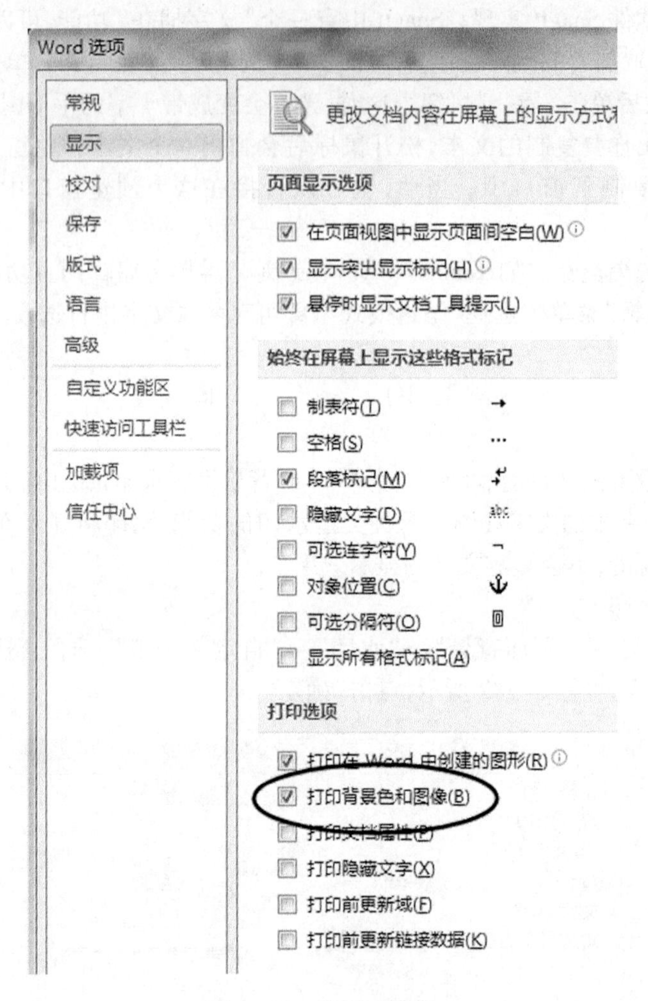

图 3－90　选项对话框

3.31　并 排 查 看

很多时候会同时比较两个文档，比如学生把写好的文章拿给老师看，老师修改了部分内容，这时，如果想更清晰地比较前后版本的异同，就用到了 Word 的“并排查看”。

如果只打开了两个以上的 Word 文档，点击“视图”，在窗口菜单中会出现“并排查看”的选项，如图 3－91 所示。以打开三个文档为例，选择一个文档后，点击“并排比较”，弹出如图 3－92 所示的对话框，选择任一文档，点击“确定”。“窗口”菜单的工具条如图 3－93 所示，在这个工具条中有两个按钮，一个是“同步滚动”，另一个是“重置窗口位置”。点击“重置窗口位置”，就将两个文档并排显示，如图 3－94 所示；点击“同步滚动”，两个文档随着鼠标移动或者滚轮同步。

比较结束，关闭其中一个文档即可。

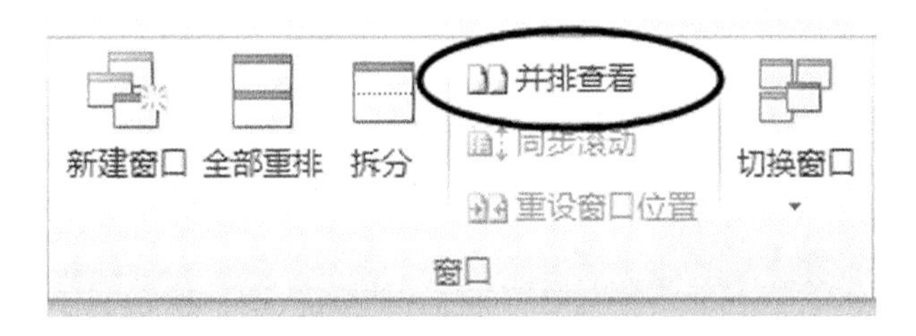

图 3－91　并排查看

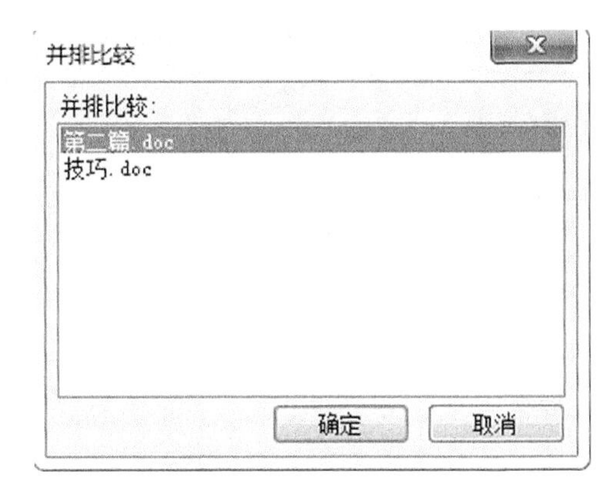

图 3－92　并排比较对话框

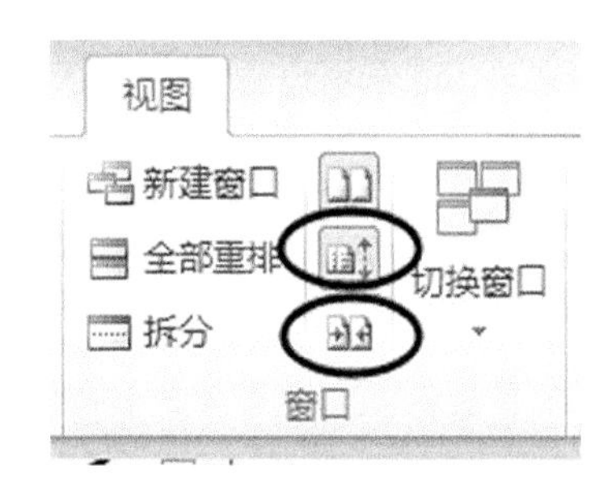

图 3－93　并排比较条

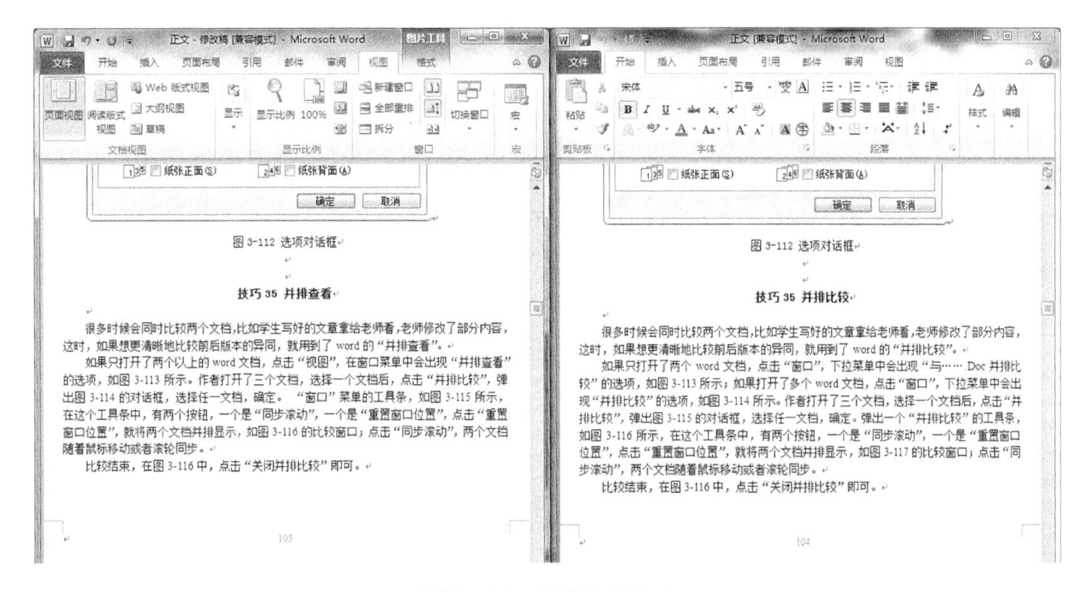

图 3－94　并排比较内容

3.32　打印技巧汇总

通常情况下,在“文件”→“打印”选项里,用得最多的就是打印“全部”和“当前页”。这里,还有一些其他的实用技巧。

1. 打印部分内容,非整页内容

若需要打印的内容只是文档中的某一部分而不是一整页,可在文档里先选定需要打印的这部分内容，然后在打印的“设置”中选择“打印所选内容”，就可以打印部分内容，而非整页内容，如图3－95所示。

注：如果在文档中不选定内容，“打印所选内容”是灰色的，不可选。

图3－95　打印对话框

2. 打印部分页面，非整个文档

若需要打印的内容只是文档中的某些页面，而不是整个文档，如只打印“1,3,5,6,7,8页”，可以设置字符状态为英文字符，在英文字符状态下，输入“1,3,5－8”。非连续的页码用逗号隔开，连续的页码用连字符相连，如图3－96所示。

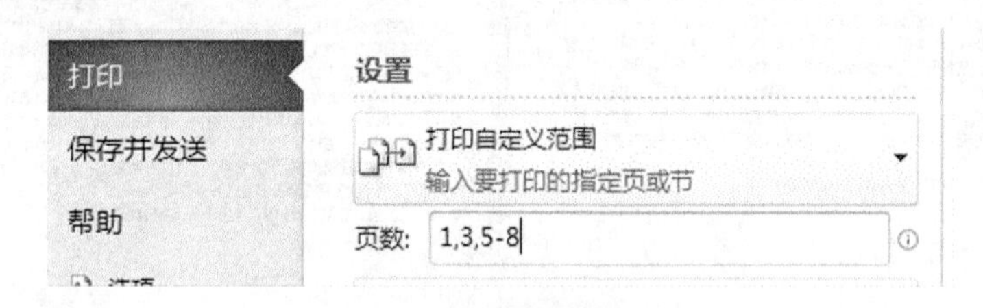

图3－96　页码范围

3. 逐份打印

在打印窗口中，调整打印区域的“调整”和“取消排序”决定着逐份打印，还是逐页打印。在打开的列表中选中“调整”选项，将在完成第1份打印任务时再打印第2份、第3份……选中“取消排序”选项，将逐页打印足够的份数，再接着打印下一页。这个选项默认是“123，123”，也就是逐份打印，如图3－97所示。

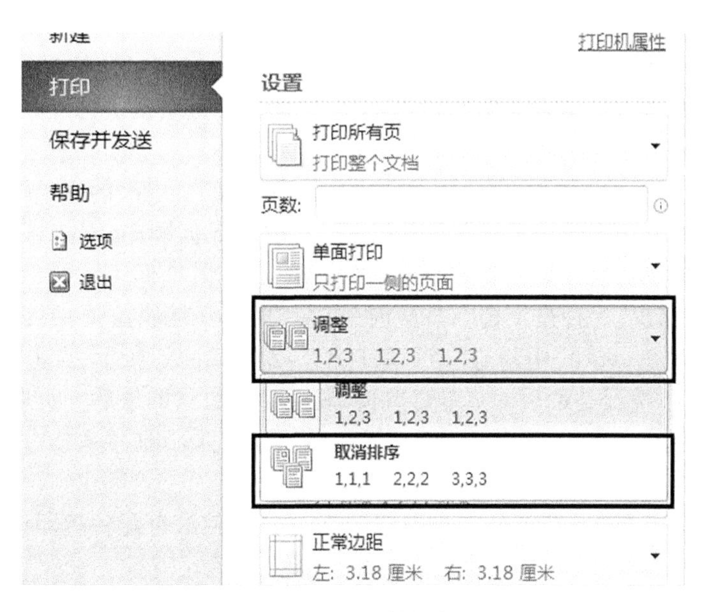

图 3－97 逐份打印

4. 逆页序打印

在 Word 中打印多页文档时，Word 总是从第一页打印至最后一页，在打印完后第一页放置在最下面，而最后一页在上面。而逆页序打印，就可以实现把第一页放在最上面。单击“文件”→“选项”→“高级”，将“逆页序打印”复选框勾上，如图 3－98 所示，即可实现在打印时按逆页序从最后一页打印到第一页。

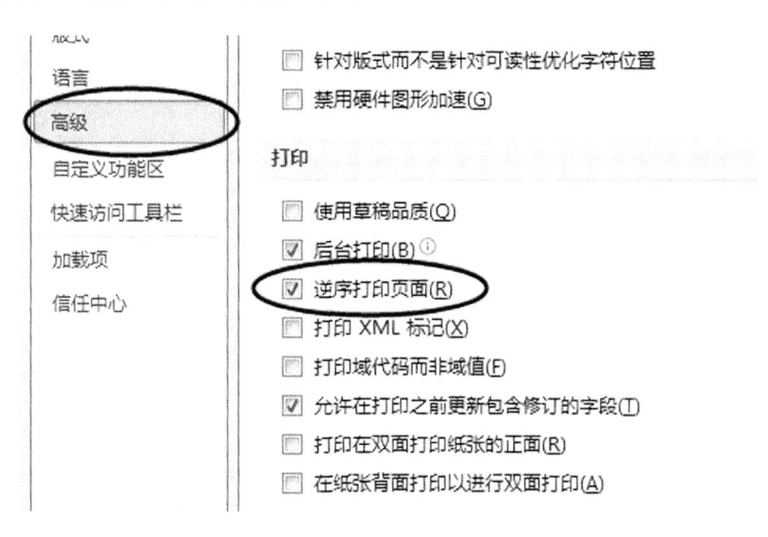

图 3－98 逆页序打印

5. 附加信息打印

如果在打印时，想把一些文档的附加信息也打印上，如批注、隐藏文字、域代码、背景色等，可以勾选相应复选框，如图 3－98 所示。

6. 双面打印

所谓双面打印就是纸的正反两面都打印以节省纸张,打印对话框提供了“手动双面打印”选项,但是这种方式经常容易出现问题,不太好把握。这里提供另外一种方式来实现双面打印。

点击“文件”→“打印”,在“设置”下单击“打印所有页”。在库的底部附近单击“仅打印奇数页”,如图3-99所示。奇数页打印好之后,不改变任何顺序,直接将它们放进纸盒中(拿出打印好奇数页的文档,直接将其翻过去放进纸盒)。

这时,有两种情况:一种是文档在排版时最后一页刚好是偶数页,那么在底部选择“仅打印偶数页”,同时在“选项”中勾选“逆页序打印”,如图3-98所示,点击“确定”后就可以开始打印了;另一种情况是最后一页是奇数页,只需将奇数页的最后一页取出来(即少放进纸盒中一页),将其余页进行“仅打印偶数页”和“逆页序打印”即可。

7. 打印到文档

如果需要打印文档,而打印机出现故障或者这台电脑没有配备打印机,可以将文档打印成打印机文件,在有打印机的机器上直接进行打印。

在“打印”对话框中点开“打印机”下拉菜单,选中“打印的文件”选项,如图3-100所示,点击“确定”,在输入文件名后即可生成一个后缀名为“prn”的打印机文件,在其他配备打印机的电脑上用这个打印机文件即可将文档进行打印,即使那台电脑上没有安装Word,也是能够进行操作的。

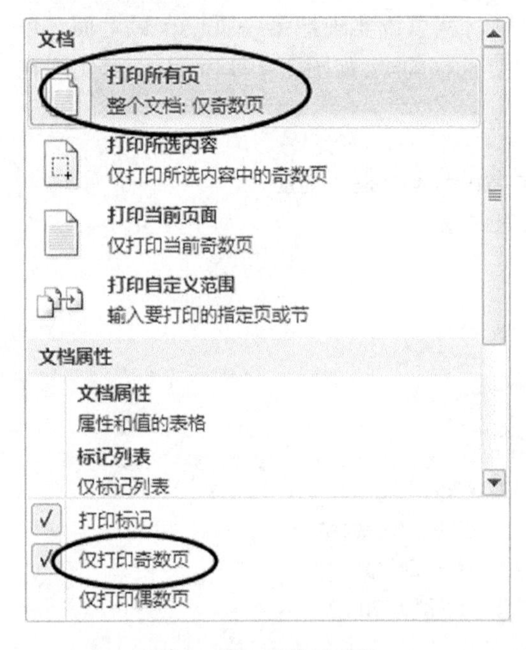

图3-99　奇数页打印

图3-100　打印到文件

8. 不关闭打印预览也能进行文档编辑

在打印文件前,通常先点击“打印预览”以查看文档的打印效果。如果发现有需要修改的地方,需要关闭“打印预览”进行修改。其实,不关闭“打印预览”也可以进行修改。在点击“打印预览”后,可以通过视图显示比例进行比例的放大与缩小,再点击放大镜按钮,如图3-101所示,即可以进行修改编辑。

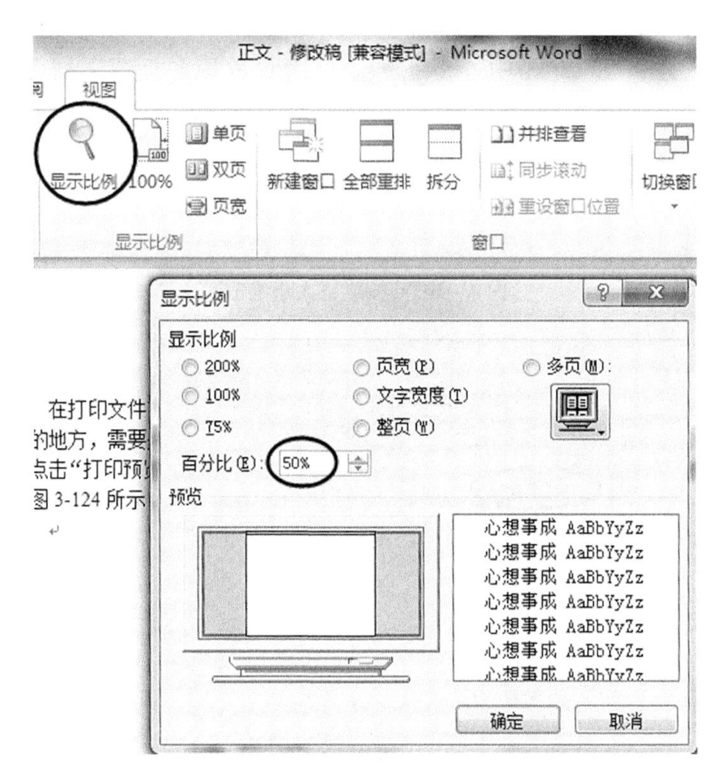

图 3-101 打印预览

9. 按照纸张大小去打印

Word 默认的打印纸张是 A4,即正常编辑状态下是 A4 纸张,但有时候打印机里没有 A4 纸或者其他情况,可以按照纸张去选择打印。

点击"文件"→"打印",选择"按纸张大小缩放",如图 3-102 所示,找到合适的纸张即可。

10. 孤行控制

在文档编辑及打印时,经常遇到这样的情况,最后一页只有寥寥几行甚至几个字,却仍需要占用一整页的空间,打印时不但浪费纸张,而且版面也不好看。怎样才能把多余的这部分文字均匀地放入前面页面,或者是将这孤行变成几行呢?

例如,现文档的最后一页如图 3-103 所示,只有一行,通过设置段落格式,可以将其串到上一页,或者是不再是一行。点击"段落"→"换行和分页",勾选"孤行控

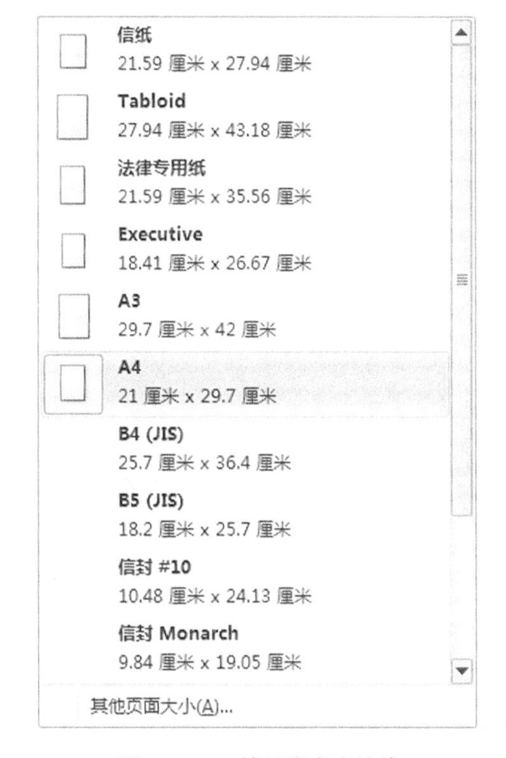

图 3-102 按纸张大小缩放

制”,如图 3－104 所示,点击“确定”即可得到如图 3－105 所示的效果。由于本文档前面只有一页,而且都是文字,所以无法向上串,如果前面页数很多且图文结合,就将其串至上页了。

这番设置，再也不会出现孤行悬在最后单独占一页的现象了。↵

图 3－103　按纸张大小缩放

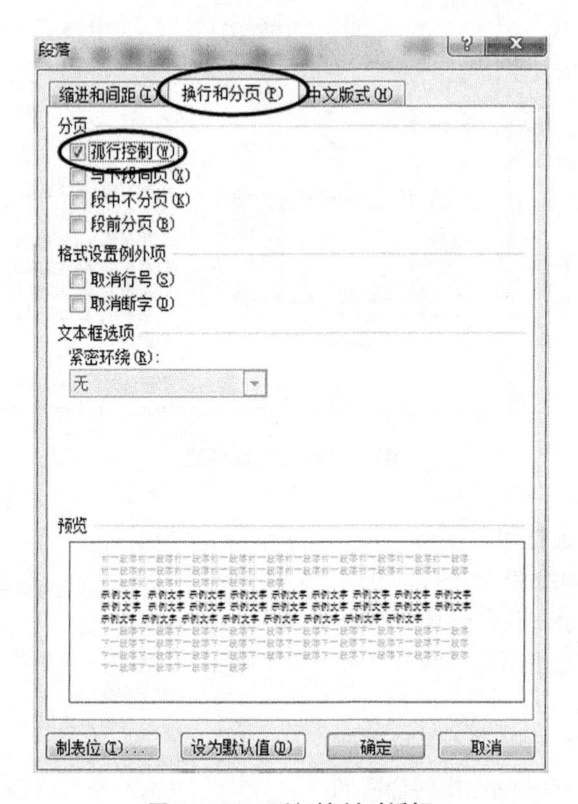

图 3－104　孤行控制对话框

的最后一行，或者在页面底部仅显示段落的第一行，这是专业文档中应该避免的现象。经过这番设置，再也不会出现孤行悬在最后单独占一页的现象了。↵

图 3－105　孤行控制效果

3.33 精通项目符号和编号

项目编号可使文档条理清楚和重点突出，提高文档编辑速度，因而在 Word 编辑过程中，经常被使用。但在使用过程中，给我们带来方便的同时，有时也带来了麻烦。下面将介绍一些有关项目编号的技巧。

1. 应用“项目符号和编号”

单击“开始”→“段落”→“项目符号(编号)”。插入“项目符号(编号)”后，编写本段的内容，在本段内容的最后面，点击回车(“Enter”键)即可自动在下一段内容前添加项目符号(编号)，如图 3－106 所示。

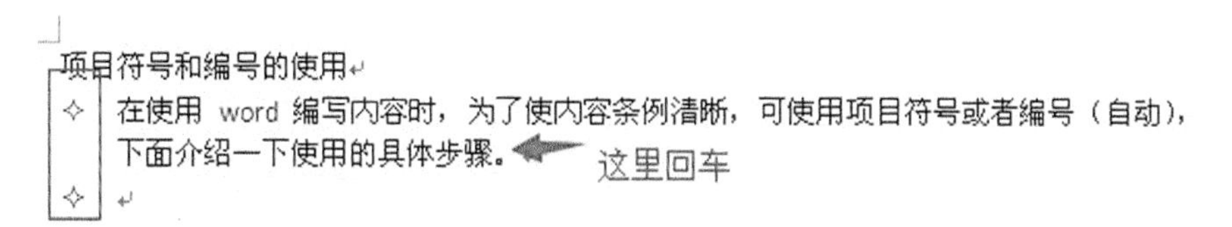

图 3－106 自动编号列表

当在段首键入数学序号(一，二；(一)，(二)；1，2；(1)，(2)等)、大写字母(A，B 等)、某些标点符号(如全角的“、”“，”“。”和半角的“.”)或制表符等，并插入正文后，按回车输入后续段落内容时，Word 即自动将其转化为“编号”列表。

点击“项目符号(编号)”下拉菜单，可以选择图 3－107“项目符号”中的一个样式，也可以选择如图 3－108 所示“编号库”中的一个样式。如果觉得这些样式都不合适，选中一个样式后，还可以点击“定义新项目符号”，进入如图 3－109 所示的界面，可以设置更多的符号、字符和图片样式。

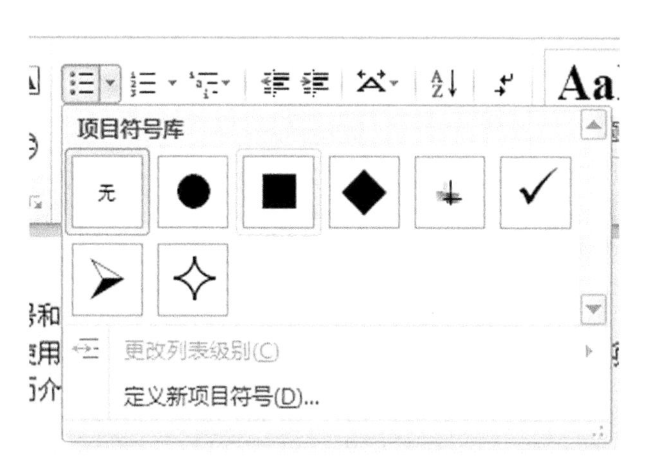

图 3－107 项目符号样式

2. 中断、删除、追加编号

删除(取消)文档中的编号可通过以下几种方法进行操作。

第一种方法是按两次“Enter”，后续段落自动取消编号(不过同时也插入了多余的两行空行)。

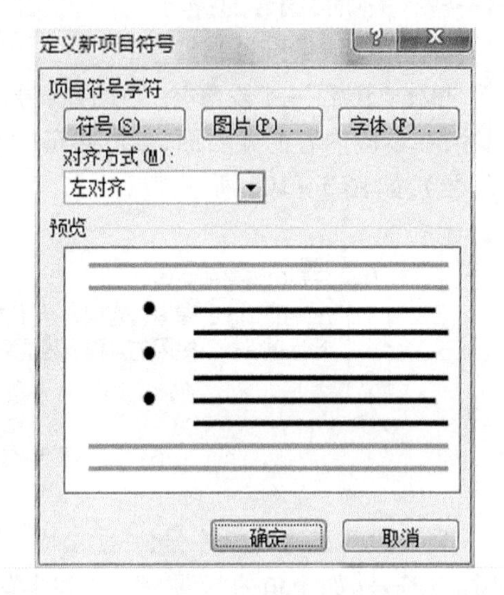

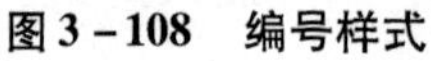
图 3-108　编号样式

图 3-109　自定义样式

第二种方法是将光标移到编号和正文间按“Backspace”键,可删除行首编号。

第三种方法是选定(或将光标移到)要取消编号的一个或多个段落,再单击“编号”按钮。

以上方法都可用于中断编号列表,可根据需要选用。但如果要删除多个编号,只能用第三种方法。而且,如果为“编号”定义了快捷键后,无论追加还是删除编号,此法都最快。

将光标移到包含编号的段结尾按回车,即可在下一段插入一个编号,原有后续编号会自动调整。

3. 多种多样的编号格式

在 Word 中提供了 13 种编号样式。此外,还可以通过“定义新编号格式”定义出不计其数的样式。例如,选择图 3-108 中第三个编号样式,打开“定义新编号格式”对话框,如图 3-110(a) 所示,在汉字“一”前后添加文字成“第一章”,如图 3-110(b) 所示,可以预览效果,从而构成新的样式。

4. 将编号转换为数字

编号具有方便快速的特点,但在复制、改变编号样式等一些操作中不方便。此时,可将编号转换为真正的文字编号。选中带编号的段落,按“Ctrl + C”,再选择菜单“编辑”→“选择性粘贴”,点击“无格式文本”粘贴到新位置,编号就转换为正文了。

5. 取消“一段一个编号”的固定模式

通常情况下,Word 按段落编号,即在每个段落(不管该段有多少行)开始位置处添加一个编号。而许多文档往往要将多个段落放在同一个编号内,可以选择以下四种方法进行实现。

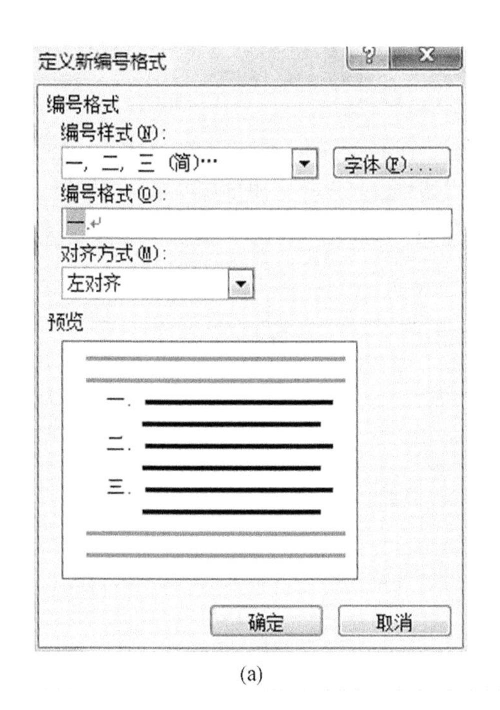

(a)

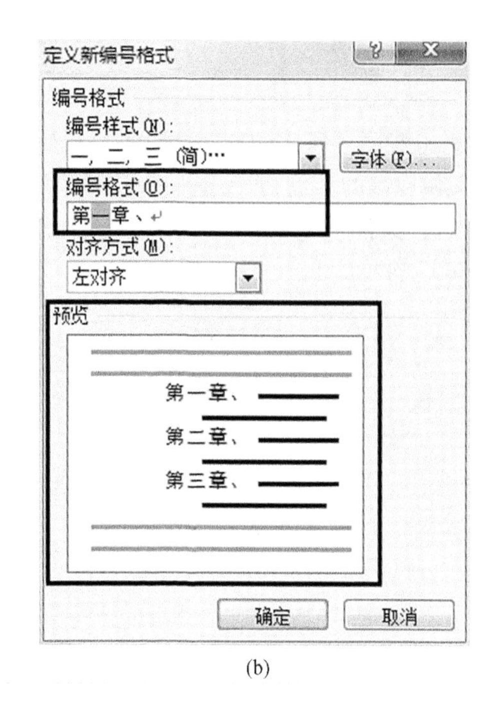

(b)

图 3-110 自定义样式

第一种方法:在第一段结束时按“Shift + Enter”组合键插入一个分行符,然后即可在下一行输入新内容而不会自动添加编号(实际和前面的内容仍然属一段)。

第二种方法:在某个编号内的第一段结束后,按两次以上回车插入需要的空段(此时,编号会中断),当光标移到需要接着编号的段落中,单击“编号”按钮,此时,Word 通常会接着前面的列表编号,然后再将光标移回到前面的空段中输入内容。

第三种方法:中断编号并输入多段后,选定中断前任一带编号的文本再单击(或双击)“格式刷”按钮,然后再单击要接着编号的段落,即可接着编号(使用键盘的话,则先按“Ctrl + Shift + C”复制格式,再按“Ctrl + Shift + V”粘贴格式)。

第四种方法:中断编号并输入多段后,选定需接着编号的段落,打开“项目符号和编号”对话框,选择和上一段的相同编号样式后,再选择“继续前一列表(C)”。

不难发现,后三种方法其实都是通过中断编号来插入多段,在一个编号内插入多段后再设法继续编号。相形之下,第一种方法要方便些,但后续行的一些格式必须通过特殊的方法处理(如行首的缩进只能通过键入空格代替),从而“看起来”是另一段。这里介绍一种快速而极其有效的方法——“多级编号”法。

首先打开“项目符号和编号”对话框,将段落编号设为“多级编号”中的一种,再单击“自定义”,将当前级别(通常为1)的编号样式设成你想要的样式,将下一级别(通常为2)的“编号格式”中全部内容删除(即无)。假设现在要输入 3 段文字,其中,1 段、3 段带编号,2 段无编号。只需将 1 段级别设为 1,它就带编号;2 段不要编号了,按回车再按“Tab”将下一段的级别降为 2,完成,现在将 2 段内容输入;按回车输入 3 段时先按“Shift + Tab”将该段级别升一级为 1,编号又出现了。

3.34 自定义快捷键

Word 提供了很多快捷键,有的过于麻烦记不住,有的是我们不知道的。其实,是可以自己定义快捷键的。例如,为上一个技巧“项目符号”或“编号”定义快捷键“Alt + B”。

点击“文件”→“选项”→“自定义功能区”,打开底部的“键盘快捷方式:自定义”,如图 3 – 111 所示。

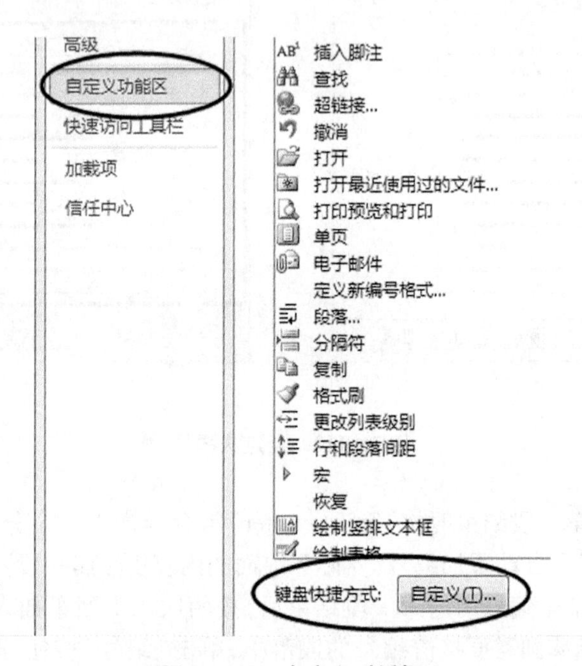

图 3 – 111 自定义对话框

在“自定义键盘”对话框中,单击左边“类别”列表中的“所有命令”,然后在右边的“命令”列表中找到“FormatBulletDefault”,这个命令的意思是“根据当前默认值创建项目符号列表”。这时,可以为该命令指定新的快捷键,“Alt + B”是一个不错的选择。当按下“Alt + B”后,在“请按新快捷键”下方的文本框中就会出现该快捷键,这时,单击对话框左下角的“指定”按钮,如图 3 – 112 所示。单击“关闭”按钮关闭回到“自定义”对话框,再单击“关闭”,这样就完成了快捷键的定义。

回到 Word 编辑界面,按下“Alt + B”键,试试效果。

如果要定义一组快捷键,使得可以为某段落快速应用编号列表,只需在命令窗口选择“FormatNumbetDefault”,新快捷键推荐使用“Alt + N”。

命令窗口都是英文显示,如果不清楚的话,可以通过“百度”“谷歌”等搜索引擎去查看,这些命令大多是很实用的。

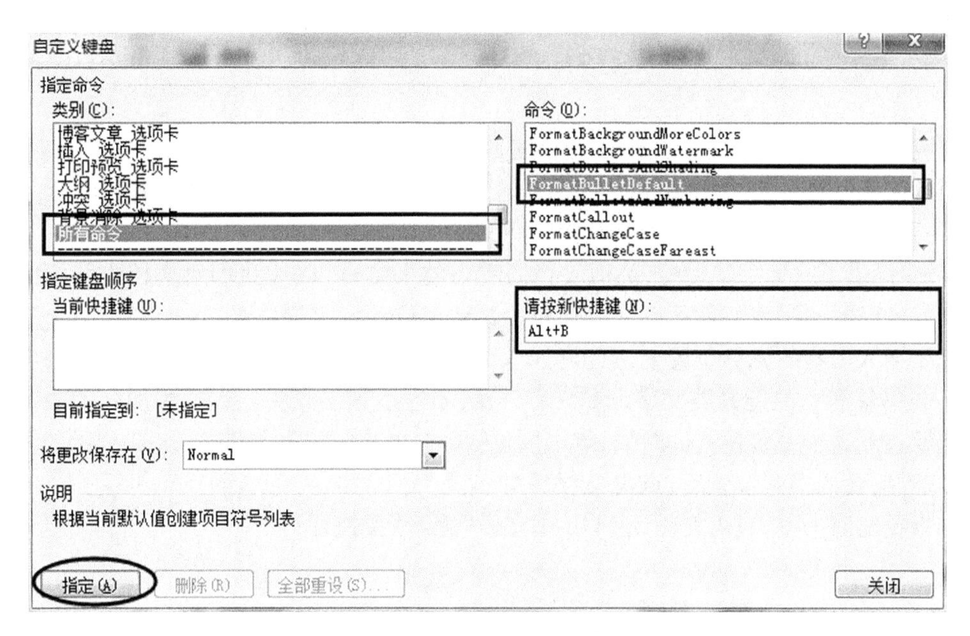

图 3－112 自定义键盘

3.35 首 字 下 沉

在生活中,经常能够在报纸或者杂志上看到某行第一个字是下沉的。

实现首字下沉,要在选择好内容后,点击“插入”→“首字下沉”→“首字下沉选项”,打开图 3－113 的“首字下沉”对话框,选择“位置”“字体”“下沉行数”以及“距正文”的距离,点击“确定”,其效果如图 3－114 所示。

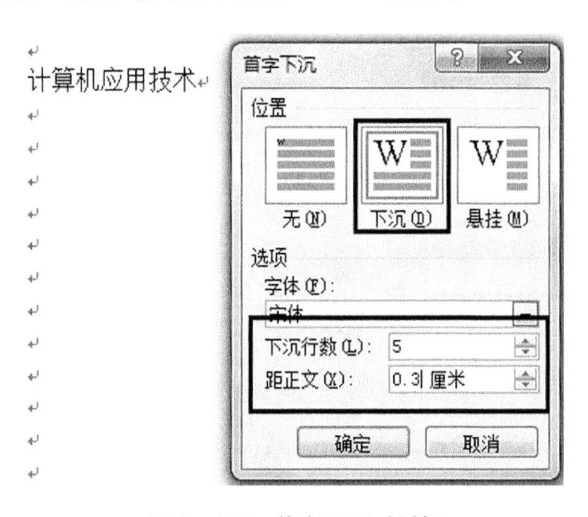

图 3－113 首字下沉对话框

图 3－114 首字下沉效果图

3.36 书　　签

当我们在编辑一个很长的 Word 文档时,在文中的导航是一个非常棘手的问题。比如,我们要返回到某个特定的位置进行编辑,要在这么长的文章中找到这个位置是非常不容易的,往往要花上不少的时间去寻找,既耗时间又增加工作量。

Word 提供了一种书签功能,类似于我们看书的书签,可以让我们对文档中特定的部分加上书签,这样一来,我们就可以非常轻松快速地定位到特定的位置。

在要插入书签的光标位置上,点击“插入”→“书签”,打开如图 3 – 115 所示的书签对话框,输入“书签名”,只能是英文字母和汉字开头,不能以数字开头,点击“添加”,完成。

当要查看这个书签位置的时候,点击“插入”→“书签”,打开如图 3 – 116 所示的书签对话框,找到需要的书签位置后,点击“定位”即可。

如果要删除书签,只需在图 3 – 116 中点击“删除”按钮即可。

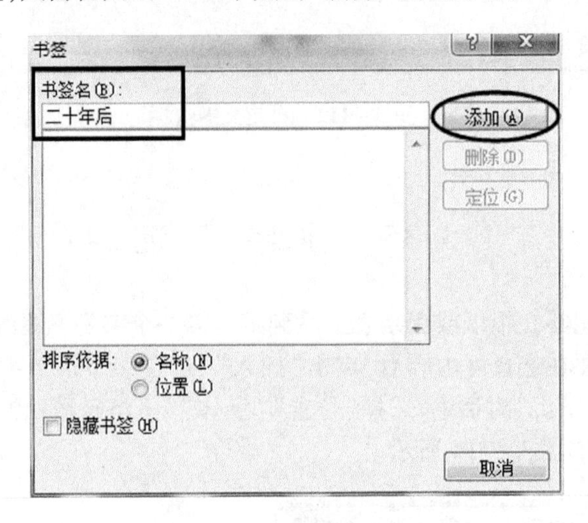

图 3 – 115　书签对话框

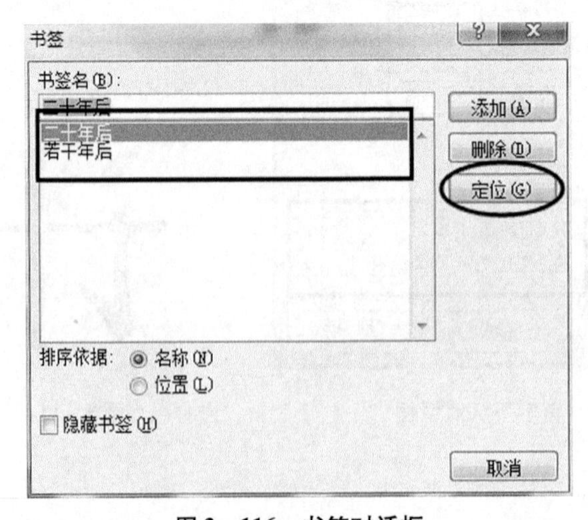

图 3 – 116　书签对话框

3.37 横线的设置

在使用中为了美观，经常会设置很多横线。

点击“页面布局”→“页边距”→“自定义边距”，在弹出窗口中点击“版式”选项卡，在下面单击“边框”按钮，打开如图3－117所示的对话框，选择下端的“横线”，打开如图3－118所示的横线设置对话框。选择合适的横线，点击“确定”。选择横线的效果如图3－119所示。

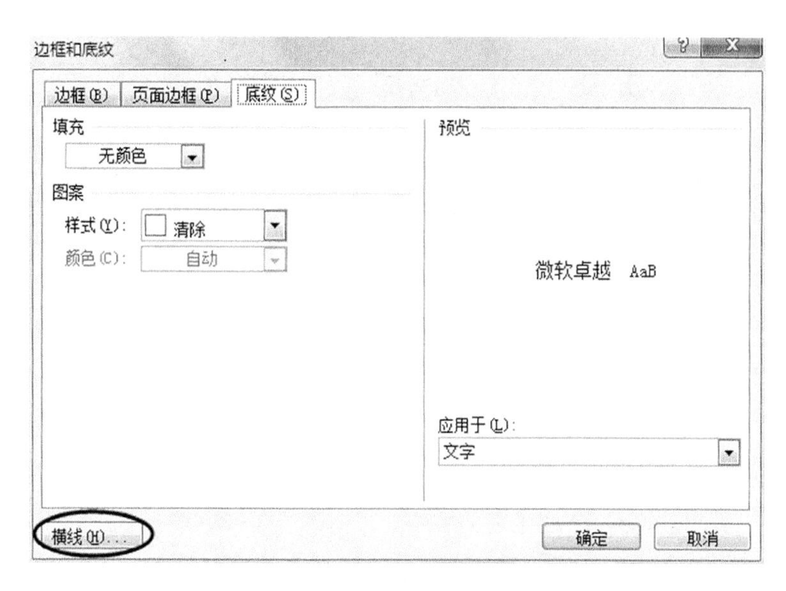

图3－117 边框和底纹

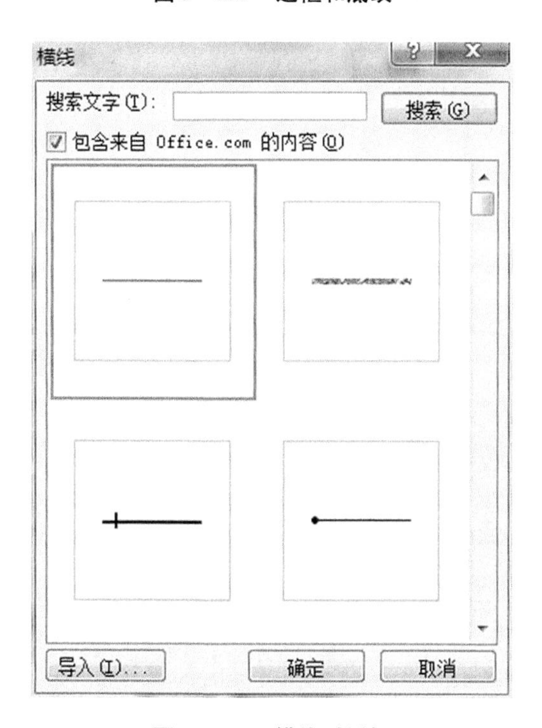

图3－118 横线对话框

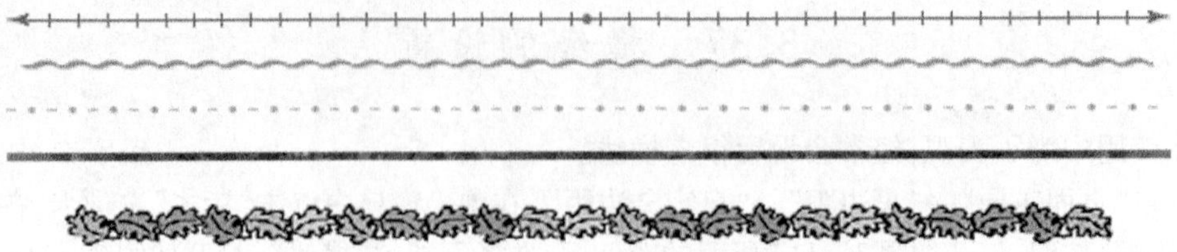

图 3-119　横线效果

3.38　给文档设置漂亮边框

Word 文档除了能给表格设置漂亮的边框外，还能给整个文档，即给整个页面设置边框。

点击“页面布局”→“页边距”→“自定义边距”，在弹出窗口中点击“版式”选项卡，在下面单击“边框”按钮，选择“页面边框”，打开如图 3-120 所示的“边框和底纹”对话框，按照图中进行设置后，点击“确定”后得到的图 3-121 所示的效果图。

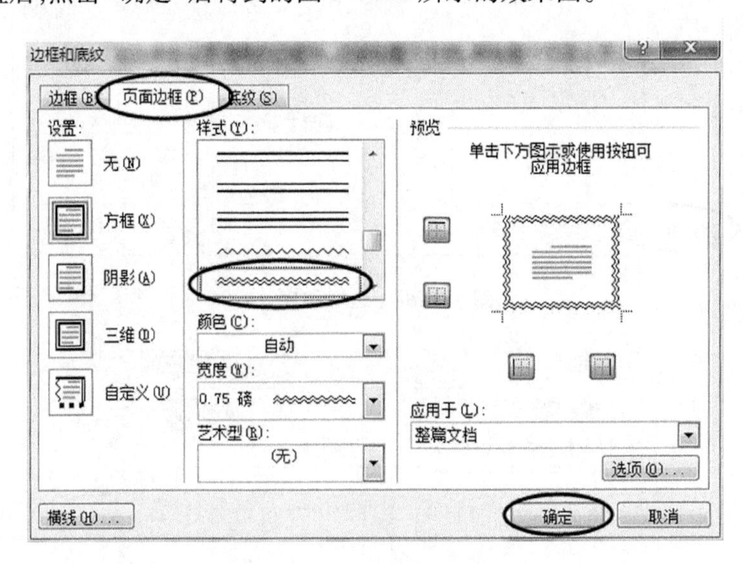

图 3-120　“边框和底纹”对话框

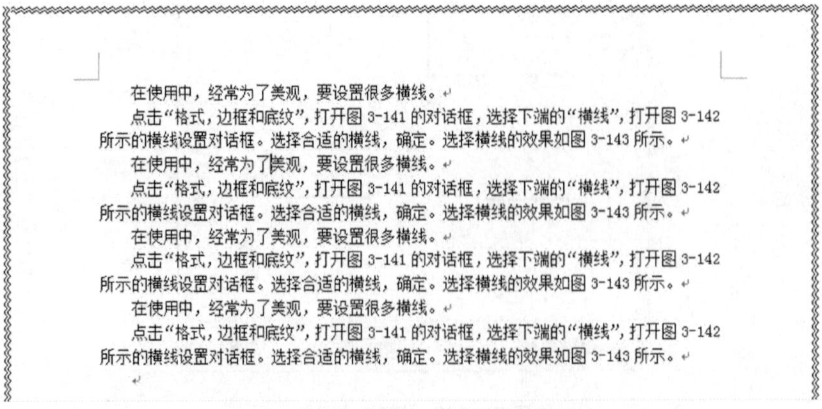

在使用中，经常为了美观，要设置很多横线。

点击“格式，边框和底纹”，打开图 3-141 的对话框，选择下端的“横线”，打开图 3-142 所示的横线设置对话框。选择合适的横线，确定。选择横线的效果如图 3-143 所示。

在使用中，经常为了美观，要设置很多横线。

点击“格式，边框和底纹”，打开图 3-141 的对话框，选择下端的“横线”，打开图 3-142 所示的横线设置对话框。选择合适的横线，确定。选择横线的效果如图 3-143 所示。

在使用中，经常为了美观，要设置很多横线。

点击“格式，边框和底纹”，打开图 3-141 的对话框，选择下端的“横线”，打开图 3-142 所示的横线设置对话框。选择合适的横线，确定。选择横线的效果如图 3-143 所示。

在使用中，经常为了美观，要设置很多横线。

点击“格式，边框和底纹”，打开图 3-141 的对话框，选择下端的“横线”，打开图 3-142 所示的横线设置对话框。选择合适的横线，确定。选择横线的效果如图 3-143 所示。

图 3-121　“边框和底纹”效果图

在图 3－120 中进行再一次设置，如图 3－122 所示，点击“确定”后得到如图 3－123 所示的效果图。

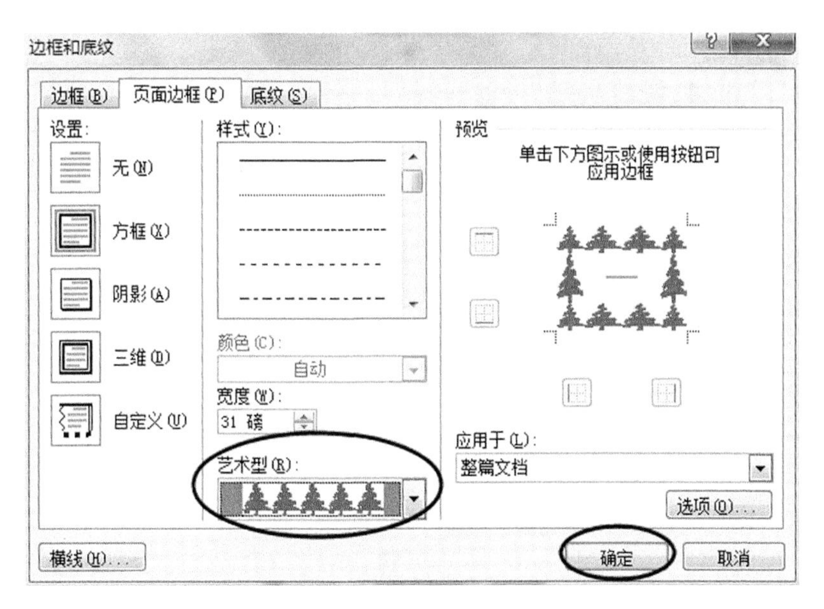

图 3－122 “边框和底纹”对话框

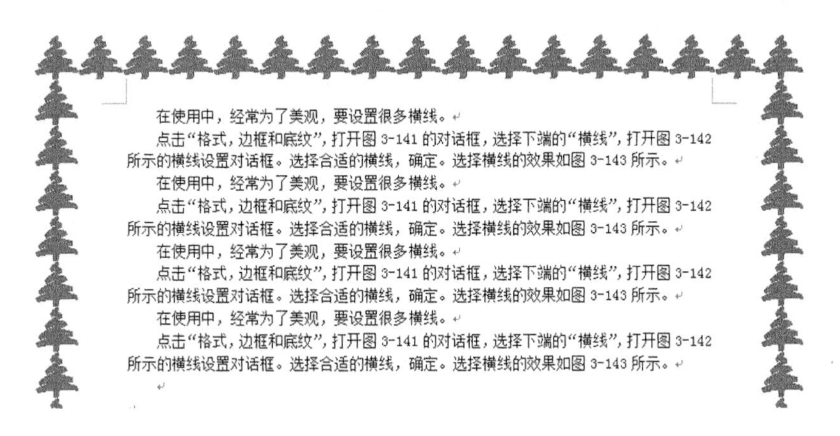
在使用中，经常为了美观，要设置很多横线。

点击“格式，边框和底纹”，打开图 3-141 的对话框，选择下端的“横线”，打开图 3-142 所示的横线设置对话框。选择合适的横线，确定。选择横线的效果如图 3-143 所示。

在使用中，经常为了美观，要设置很多横线。

点击“格式，边框和底纹”，打开图 3-141 的对话框，选择下端的“横线”，打开图 3-142 所示的横线设置对话框。选择合适的横线，确定。选择横线的效果如图 3-143 所示。

在使用中，经常为了美观，要设置很多横线。

点击“格式，边框和底纹”，打开图 3-141 的对话框，选择下端的“横线”，打开图 3-142 所示的横线设置对话框。选择合适的横线，确定。选择横线的效果如图 3-143 所示。

在使用中，经常为了美观，要设置很多横线。

点击“格式，边框和底纹”，打开图 3-141 的对话框，选择下端的“横线”，打开图 3-142 所示的横线设置对话框。选择合适的横线，确定。选择横线的效果如图 3-143 所示。

图 3－123 “边框和底纹”效果图

3.39 宏的介绍与启用

VBA 是 Visual Basic for Application 的缩写，也叫作宏程序，是微软开发的在其桌面应用程序中执行通用自动化任务的编程语言。借助 Microsoft Word 软件提供的 VBA 既可以达成单纯界面操作无法实现的功能，如弹出消息提示框，也可以实现文档处理自动化，让用户从重复、枯燥、机械性的劳动中解放出来，极大地提高了文档处理效率，如批量替换大量文档中的某个词语。通过以下几个案例的展示，读者可以深刻体会 VBA 在文档处理方面的强大和快速性能，并将学会 VBA 的处理思路和基本写法，为今后在实际工作中运用 VBA 打下良好的基础。下面将介绍几条宏的使用技巧。

打开一个 Word 文档,选择"文件"→"选项",在弹出的菜单中选择"信任中心",点击"信任中心设置"按钮,如图 3 - 124 所示。

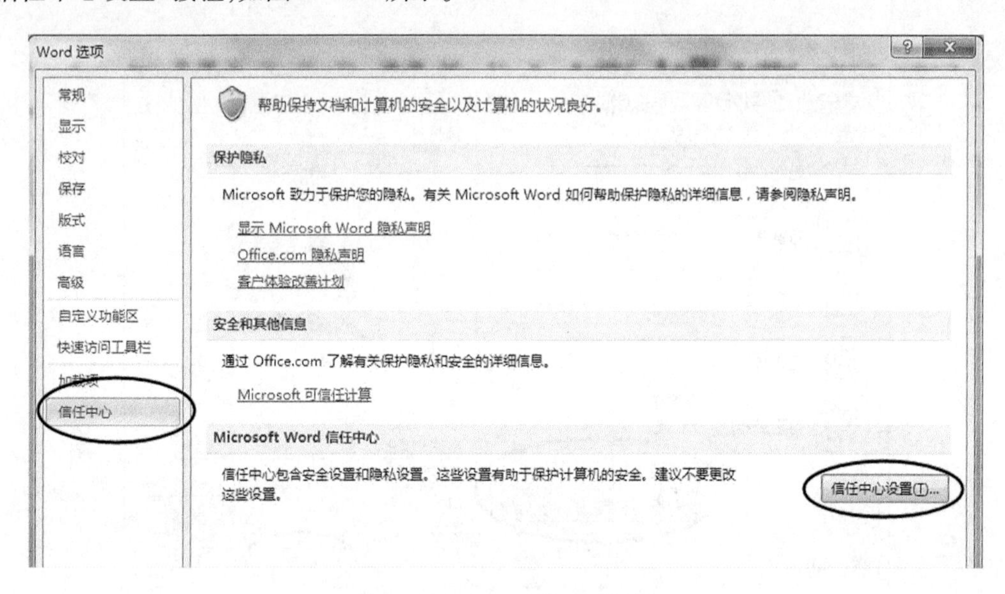

图 3 - 124　Word 选项对话框

在"信任中心"菜单中点击"宏设置",选择"启用所有宏",如图 3 - 125 所示。此时,宏已经开启,为后续的几个使用技巧做准备。

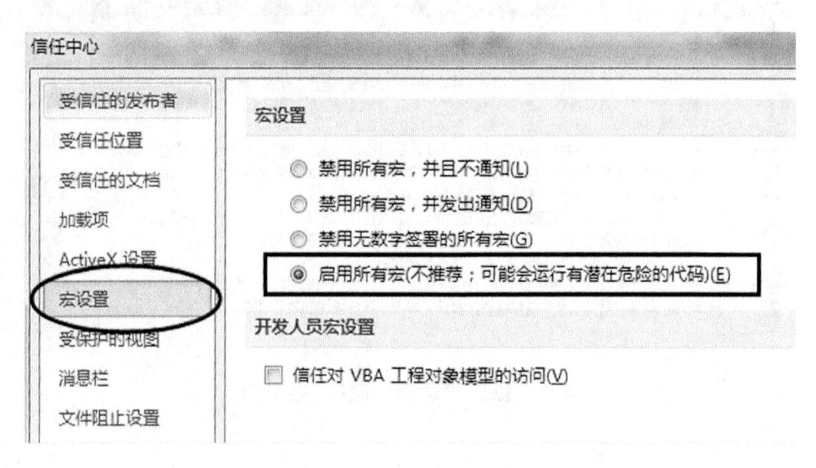

图 3 - 125　宏设置

3.40　如何将文档中所有的自动编号变成普通文本同时保留文本格式和图片

如图 3 - 126 所示的文档中,标题以下的正文部分设置了统一的文本格式:中文字体为"宋体",英文字体为"Times New Roman",字号"小四",各段落起始的罗马数字"Ⅰ ~ Ⅴ"为自动编号,其间还有若干嵌入型图片。如何一次性将这些自动编号变成普通文本,同时保留文档中所有文本的格式和图片呢?

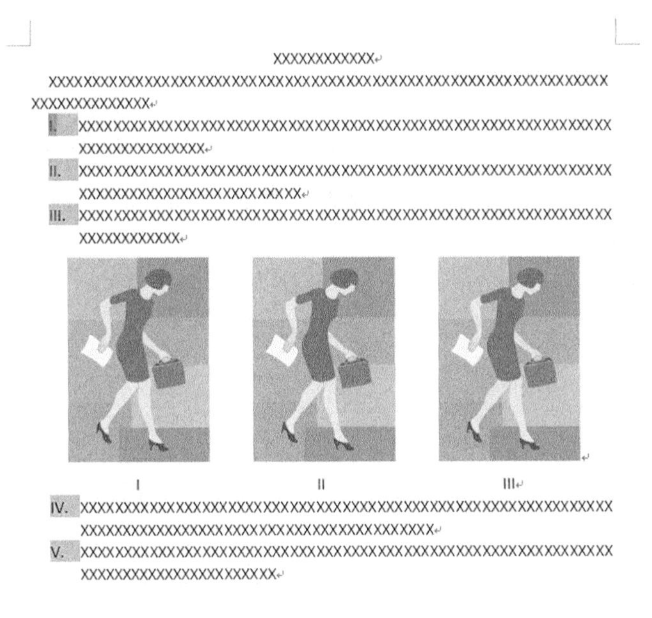

图 3－126 自动编号和图片共存的文档

①打开要处理的文档后,按“Alt＋F11”组合键,双击左侧“工程资源管理器”窗口的“ThisDocument”,在弹出的空白窗口中输入以下代码:

```
Sub 自动编号编文本()
    ActiveDocument. Range. ListFormat. ConvertNumbersTotext
End Sub
```

②单击“标准”工具栏的“运行子程序”按钮,如图 3－127 所示,或按“F5”键。

图 3－127 VBE 窗口“标准”工具栏的“运行子程序”按钮

③按“Ctrl＋S”组合键,在弹出的对话框中单击“是”按钮(此时为未启用宏的情况下)。

3.41 如何将文档中多个指定的词语批量设置成加粗效果

有时候需要将文档中某个或某几个经常出现的高频词语进行批量设置成加粗效果,这是如何实现的呢?

①打开要处理的文档后,按“Alt＋F11”组合键,双击左侧“工程资源管理器”窗口的“ThisDocument”,在弹出的空白窗口中输入以下两组代码中的任意一组。

代码1:数组循环替代

```
Sub 批量加粗多个指定词语1()
    Dim rng As Range, arr,i As Integer
    Set rng = ActiveDocument. Content    '将当前活动文档的主文档内容赋值给 rng 变量
    arr = Array("AA","BB","CC")    '将指定词语放入一个数组变量内
    With rng. Find    在 rng 变量所指代的范围内查找
      ClearFormatting        '不限定格式
      Replacement. ClearFormatting        '"替换为"不限定格式
      Replacement. Font. Bold = True        '设置加粗格式
      Format = True        '不能忽略格式
      MatchCase = True        '区分大小写
      Replacement. Text    = ""
      For i = LBound(arr) To UBound(arr)        '数组内的循环
        Text = arr(i)        '设置"查找内容"
        Execute Replace: = wdReplaceAll        '执行"全部替换"
      Next
    End With
End Sub
```

代码2:正则表达式

```
Sub 批量加粗多个指定词语2()
    Dim txt As   String reg As Object,match   As Object
    txt = ActiveDocument. Range. Text        '将主文档的所有文本赋值给 txt 变量
    Set reg = CreateObject("vbscript. regexp")        '创建正则表达式对象 reg
    With reg
          Gloal = True        '搜索字符串变量 txt 中的全部字符
          IgnoreCase = False        '区分大小写
          Pattern = "AA|BB|CC"    '匹配模式
      For Each match In. Execute(txt)    '循环各个匹配项
          With match
              ActiveDocument. Range(. Firstindex,. Firstindex + . Length). Font. Bold = True
                          '对目标区域设置加粗效果
          End With
      Next
End With
End Sub
```

②按“F5”键运行代码。

③按“Ctrl + S”组合键,在弹出的对话框中单击“是”按钮。

3.42 如何将文档中所有的表格批量设置成居中对齐

如何将文档中的所有表格批量设置成水平居中对齐？

①打开要处理的文档后，按“Alt + F11”组合键，双击左侧“工程资源管理器”窗口的“ThisDocument”，在弹出的空白窗口中输入以下代码：

```
Sub 将文档中所有表格批量设置成居中对齐()
    Dim Tbl  As Table    '声明一个表格类型变量
    For Each  Tbl  In  ActiveDocument. Tables    '循环当前活动文档中的每一个表格
      Tbl. Rows. Alignment = wdAlignRowCenter    '设置居中对齐
    Next  Tbl
End  Sub
```

②按“F5”键运行代码。

③按“Ctrl + S”组合键，在弹出的对话框中单击“是”按钮。

3.43 如何将文档中指定表格的单元格对齐方式设置为水平垂直且居中对齐

一般我们在 Word 文档中制作表格时，表格的单元格对齐方式大都为靠上两端对齐，如何运用 VBA 将其修改为水平垂直且居中对齐呢？

①打开要处理的文档后，按“Alt + F11”组合键，双击左侧“工程资源管理器”窗口的“ThisDocument”，在弹出的空白窗口中输入以下代码：

```
Sub 将指定表格的单元格对齐方式设置为水平垂直且居中()
    With ActiveDocument. Tables(1). Range    '当前活动文档的第一个表格区域
    Paragraphs. Alignment = wdAlignParagraphCenter    '水平居中
    Cells. VerticalAlignment = wdCellAlignVerticalCenter    '垂直居中
    End With
End Sub
```

②按“F5”键运行代码。

③按“Ctrl + S”组合键，在弹出的对话框中单击“是”按钮。

3.44 文字的特殊效果

Word 提供对字体进行特殊设置的功能，如阴影、空心、动态效果等。

选好文字后，点击“格式”→“字体”，打开字体设置对话框，如图 3 – 128 所示。

分别选择“阴影”“空心”“阳文”“双删除线”，得到如图 3 – 129 的效果图。

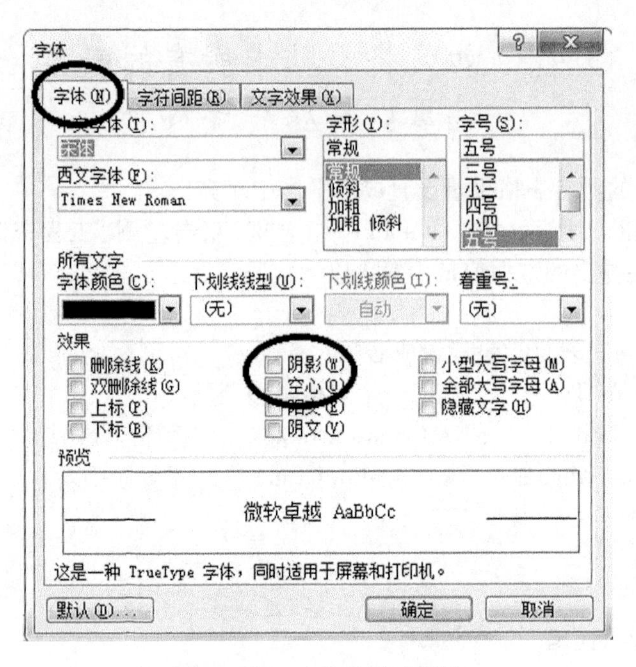

图 3－128　字体设置对话框

特殊效果　特殊效果　特殊效果　特殊效果

图 3－129　效果图

在图 3－128 中，选择“文字效果”选项卡，得到图 3－130，选择任一动态效果，得到如图 3－131 所示的效果图。

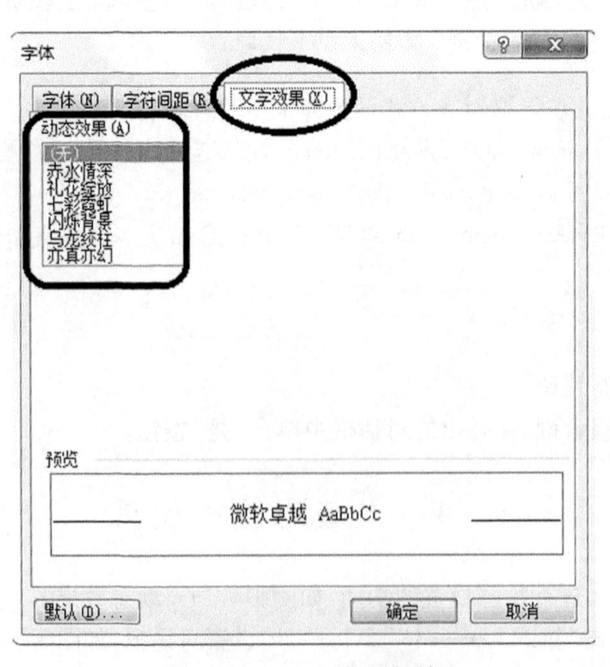

图 3－130　文字效果对话框

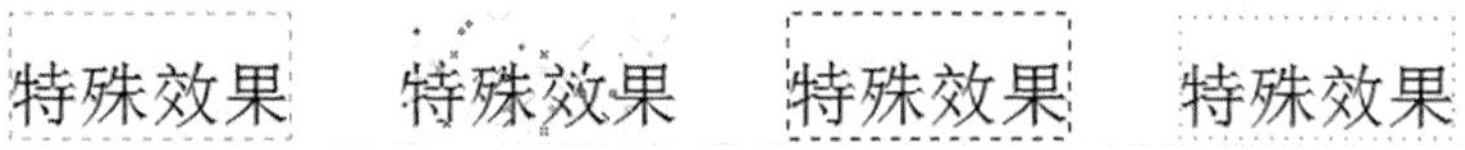

特殊效果　特殊效果　特殊效果　特殊效果

图 3－131　效果图

第 4 章　Word 表格处理

表格是 Word 经常使用的功能,通过绘制表格,可以更加直观方便地体现数据与文本之间的关系。本章介绍有关表格的实用处理方法,包括从如何快速创建表格到公式函数的综合运用等。

4.1　快速创建表格

创建表格的方式有如下几种。

1. 使用工具栏按钮创建表格

在工具栏上点击“插入”→“表格”按钮,如图 4－1 所示。选择需要的行列数,再次点击鼠标,这时就会在文档中出现一个表格。例如,选择“4×3”表格,得到如图 4－2 所示的表格。

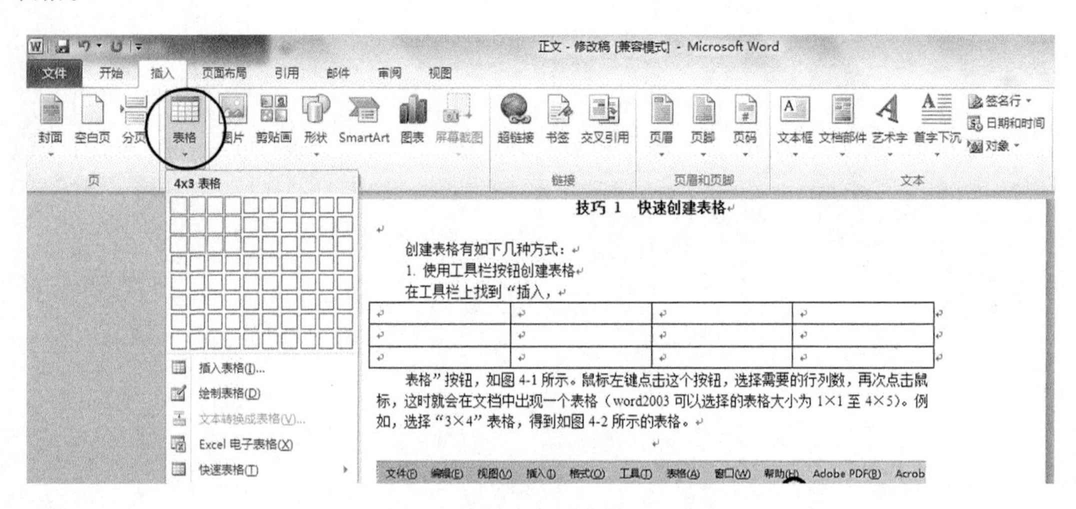

图 4－1　使用“插入表格”按钮创建表格

↵	↵	↵	↵
↵	↵	↵	↵
↵	↵	↵	↵

图 4－2　创建的表格

2. 使用菜单命令“表格”创建表格

点击“表格”,打开“插入表格”对话框。在“列数”和“行数”输入框中输入表格的行和列的数量。行数可以创建无限行,但列数的数量介于 1～63 之间。如图 4－3 所示,选择“3 行 4 列”同样可以得到如图 4－2 所示的表格。

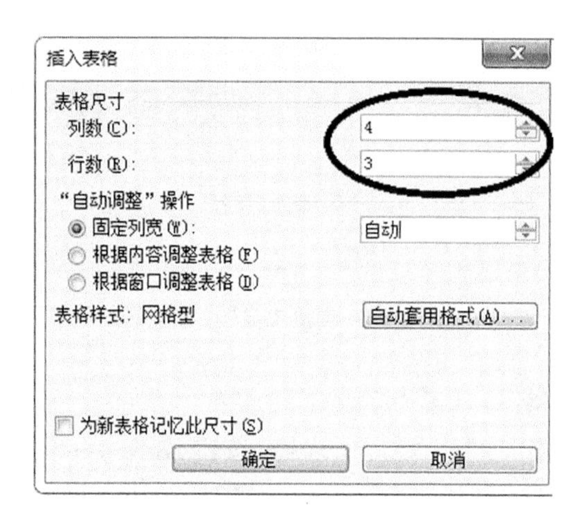

图 4 -3　插入表格对话框

3. 使用菜单命令"表格"创建表格

点击"表格"→"快速表格",如图 4 -4 所示,选择合适的表格样式,在"预览"中查看,点击"应用"弹出如图 4 -3 所示的对话框,选择行列数即可。

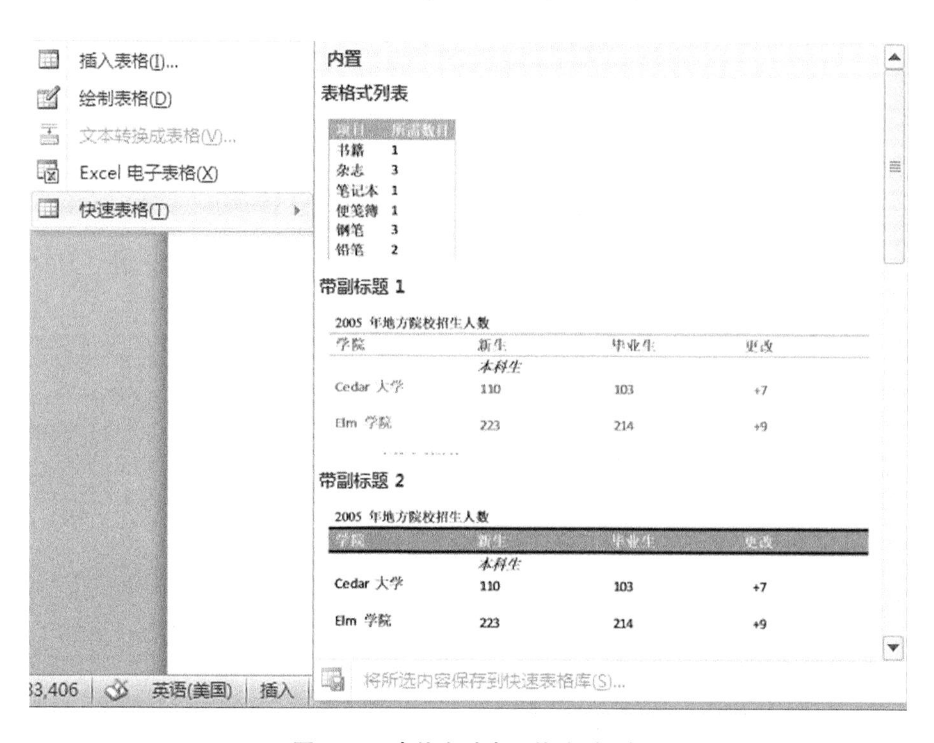

图 4 -4　表格自动套用格式对话框

4. 使用工具栏按钮创建表格

将光标点在要编辑的表格上,在工具栏上找到"表格工具"→"设计"栏中的"绘制表格",如图 4 -5 所示。点击"绘制表格"按钮,鼠标将变成笔形指针,将指针移到文本区中,从要创建的表格的一角拖动至其对角,可以确定表格的外围边框。在创建的外框或已有表格中，可以利用笔形指针绘制横线、竖线或斜线，以此绘制表格的单元格。

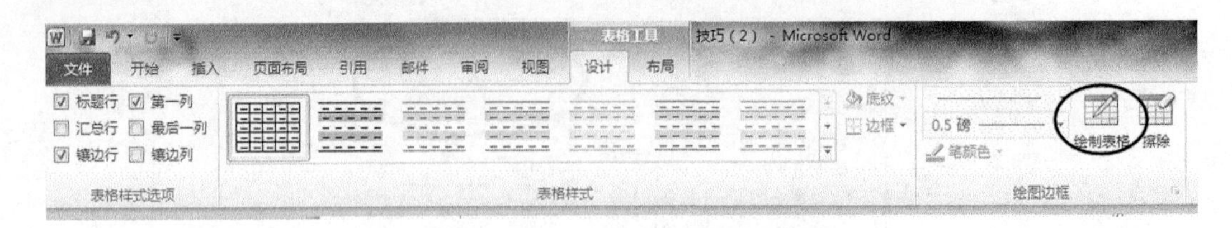

图 4－5　使用“表格工具”按钮创建表格

5. 使用 Excel 创建表格

在工具栏上找到“表格”→“Excel 电子表格”按钮，如图 4－6 所示，选择需要的行列数，得到如图 4－7(a)所示的 Excel 表格对话框，在其中任一单元格上输入数据，最后在对话框之外单击鼠标，可以得到如图 4－7(b)的表格。若要对其进行修改，双击即可。

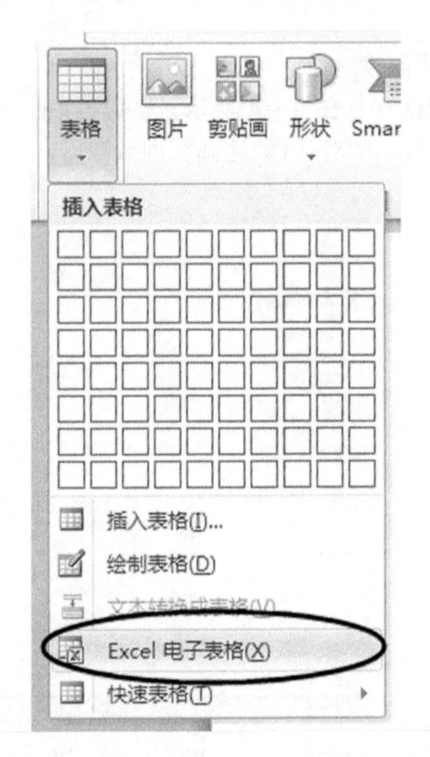

图 4－6　用 Microsoft Excel 工作表产生表格

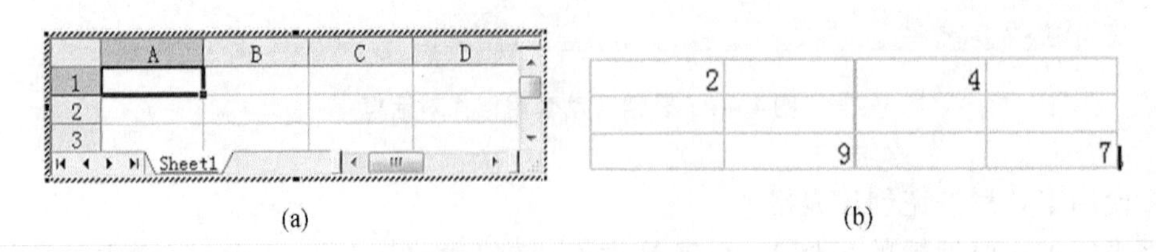

(a)　　(b)

图 4－7　Microsoft Excel 工作表产生的表格

4.2 快速插入、删除行列单元格

用户可以对已制作好的表格进行修改，比如在表格中插入、删除表格的行、列及单元格，合并和拆分单元格等。

要在表格中插入、删除行或者列，可以使用键盘、菜单命令或工具按钮的方法。以图4－8为例，进行插入和删除行列单元格。

1	2	3	4
5	6	7	8
9	10	11	12

图4－8 表格实例

1.插入行/列

给一个表格插入行常用的有四种方式。

①如果要在表格的任一行后面插入一行，可将光标移到某行的最右边（表格外面），然后按下“Enter”键，即可以在当前的行下面插入一行，如图4－9(a)所示。

②如果要在表格的最后一行后面插入一行，可将光标移到该表格最后一行的最后一个单元格里面，然后按下“Tab”键，如图4－9(b)所示。

③如果要在表格的任一行后面插入一行，可将光标移到某行的最右边（表格外面），点击“表格”→“插入”，选择“行（在下方）”，即可在末尾插入1行，如图4－9(b)所示。

如果要在表格的某行后面插入几行，如在图4－8中的末尾插入2行，先选中最后2行，点击“表格”→“插入”，选择“行（在下方）”，即可在末尾插入2行，如图4－9(c)所示。也可选中其他连续的行，然后就将新插入的行插在选中行的下面。

1	2	3	4
5	6	7	8
9	10	11	12

(a)

1	2	3	4
5	6	7	8
9	10	11	12

(b)

1	2	3	4
5	6	7	8
9	10	11	12

(c)

图4－9 插入行

④如果要插入行/列，也可以采用图4－5的“表格工具”→“布局”对话框，如图4－10所示，选择“行和列”菜单进行插入行/列的操作。

对于列的操作，可以参考对行的操作。

2.删除行/列

①将光标放在某个单元格中，点击“表格”→“删除”，选择“行”或“列”，即可删除光标所在的行或列。

②将光标放在某个单元格中，右键选择“删除单元格”，打开如图4－11所示对话框，选择“删除整行”或者“删除整列”，即可删除光标所在的行或列。

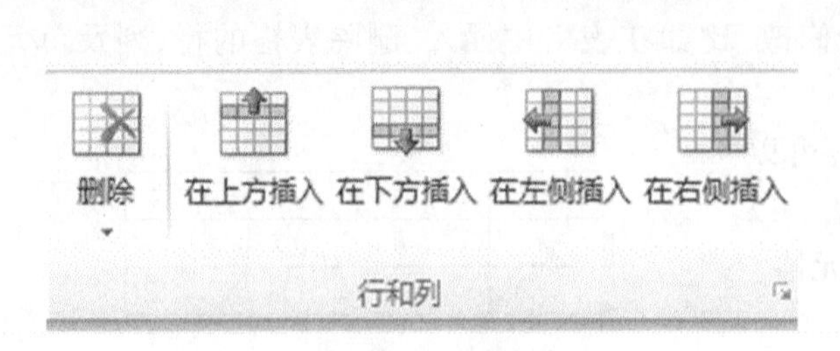

图4－10 “行和列”菜单

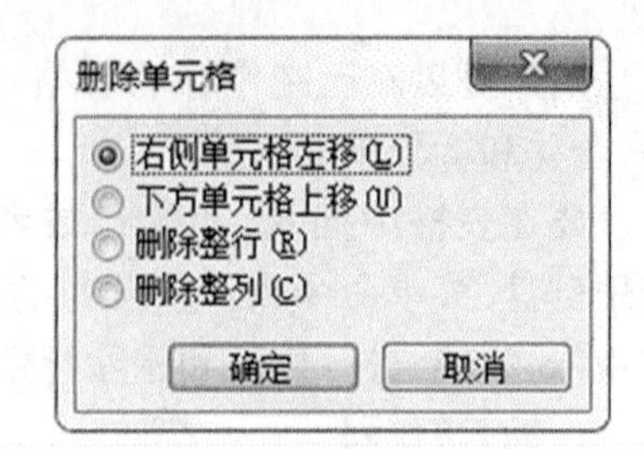

图4－11 删除行/列

③当要删除行时，可以选中要删除的行，按下“Backspace”键，也可以打开如图4－11所示的对话框；当要删除列时，选中要删除的列，按下“Backspace”键，直接删除该列。

3.合并和拆分表格

如果需要将几个表格合并为一个表格，只要删除上下两个表格之间的内容或回车符就可以了，如图4－12所示。

1	2	4
5	6	8
9	10	12

1	2	4	
5	6	8	
9	10	12	

1	2	4	
5	6	8	
9	10	12	
1	2	4	
5	6	8	
9	10	12	

图4－12 合并表格

如要将一个表格拆分为上下两部分的表格，先将光标置于拆分后的第二个表格上，然后点击菜单中的“表格”→“拆分表格”，或者按快捷键“Ctrl＋Shift＋Enter”，就可以拆分表格，如图4－13所示。

1	2	4	
5	6	8	
9	10	12	
1	2	4	
5	6	8	
9	10	12	

1	2	4
5	6	8
9	10	12

1	2	4	
5	6	8	
9	10	12	

图4－13 拆分表格

如要将一个表格拆分为左右两部分的表格，首先使表格下方至少有两个空行，即两个回车，如图4－14(a)所示，然后选中要拆分的表格，用鼠标左键将其拖到表格下方第二个回车处，如图4－14(b)所示，最后拖住表格左上角的标记，将表格拖拽到上半部表格的右侧，如图4－14(c)所示。

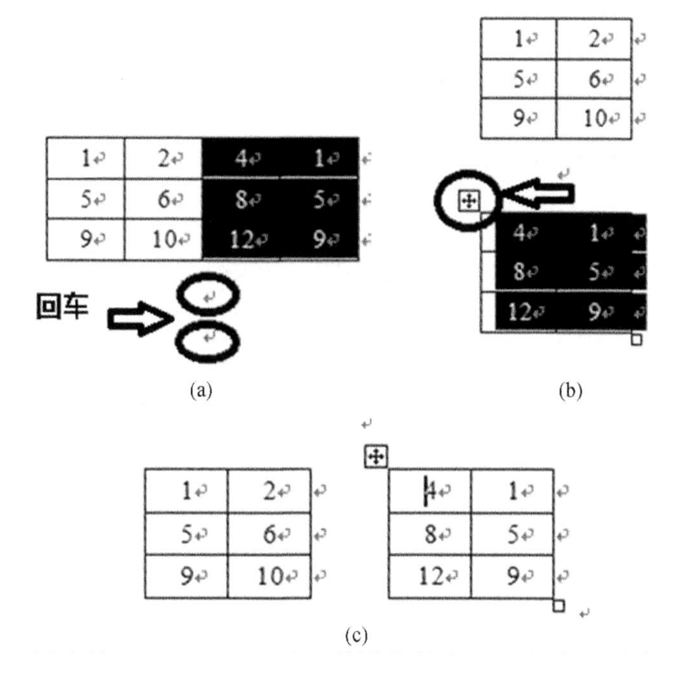

(a) (b) (c)

图4－14 拆分表格

4. 合并和拆分单元格

如果要合并单元格，首先选择需要合并的单元格，然后点击“表格工具”→“布局”→“合并单元格”，即可将多个单元格合并在一起。

或者是选择需要合并的单元格，右键选择“合并单元格”，具有同样效果。

如果要拆分单元格，先将光标放在要拆分的单元格中，如图4－15(a)所示，然后点击“表格，拆分单元格”，打开“拆分单元格对话框”，如图4－15(b)所示，选择需要的行列数，确定，得到图4－15(c)。

当然，拆分单元格也可以通过鼠标右键“拆分单元格”或者工具栏“表格和边框”中的“拆分单元格”进行。

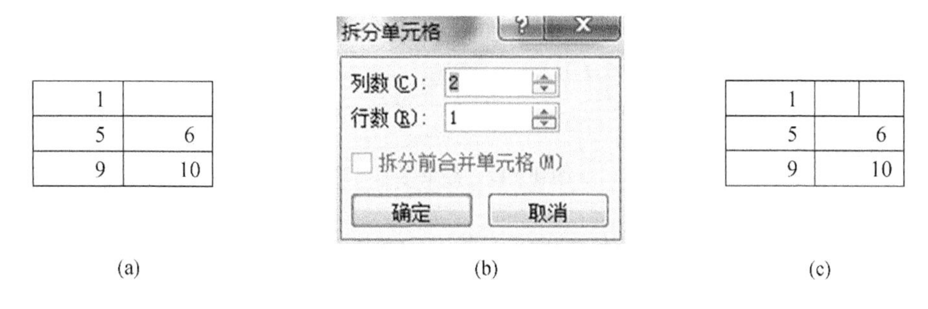

(a) (b) (c)

图4－15 拆分单元格

4.3 快速绘制表格斜线表头

斜线表头是复杂表格经常用到的一种格式,Word 的表格具有自动绘制斜线表头的特殊功能。

把光标停留在需要斜线的单元格中,然后点击上方的“设计”→“边框”→“斜下框线”,如图 4－16 所示。

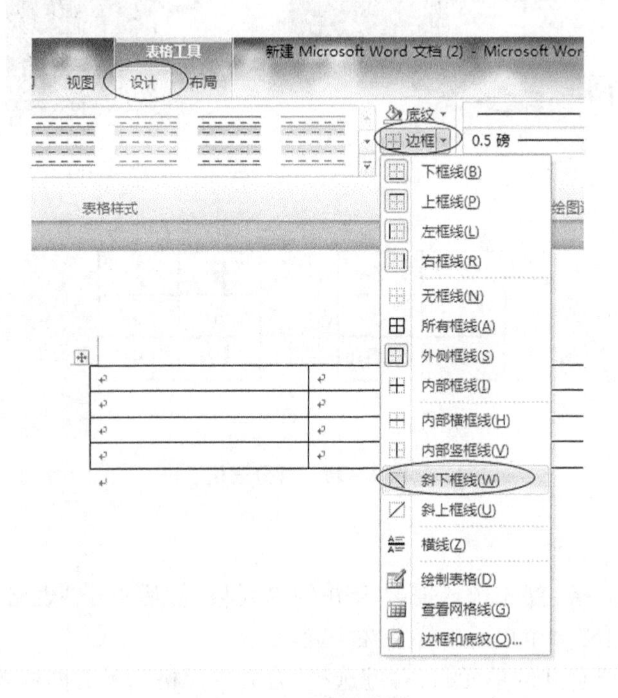

图 4－16　边框选项

这样,我们就把一根斜线的表头绘制好了,然后,我们依次输入表头的文字,通过空格和回车控制到适当的位置,如图 4－17 所示。

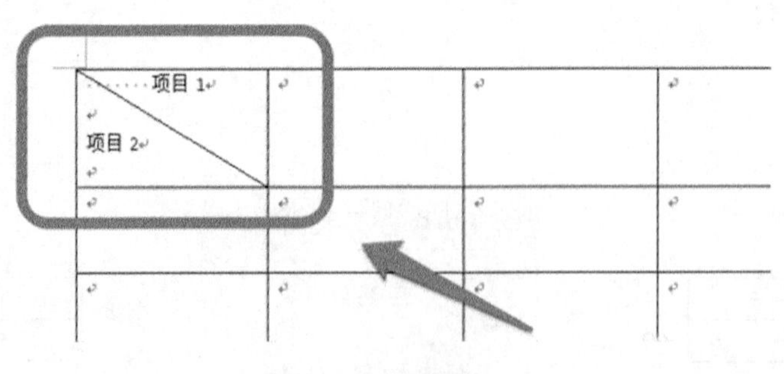

图 4－17　绘制表头

如果想绘制多条斜线,就不能直接插入了,只能手动去画。点击“插入”→“形状”→“斜线”,如图 4－18 所示,然后直接到表头上画,根据需要画出相应的斜线即可,如图 4－19 所示。如果绘画的斜线颜色与表格不一致,需要调整一下斜线的颜色,保证一致协调。选择刚画的斜线，点击上方的“格式”→“形状轮廓”，选择需要的颜色即可。画好之后，依次输入相应的表头文字，通过空格与回车移动到合适的位置。

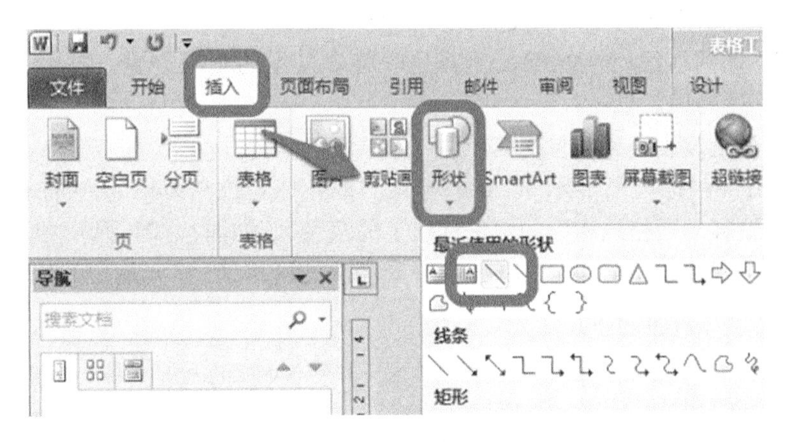

图4－18 形状选项

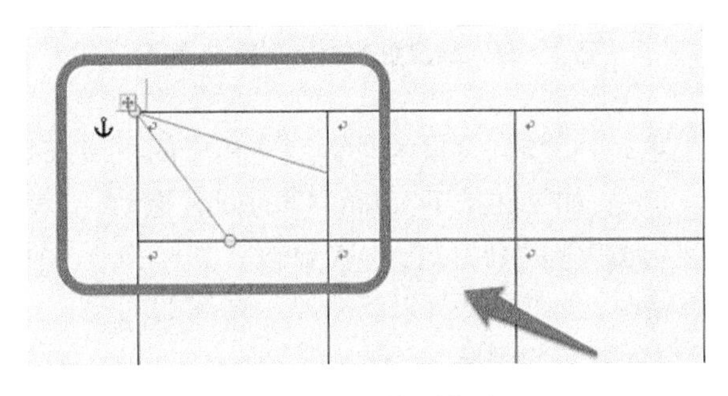

图4－19 绘制表头

4.4 列宽和行高的设置

Word把表格的每一个单元格看作一个独立的文档，而表格的每一列可看作是一个分栏。可以根据每一栏的需要设置栏宽、列间距与行高。

1. 用鼠标改变改变列宽与行高

将光标精确地定位于表格的列或行单元格线上，这时，光标会变成两条靠近的平行线，使鼠标指针变成“⫞⫟”形状，此时，按住鼠标拖动网格线至想要的位置，如图4－20所示。松开鼠标按钮，网格线就被重新定位了。

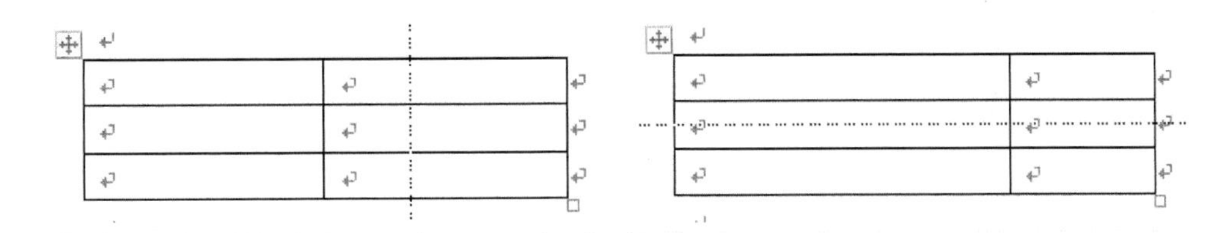

图4－20 按住鼠标拖动网格线至想要的位置

当使用网格线更改列宽时，表格的总宽度保持不变。Word 会相应地增大或减小相邻列的宽度（这与使用标尺更改列宽正好相反）。但是，如果按下“Shift”键的同时拖动，则整个表格的宽度会更改，而此时其他列宽将保持不变。如果在按下“Alt”键的同时将该列向右或左拖动，则在移动网格线时会在标尺上看到以英寸显示的精确列宽。这两个键同时使用时，可同时实现这两种效果。

2. 使用标尺更改表格列宽与行高

点击“视图”→“标尺”，显示 Word 的标尺。把光标定位在表格的内部，选中表格。按住鼠标拖动想要移动网格线相应的水平标尺上的暗色区，如图 4－21 所示，在页面的上部和左侧。继续按下鼠标按钮的同时，将暗色区（及相应的网格线）拖向期望的位置。松开鼠标按钮，这样网格线就被重新定位了。

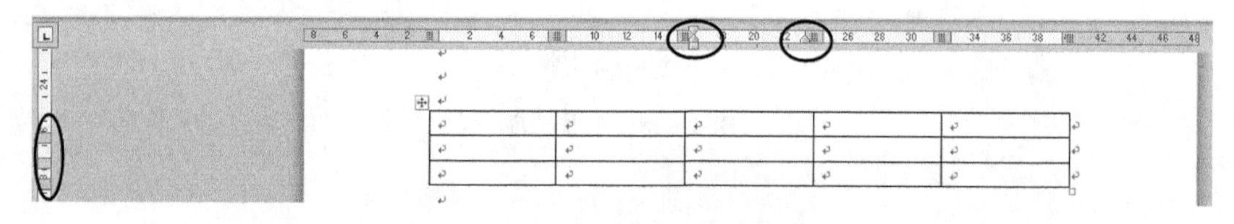

图 4－21　标尺更改表格列宽与行高

当使用 Word 的标尺更改列宽时，表格的总宽度会相应的扩展或是压缩（这与使用网格线更改列宽正好相反）。但是，如果在按下“Shift”键的同时拖动，则表格的整个宽度保持不变，且 Word 仅调整与所选列相邻的列，以便再次更改。如果按下“Alt”键的同时向右或向左拖动该列，则在移动网格时，会在标尺上以英寸显示精确的列宽。

3. 使用“表格属性”设置行高与列宽

选定需调整宽度的一列或多列，如果只有一列，只需把插入点置于该列中。点击“表格”→“表格属性”，弹出“表格属性”对话框，或者右键也可以打开“表格属性”对话框。

选“行”或“列”选项卡。选中“指定高度”复选框，在后面的微调框中指定行高或列宽的数值，在“行高值”右边的下拉列表框中选定单位（或在“列宽单位”右边的列表框中选择是“最小值”还是“固定值”）。如要设置其他列的宽度，可以单击“上一行”（“前一列”）或“下一行”（“后一列”）按钮，如图 4－22 所示，点击“确定”完成。

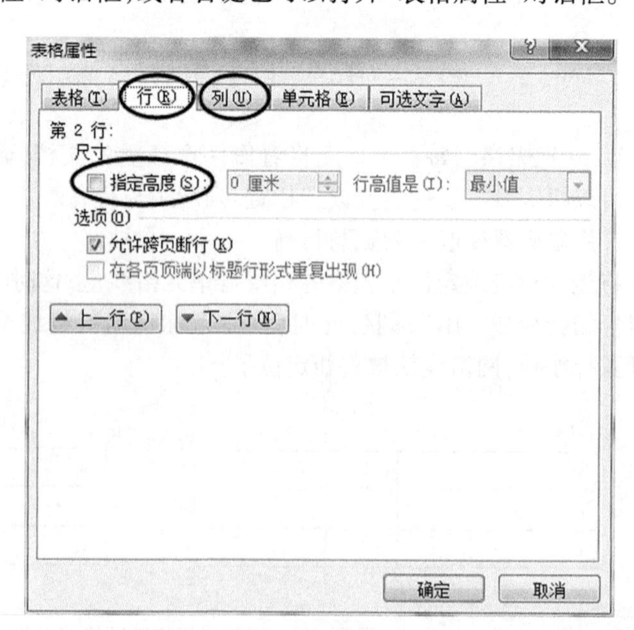

图 4－22　表格属性

4.5 表格跨页的设置

通常情况下，Word 允许表格中的文字进行跨页拆分，这就可能导致表格内容被拆分到不同的页面上，影响了文档的阅读效果。可以通过设置防止表格跨页断行。

选定需要处理的表格，点击“表格”→“表格属性”，在“表格属性”对话框中单击“行”选项卡中清除图 4－22 中的“允许跨页断行”复选框，然后单击“确定”，Word 表格中的文字就不会再出现跨页断行的情况，方便了用户的阅读。

在制作表格时，为了说明表格的作用或内容，经常需要有一个表头，如果一个表格行数很多，可能横跨多页，需要在后继各页重复表格标题，虽然使用复制粘贴的方法可以给每一页都加上相同的表头，但显然这不是最佳选择，因为一旦调整页面设置后，粘贴的表头位置就不一定合适了，另外表头的修改也成了麻烦事。

解决的办法很简单。对于图 4－23 的表来说，选择表头的第 1 行，然后点击“表格”→“标题行重复”即可实现每页都有表头，如图 4－24 所示。

注：只有第一页上的表头才可以修改，并且第一页上的表头修改后，其余页的表头是自动修改的。

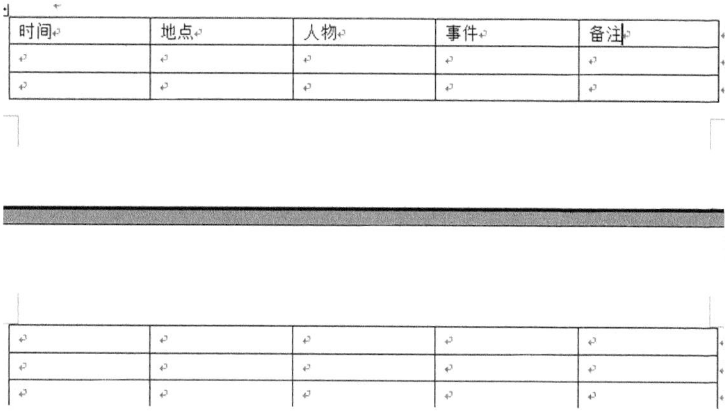

时间	地点	人物	事件	备注

图 4－23 跨页表格

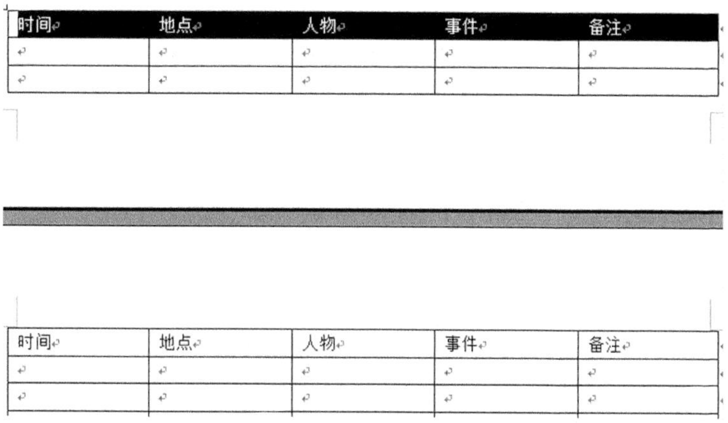

时间	地点	人物	事件	备注

时间	地点	人物	事件	备注

图 4－24 跨页表格的表头设置

对于跨页表头的设置,还有两种情况需要说明。

一种情况是如果想在每页表头上再加一个题目,如图 4－25 所示,需要如何设置?

首先需要在原表头前插入 1 行,可以将光标放在第 1 行中任一位置,点击“表格工具”→“布局”,选择“行和列”→“在上方插入”,得到图 4－26,选中第 1 行,右键选择“合并单元格”。光标放在第 1 行,右键选择“边框和底纹”,打开如图 4－27 所示界面,将边框设置成只有最下边的线,应用于“单元格”,即可得到一个边框为灰色的标题表头,即打印时无法看到边框。在上面输入标题,居中,即可得到如图 4－25 所示的效果。

总结报告

时间	地点	人物	事件	备注

总结报告

时间	地点	人物	事件	备注

图 4－25　有标题的表头

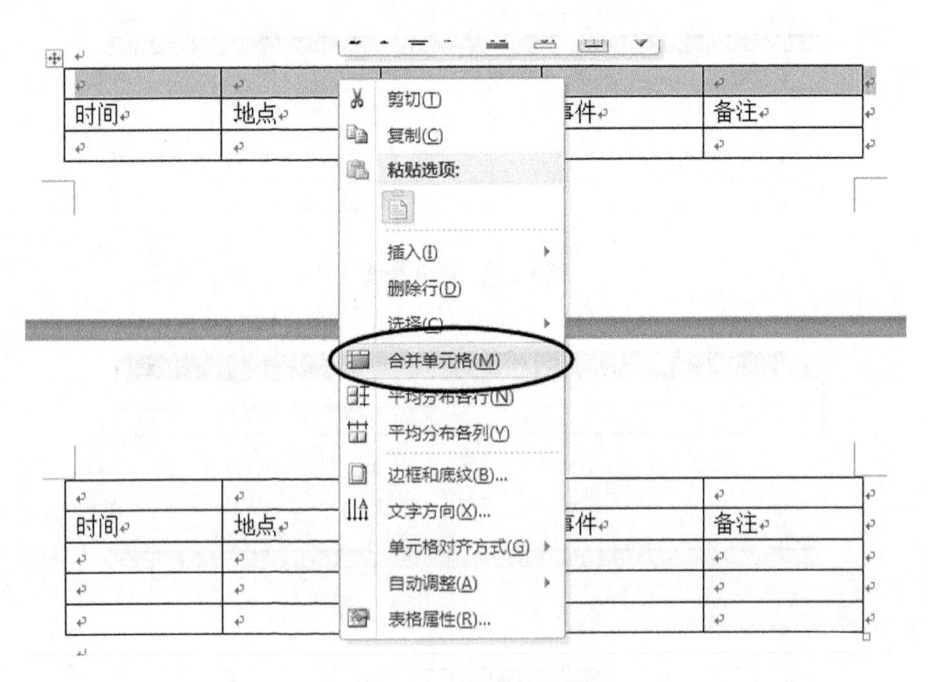

图 4－26　有标题的表头设置

图 4－27　边框和底纹设置

另外一种情况是,有时候某页表格的最后一行文字过多,被分布在上下两页中,不美观,如图 4－28 所示,如何设置?

时间	地点	人物	事件	备注
				计算机应用技术

时间	地点	人物	事件	备注
				与技巧练习

图 4－28　一行分两页显示

光标放在表格中任一位置,点击“表格”→“表格属性”,或者右键选择“表格属性”,打开如图 4－29 所示界面,将“允许跨页断行”勾选去掉,即可得到如图 4－30 所示的效果。这时,文字有可能在第 1 页,也可能在第 2 页。

图 4-29 表格属性设置

时间	地点	人物	事件	备注

时间	地点	人物	事件	备注
				计算机应用技术与技巧练习

图 4-30 文字在一页显示

4.6 根据内容或窗口调整表格

在向表格中输入文字的时候,可能会发现,当输入的某行文字比较长时(最典型的比如网站的地址等),表格的列宽会自动调整。默认状态下,这一功能是打开的。如果发现自己的表格没有这一功能,可以在选定表格的情况下,点击“表格”→“自动调整”→“根据内容调整表格”。

有了这一功能,无须手动调节,Word 就可以自动调节以文字内容为主的表格,使表格的栏宽和行高达到最佳配置。如图 4 - 31 所示是没有调整前的表格,如图 4 - 32 所示是根据内容调整后的表格。

计算机应用技术	Windows 技巧	Word 技巧	Excel 技巧	PowerPoint 技巧
计算机应用技术	Windows 技巧	Word 技巧	Excel 技巧	PowerPoint 技巧

图 4 - 31　根据内容调整前的表格

计算机应用技术	Windows 技巧	Word 技巧	Excel 技巧	PowerPoint 技巧
计算机应用技术	Windows 技巧	Word 技巧	Excel 技巧	PowerPoint 技巧

图 4 - 32　根据内容调整后的表格

如果选择"根据窗口调整表格",则表格的内容就会和文档窗口有同样的宽度,当表格超出了页面宽度时,就会缩至页面一样的大小。

如果选择"固定列宽",则可以指定表格的宽度。

如果选择"平均分布各行",则会自动调整表格各行具有相同的高度,变化前后的效果如图 4 - 33 和图 4 - 34 所示。

计算机应用技术是一本技巧型教程	Windows 技巧	Word 技巧	Excel 技巧	PowerPoint 技巧
计算机应用技术	Windows 技巧	Word 技巧	Excel 技巧	PowerPoint 技巧

图 4 - 33　平均分布各行前的表格

计算机应用技术是一本技巧型教程	Windows 技巧	Word 技巧	Excel 技巧	PowerPoint 技巧
计算机应用技术	Windows 技巧	Word 技巧	Excel 技巧	PowerPoint 技巧

图 4 - 34　平均分布各行后的表格

如果选择"平均分布各列",则会自动调整表格各列单元格具有相同宽度,变化前后的效果如图 4 - 35 和图 4 - 36 所示。

计算机应用技术	Windows 技巧	Word 技巧	Excel 技巧	PowerPoint 技巧
计算机应用技术	Windows 技巧	Word 技巧	Excel 技巧	PowerPoint 技巧

图 4 - 35　平均分布各列前的表格

计算机应用技术	Windows 技巧	Word 技巧	Excel 技巧	PowerPoint 技巧
计算机应用技术	Windows 技巧	Word 技巧	Excel 技巧	PowerPoint 技巧

图 4 – 36　平均分布各列后的表格

4.7　表格的边框与底纹

利用边框、底纹和图形填充功能可以增加表格的特定效果，以美化表格和页面，达到对文档不同部分的兴趣和注意程度。

用户可以把边框加到页面、文本、表格和表格的单元格、图形对象、图片以及 Web 框架中，可以为段落和文本添加底纹，可以为图形对象应用颜色或纹理填充。

要设置表格边框与底纹颜色有多种方法，但都是在选中表格的全部或部分单元格之后进行的。

一种方法是点击“格式”菜单下的“边框和底纹”命令；第二种方法是单击鼠标右键，在快捷菜单中选择“边框和底纹”菜单命令；第三种方法是依次选择“表格”→“表格属性”→“表格”选项卡，在打开的对话框中选择“边框和底纹”按钮。无论使用哪一种方法，都是一样的。

1. 表格边框设置

①选定要设置格式的表格。把鼠标移到表格的左上角，当表格左上角变成有的标记时，单击鼠标即可选定整个表格。如果需要选定某一个单元格，可以将鼠标移到该单元格左边框外，当鼠标指针变成时，单击鼠标，可选择单独一个单元格。

②在选定的表格上单击鼠标右键，在弹出的快捷菜单中选择“边框和底纹”，打开如图 4 – 37 的“边框与底纹”对话框。

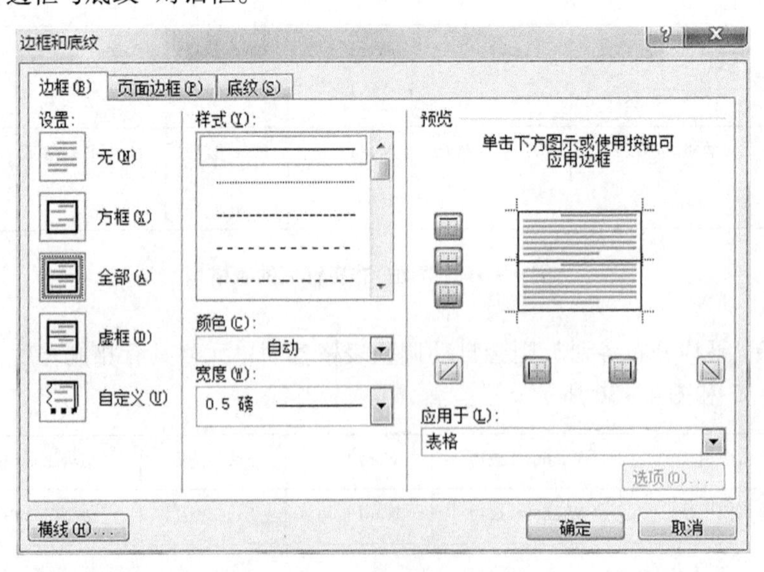

图 4 – 37　“边框与底纹”对话框

③单击“边框”选项卡,在“设置”区域中有 5 个选项,可以用来设置表格四周的边框(边框格式采用当前所选线条的“线型”“颜色”和“宽度”设置)。它们是“无”“方框”“全部”“网格”和“自定义”这 5 个选项。用户可以根据需要选择。

④单击“线型”下边的上下按钮,可以选择边框的线型,单击“颜色”下边的下拉列表框,可以选择表格边框的线条颜色,单击“宽度”下边的下拉列表框,用来选择表格线的磅值大小。

⑤ 在“预览”区域下边的或,可以设置表格是否是虚实线,点击它就有相应位置的边框,再次点击就取消相应位置的边框。

⑥在“应用于”框中的设置确定要应用边框类型或底纹格式的范围。

例如,按照图 4－38 设置边框,得到如图 4－39 所示的效果。

图 4－38 “边框与底纹”设置

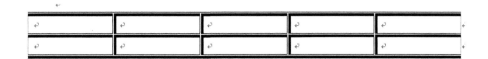

图 4－39 “边框与底纹”设置效果

2. 表格底纹设置

同样,设置表格底纹的方法也是先选定需要设置底纹和填充色的单元格,然后在“边框和底纹”中切换到“底纹”选项卡,如图 4－40 所示。

在“填充”下边的颜色表中可以选择底纹。单击填充色,如果选择“无填充色”则删除底纹颜色,在“图案”区域中可以选择图案的“样式”和“颜色”选项,设置好后,要在“应用于”下拉列表框中选择要应用底纹格式的范围。

例如,按照图 4－41 设置边框,得到如图 4－42 所示的效果。

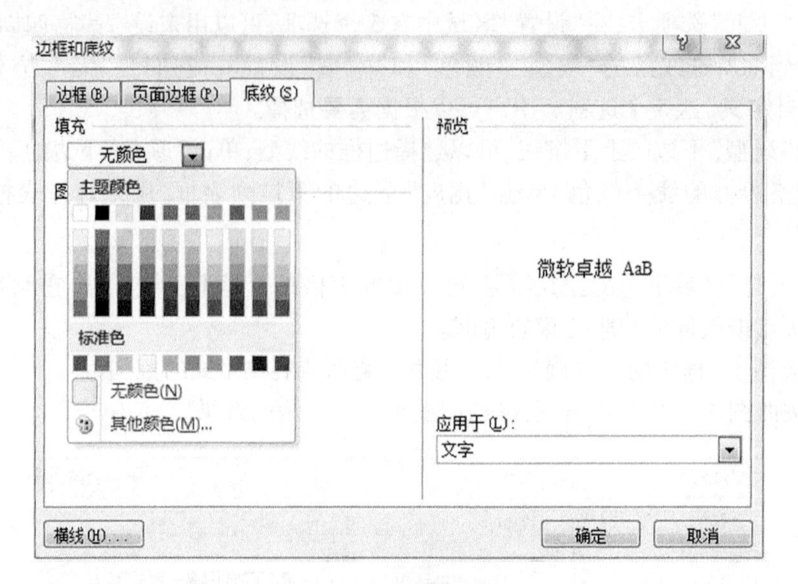

图 4－40　底纹对话框

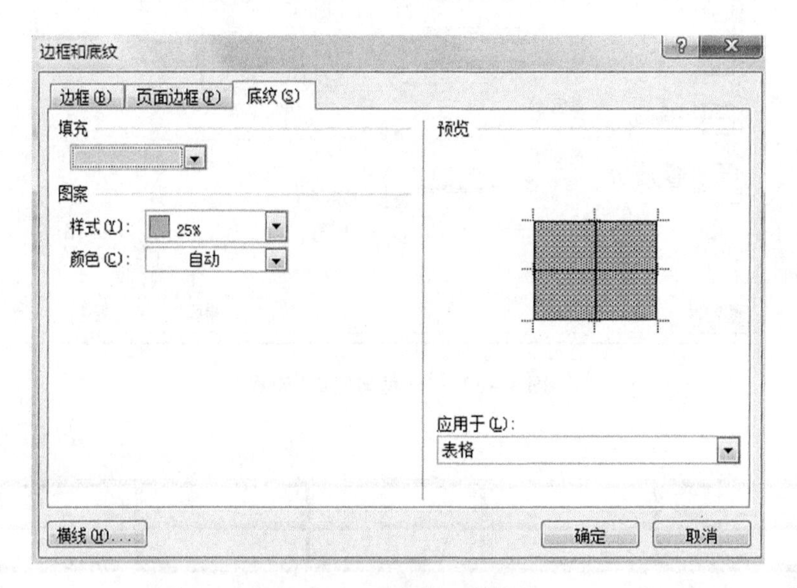

图 4－41　"边框与底纹"设置

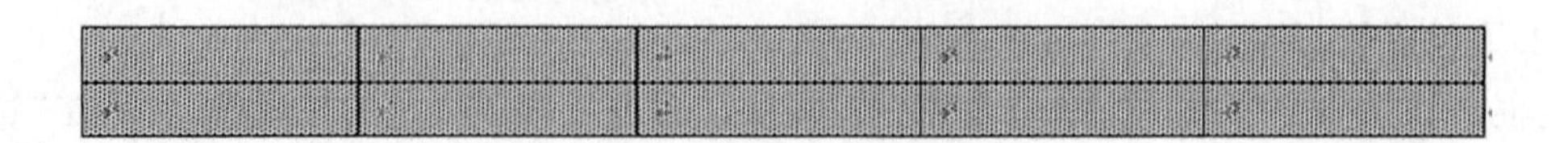

图 4－42　"边框与底纹"设置效果

4.8 具有单元格间距的表格

“单元格间距”就是两个单元格之间不再是简单的一条线，而是有一些间距，如图4－43所示为原始的表格，设置“单元格间距”后的效果如图4－44所示。

计算机应用	Windows 技巧	Word 技巧	Excel 技巧	PowerPoint 技巧
计算机应用	Windows 技巧	Word 技巧	Excel 技巧	PowerPoint 技巧
计算机应用	Windows 技巧	Word 技巧	Excel 技巧	PowerPoint 技巧
计算机应用	Windows 技巧	Word 技巧	Excel 技巧	PowerPoint 技巧

图4－43 原始的表格

计算机应用	Windows 技巧	Word 技巧	Excel 技巧	PowerPoint 技巧
计算机应用	Windows 技巧	Word 技巧	Excel 技巧	PowerPoint 技巧
计算机应用	Windows 技巧	Word 技巧	Excel 技巧	PowerPoint 技巧
计算机应用	Windows 技巧	Word 技巧	Excel 技巧	PowerPoint 技巧

图4－44 设置单元格间距后的表格

首先将光标置于表格的任意位置上，点击“表格”→“表格属性”，选择“表格”选项卡，点击下方的“选项”，如图4－45所示，在打开的“表格选项”对话框中选中“允许调整单元格间距”复选框，并在右侧微调框中输入需要的数值，如0.15厘米，如图4－46所示，点击“确定”，可得到如图4－44所示的效果图。

图4－45 表格属性对话框

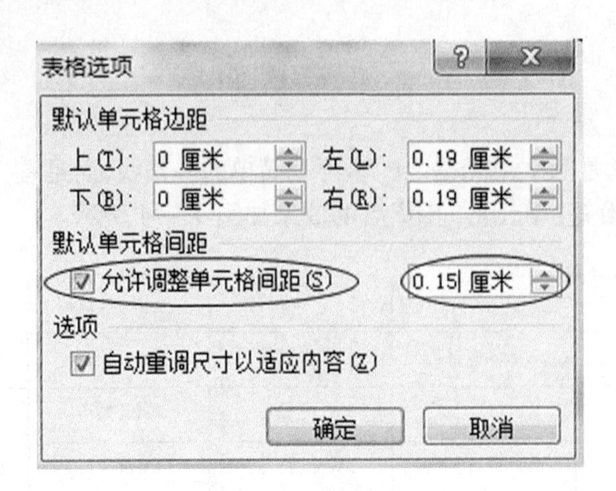

图 4－46 表格选项对话框

4.9 表格中数据排序

在编辑表格的文档中，经常要用到排序功能，Word 提供较强的对表格进行处理的各种功能，包括表格的计算、排序、由表格中的数据生成各类图表等。

Word 提供了列数据排序功能，但是不能对行单元格的数据进行横向排序。数据的排序有升序和降序两种。

图 4－47(a)是原始的表格，图 4－47(b)是第 1 列排序后的表格。具体的实施方法如下。

将插入光标定位到表格中欲排序的列上，点击“表格工具”→“布局”→“排序”，打开图 4－48 所示的排序对话框，可以看到“主要关键字”显示“列 1”，也可以通过下拉菜单选择其他列，“类型”可以选择“数字”“日期”或“拼音”等，点击“升序”或者“降序”，点击“确定”，得到如图 4－47(b)所示的效果。

100	4	6
20	5	8
38	78	1
49	23	2

(a)

20	5	8
38	78	1
49	23	2
100	4	6

(b)

图 4－47 排序前后效果

对于简单排序，如果表格列中的内容是纯中文，默认按笔画顺序排序；如果表格列中的内容是中文、英文和数字相混合的，默认的排序顺序是数字、英文、中文。

图 4－48 是对某一列进行排序，如果要根据某一列对其他列也相应排序，例如，图 4－49(a)是原始表格，图 4－49(b)是根据姓名进行排序后的表格，具体的实施方法如下。

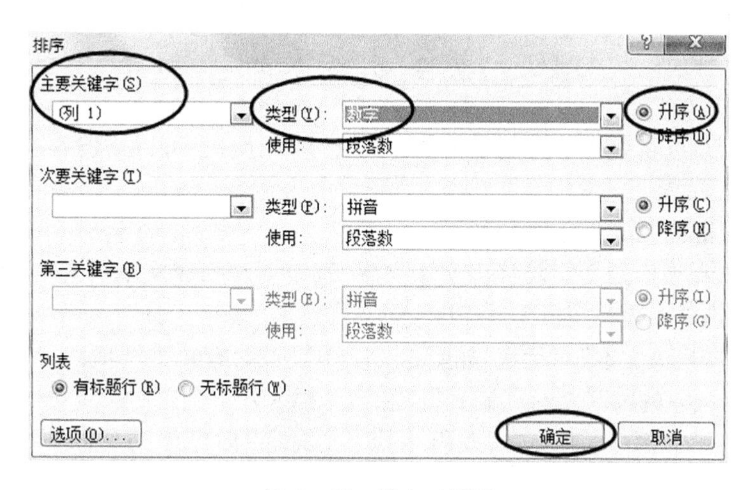

图 4－48　排序对话框

将插入光标定位到表格第一列上，点击“布局”→“排序”，打开如图 4－50 所示的排序对话框，“主要关键字”为“列 1”，“类型”选择“拼音”（对文字默认是拼音）等，点击“升序”，“次要关键字”选“数学”，“类型”选择“数字”，“第三关键字”选“数学”，“类型”选择“数字”，确定得到如图 4－49（b）所示的效果，按照人名排序，同时，相应的分数也随之移动。

	数学	语文
王明	97	78
李刚	94	45
李力	45	90
王蒙	78	100

(a)

	数学	语文
李刚	94	45
李力	45	90
王蒙	78	100
王明	97	78

(b)

图 4－49　排序前后效果

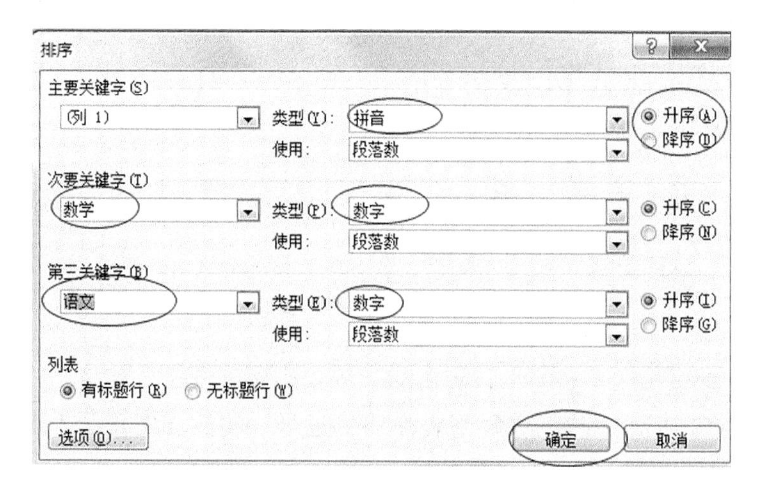

图 4－50　排序对话框

4.10 表格与文本的转换

在 Word 中,可以将表格中的文本转换为纯文本,相反,也可以将已存在的文本转换为表格。

1. 将普通表格文字转换为文本文字

如果要将已有表格的文字转换为文本文字,选定要转换成文本的表格,可以是表格的一部分,也可以是整个表格,如图 4-51(a)所示,点击“表格工具”→“布局”→“转换为文本”,打开“表格转换为文本”对话框,如图 4-51(b)所示,有 4 个选项:“段落标记”是将每个单元格按一个独立的段落表示;“制表符”相当于插入若干个空格;“逗号”是插入逗号;还有一项其他字符。本例中,插入“制表符”,点击“确定”即可得到如图 4-51(c)所示的效果。

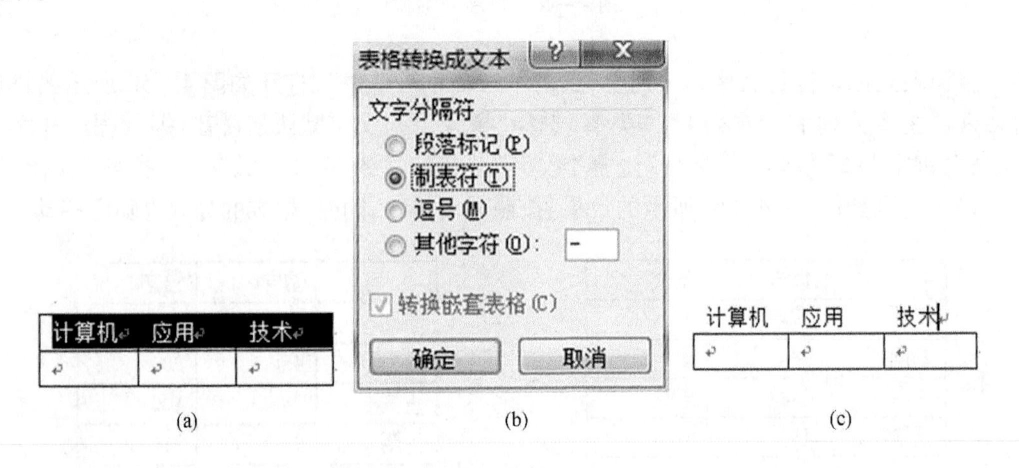

图 4-51 表格转换为文本文字

2. 将文本文字转换为表格

利用 Word 表格菜单中的“将文字转换为表格”功能可以方便地将具有常规分隔符文字转换为表格。

文字可以有很多种格式,例如文字间有空格,如图 4-52(a),或者文字间有逗号(英文状态下),如图 4-52(b)所示。

图 4-52 文本文字

选中这些文字后,点击“插入”→“表格”→“文本转换成表格”,打开“文本转换成表格”对话框,如图 4-53 所示。分别选择“制表符”和“逗号”,得到如图 4-54 和图 4-55 所示的表格。

注: 在图 4-52(b)中,如果逗号是中文状态下的,那么图 4-55 就变成了一列。

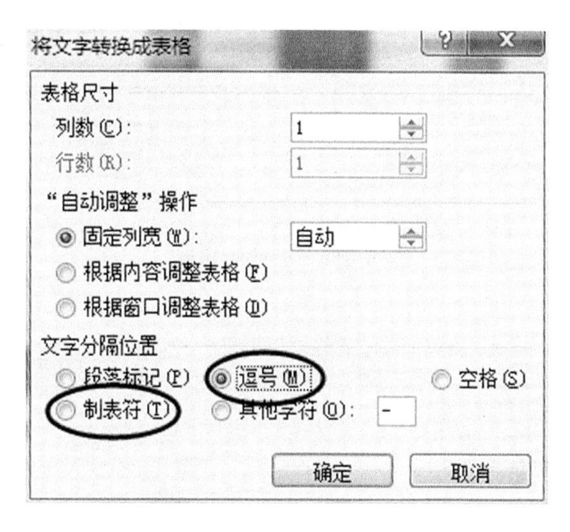

图 4-53 文本转换成表格

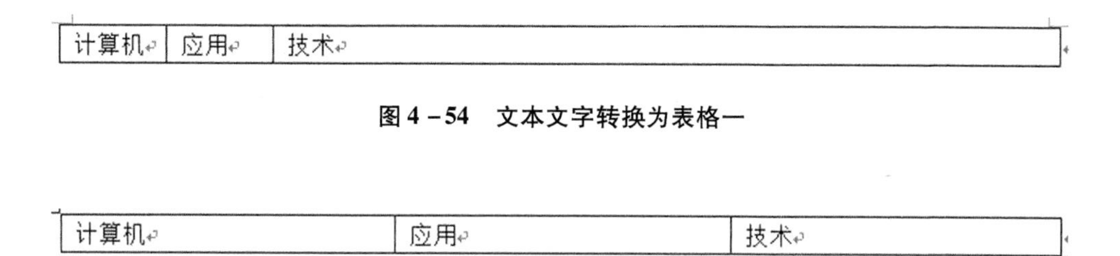

计算机	应用	技术

图 4-54 文本文字转换为表格一

计算机	应用	技术

图 4-55 文本文字转换为表格二

4.11 表格中公式的运用

在 Word 的表格中,可以进行比较简单的四则运算和函数运算。Word 的表格计算功能在表格项的定义方式、公式的定义方法、有关函数的格式及参数以及表格的运算方式等方面都与 Excel 基本是一致的,任何一个用过 Excel 的用户都可以很方便地利用"域"功能在 Word 中进行必要的表格运算。

一般的计算公式可用引用单元格的形式,如某单元格" =(A2 + B2) * 3"即表示第 1 列的第 2 行加第 2 列的第 2 行然后乘 3,表格中的列数可用 A,B,C,…表示,行数用 1,2,3,…表示。利用函数可使公式更为简单,如" = SUM(A2:A80)"即表示求出从第 1 列第 2 行到第 1 列第 80 行之间的数值总和。

公式是由等号、运算符号、函数以及数字、单元格地址所表示的数值、单元格地址所表示的数值范围、指代数字的书签、结果为数字的域的任意组合组成的表达式。该表达式可引用表格中的数值和函数的返回值。

1. 单元格间的简单运算

使用表格公式的方法是将光标定位在要记录结果的单元格中,如图 4-56(a)最后一个单元格,点击"表格工具"→"布局"→"公式",出现如图 4-57 所示的"公式对话框",在等号后面输入运算公式“A2 + B2”，确定得到如图 4 - 56(b)所示的结果。

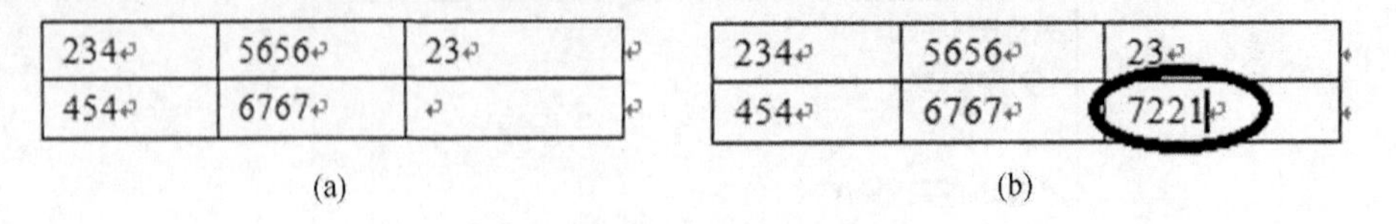

(a)

234	5656	23
454	6767	

(b)

234	5656	23
454	6767	7221

图 4 - 56　公式的计算

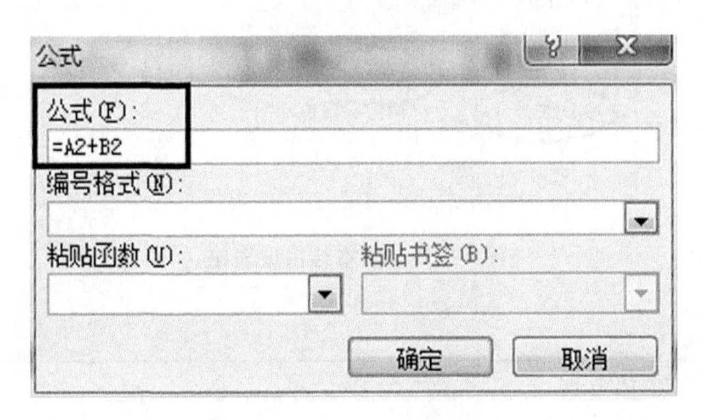

图 4 - 57　公式对话框

在 Word 中，可使用的公式运算符号如表 4 - 1 所示。

表 4 - 1　公式运算符号表

运算符号	意义	运算符号	意义
+	加	=	等于
-	减	<	小于
*	乘	<=	小于等于
/	除	>	大于
%	百分比	>=	大于等于
^	乘方和开方	< >	不等于

在如图 4 - 57 所示的公式对话框中，除了可以自己输入运算符号，还可以选择 Word 自带的很多函数，如表 4 - 2 所示。

表 4 - 2　公式函数表

函数	返回结果
ABS(x)	返回公式或数字的正数值，不论它实际上是正数还是负数
AND(x y)	如果逻辑表达式 x 和 y 同时为真，则返回值为 1；如果有一个表达式为假，则返回 0
AVERAGE( )	返回一组数值的平均数

表 4 – 2(续)

函数	返回结果
COUNT( )	返回列表中的项目数
DEFINED(x)	如果表达式 x 是合法的,则返回值为 1;如果无法计算表达式,则返回值为 0
FALSE	返回 0
INT(x)	返回数值或公式 x 中小数点左边的数值
MIN( )	返回一列数中的最小值
MAX( )	返回一列数中的最大值
MOD(x,y)	返回数值 x 被 y 除得的余数
NOT(x)	如果逻辑表达式 x 为真,则返回 0(假);如果表达式为假,则返回 1(真)
OR(x,y)	如果逻辑表达式 x 和 y 中的一个为真或两个同时为真,则返回 1(真);如果表达式全部为假,则返回 0(假)
PRODUCT( )	返回一组值的乘积,例如,函数{ =PRODUCT(1,3,7,9)}返回的值为 189
ROUND(x,y)	返回数值 x 保留指定的 y 位小数后的数值,x 可以是数值或公式的结果
SIGN(x)	如果 x 是正数,则返回值为 1;如果 x 是负值,则返回值为 –1
SUM( )	返回一列数值或公式的和
TRUE	返回数值 1

2. 单元格间的求和运算

(1)"行"求和

单元格间的求和运算包括对列单元格和行单元格进行求和。

以如图 4 – 58(a)所示的表格为例,介绍使用公式对话框进行"行"求和的方法,操作步骤如下:

①将光标定位到需用公式的单元格中(最右端单元格);

②点击"表格工具"→"布局"→"公式",打开"公式"对话框,如图 4 – 59 所示;

③在"公式"文本框中输入正确的公式,或者在"粘贴函数"下拉列表框中选择所需的函数,在此应选函数为" =SUM(LEFT)",正常情况下默认的值就是" =SUM(LEFT)";

④在"数字格式"下拉列表框中选择计算结果的表示格式(如结果需要保留 3 位小数,则选择"0.000",如果全部是整数,则不用选择任何格式);

⑤单击"确定"按钮,在选定的单元格中就可得到计算的结果,如图 4 – 58(b)所示。

5	6	7	8	
11	12	13	14	
23	98	12	13	
33	7	34	16	

(a)

5	6	7	8	26
11	12	13	14	
23	98	12	13	
33	7	34	16	

(b)

图 4 – 58 公式对话框

(2)“列”求和

还是以如图 4－58(a)所示的表格为例,介绍使用公式对话框进行“列”求和的方法,操作步骤如下:

①将光标定位到需用公式的单元格中(最下端单元格);

②点击“表格工具”→“布局”→“公式”,打开“公式”对话框,如图 4－59 所示;

③在“公式”文本框中输入正确的公式,或者在“粘贴函数”下拉列表框中选择所需的函数,在此应选函数为“＝SUM(ABOVE)”,正常情况下默认的值就是“＝SUM(ABOVE)”;

④在“数字格式”下拉列表框中选择计算结果的表示格式(如结果需要保留 3 位小数,则选择“0.000”,如果全部是整数,则不用选择任何格式);

⑤单击“确定”按钮,在选定的单元格中就可得到计算的结果,如图 4－60 所示。

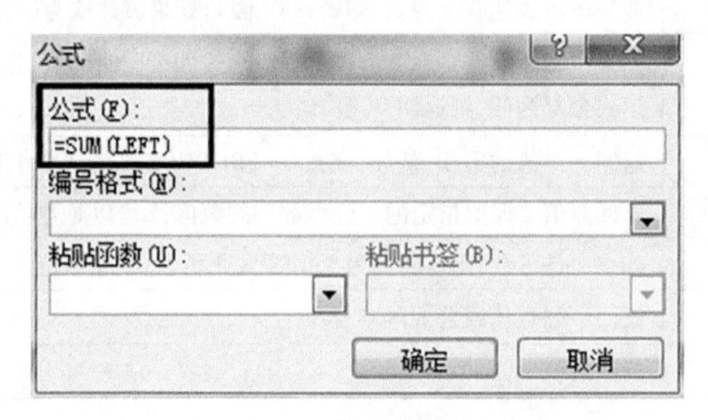

图 4－59　函数的使用

5	6	7	8	26
11	12	13	14	
23	98	12	13	
33	7	34	16	
72				

图 4－60　列求和计算结果

3. 函数“COUNT”的使用

从表 4－2 中可以看到“COUNT”返回列表中的项目数,下面以图 4－61(a)为例进行说明。

1	2	3	4	
2				
3				

(a)

1	2	3	4	4
2				
3				

(b)

图 4－61　函数的使用

①将光标定位到需用公式的单元格中(最右端单元格);

②点击“表格工具”→“布局”→“公式”,打开“公式”对话框,如图4-62所示;

③在“公式”文本框中输入正确的公式,或者在“粘贴函数”下拉列表框中选择所需的函数,在此应选函数为“ =COUNT(LEFT)”,正常情况下默认的值就是“ =COUNT(LEFT)”;

④在“数字格式”下拉列表框中选择计算结果的表示格式(如结果需要保留3位小数,则选择“0.000”,如果全部是整数,则不用选择任何格式);

⑤单击“确定”按钮,在选定的单元格中就可得到计算的结果,如图4-61(b)所示。

如果想计算列的个数,只需③中公式改成“ =COUNT(ABOVE)”,即可得到如图4-63所示的结果。

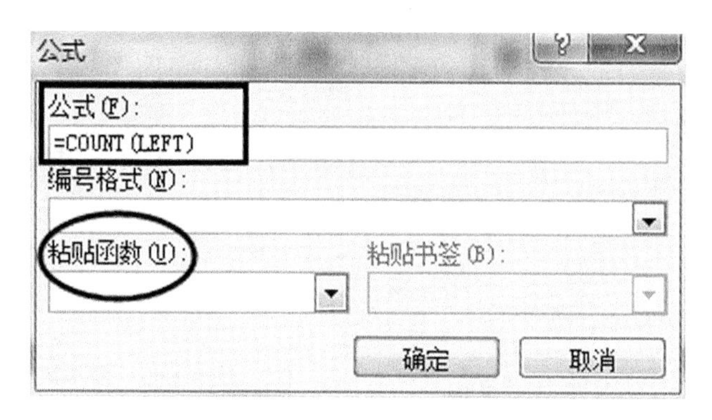

图4-62 公式对话框

1	2	3	4	4
2				
3				
3				

图4-63 公式计算结果

4.12 下拉列表的制作

表格中的下拉列表可以使用户有选择性地选择需要的内容,制作方法如下。

点击“文件”→“选项”,选择“自定义功能区”,勾选右侧菜单中的“开发工具”。在表格需要制作下拉列表的单元格中点击“开发工具”→“下拉列表内容控件”,如图4-64所示。点击“属性”按钮,打开如图4-65所示的对话框,在“下拉列表属性”中输入内容,点击“添加”,即将下拉内容添加到下拉列表的项目中。

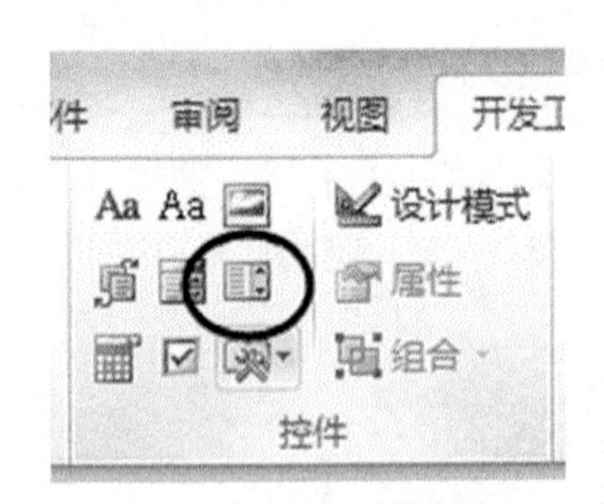

图 4－64　控件对话框

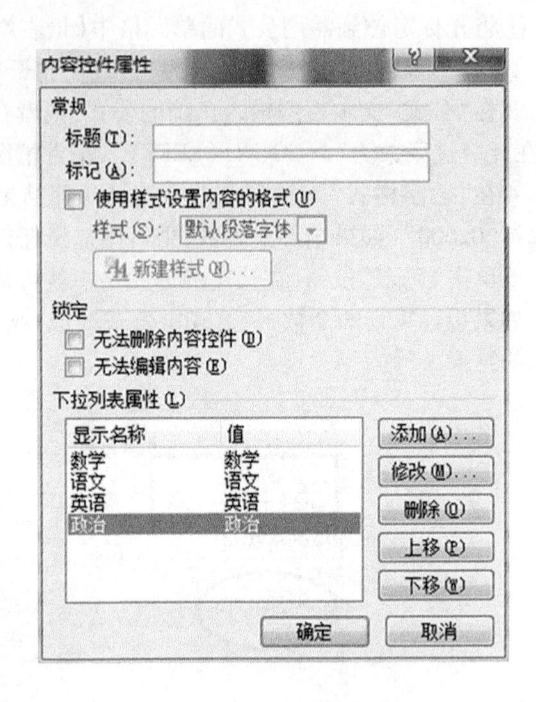

图 4－65　窗体域选项

这些内容可以“删除”，可以“上下移动”。输入完所有的内容后点击“确定”，点击图 4－64 中的“保护窗体”按钮，即“小锁头”，得到如图 4－66 所示的表格，通过下拉列表进行选择内容。选好内容后，再次点击“保护窗体”按钮。

同理，再制作一个下拉列表单元格，得到如图 4－67 所示的表格。

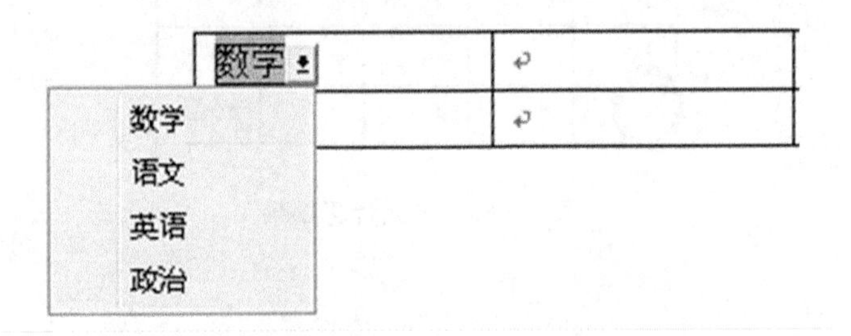

图 4－66　带有下拉列表的表格

数学	男	

图 4－67　带有下拉列表的表格

4.13 让文字自动适应单元格

有时,表格需要用A4纸横向打印,但由于空间有限,在单元格中输入内容时,单元格宽度就会增加。工作人员希望实现在单元格中不管内容有多少单元格宽度都固定不变,这需要如何操作呢?

可利用“适应文字”功能,让文字自动适应单元格。

①将光标定位到表格中任意一个单元格中,单击鼠标右键,在弹出的快捷菜单中选择“表格属性”命令,打开“表格属性”对话框。

②单击“表格”选项卡,点击“选项”按钮,打开“表格选项”对话框,取消“自动重调尺寸以适应内容”复选框,单击“确定”按钮,返回至“表格属性”对话框,如图4-68所示。

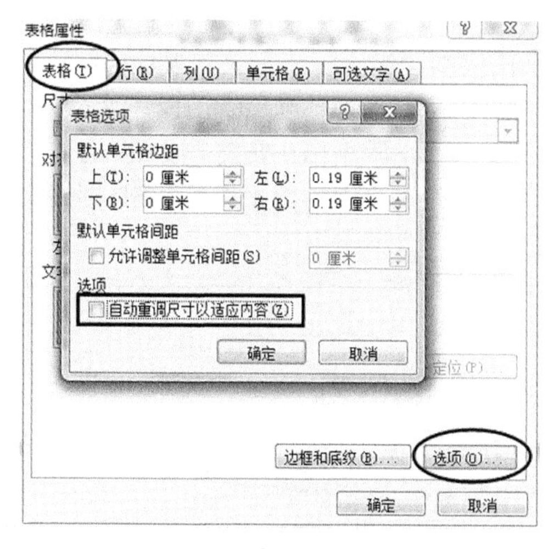

图4-68 表格选项对话框

③单击“单元格”选项卡,点击“选项”按钮,打开“单元格选项”对话框,勾选“适应文字”复选框,单击“确定”按钮,依次退出“单元格选项”对话框及“表格属性”对话框,如图4-69所示。

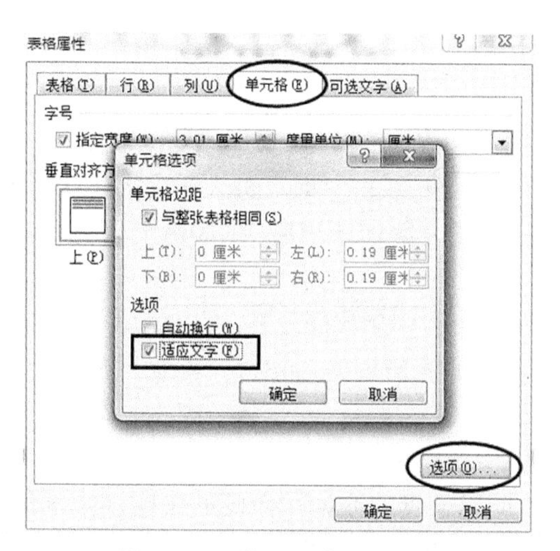

图4-69 单元格选项对话框

第5章 Word 图表和图片处理

图表是 Word 具有的很实用的工具之一,可以将数据和图形形象地整合在一起,并有多种图形表示方法。图片是 Word 常用的处理对象,Word 也提供了很强大的图片处理技术。本章介绍图表与图片处理技巧和方法。

5.1 创建图表

在 Word 中,创建图表有多种方式:

(1)点击“插入”→“图表”,可以快速启动图表编辑环境。

(2)点击“插入”→“对象”,选择“新建”选项卡,在“对象类型”列表框中选择“Microsoft Graph 图表”选项,如图 5-1 所示,再点击“确定”按钮,也可以打开一个新的图表,如图 5-2 所示,图表启动界面可以对表格中的数据进行编辑,图表会自动地相应调整。

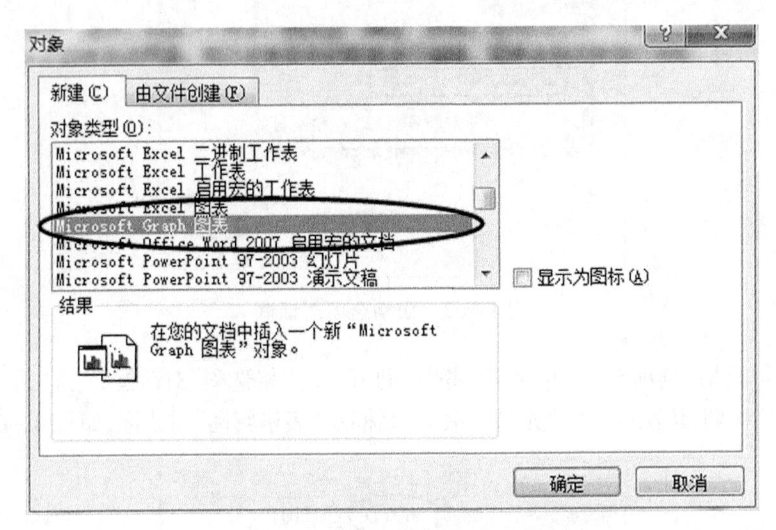

图 5-1 在“对象类型”中插入图表

(3)对于已经存在的一个图表,双击它即可进入图表的编辑界面。

无论使用哪种方法,进入图表编辑环境后,在常用工具栏中就会出现一个图表的工具栏,如图 5-3 所示。

(4)如果已在文档中创建好了一个数据表格,可以使用下述的方法创建图表:

①选中文档中部分或全部的表格数据,如图 5-4 所示是一个原始数据表格,将全部内容选中;

②点击“插入”→“图片”→“图表”命令;

③进入图表编辑环境,此时已有的数据就会显示在该数据图表中,如图 5-5 所示;

④可以在数据表继续编辑和更改图表的选项;

⑤双击数据表外的任意位置,退出图表编辑环境,得到一个如图 5-5(a)所示的图表。

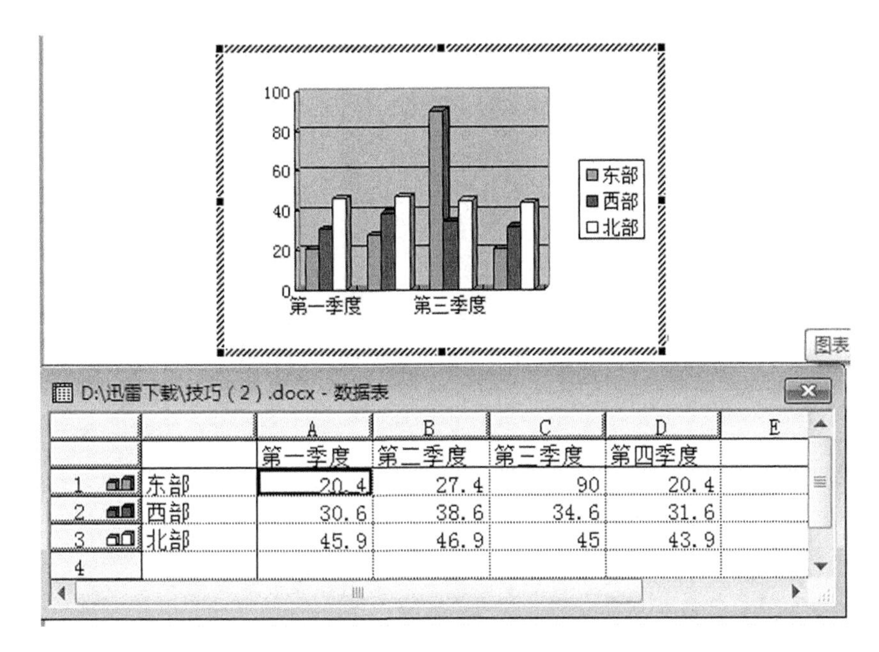

图 5 – 2　图表启动界面

图 5 – 3　“图表”工具栏

计算机	Word	Excel	PowerPoint	Access
45	8	89	78	56
6	7	66	89	88

图 5 – 4　原始数据

（5）用户可以导入其他文件创建图表，特别是可以导入 Excel 工作表数据创建图表，导入的 Excel 工作表可达 4 000 行 ×4 000 列之多，但在图表内最多能同时显示 255 个数据系列。导入 Excel 工作表创建图表或其他文件的操作方法如下：

①点击功能区的“插入”→“图表”，如图 5 – 6 所示，选择一个想要插入的样式；

②如果选择柱状图，插入完毕后 Word 中会出来一个默认的柱状图；

③同时，会自动打开一个 Excel 工作簿，上面的图表就是依据这些数据生成的，此时，将原始数据更新成自己想要的数据，或者从其他表格直接粘贴过来；

④再回到 Word 里，可以看到柱形图就已经更新成自己的数据了；

⑤如果是新打开的 Word 文档，选中图表，点击 Word 功能区的“设计”选项卡，然后再点击“编辑数据”也可以重新打开 Excel 工作簿进行数据编辑。

经过上述步骤，得到如图 5 – 7 所示的图表。

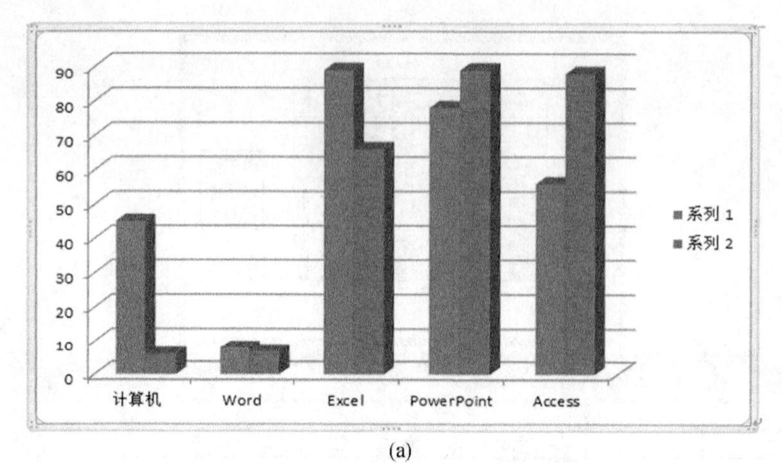

(a)

	A	B	C
1		系列 1	系列 2
2	计算机	45	6
3	Word	8	7
4	Excel	89	66
5	PowerPoint	78	89
6	Access	56	88

(b)

图 5－5　原始数据生成的图表

图 5－6　导入图表

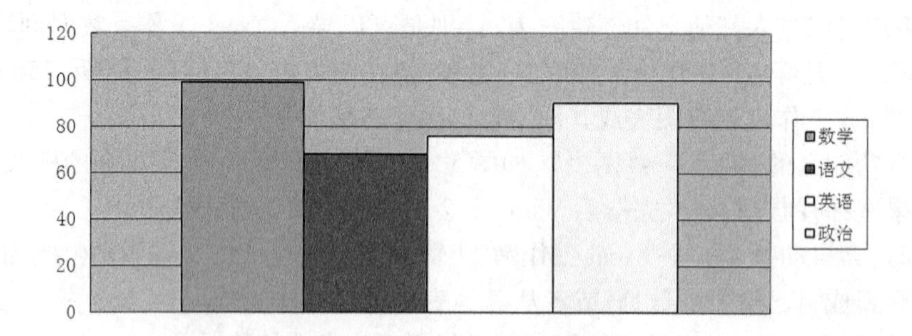

图 5－7　导入数据生成的图表

5.2 更改图表类型

Microsoft Graph 的默认图表类型是柱形图。如果需要经常性地创建其他类型的图表，例如折线图，就可以更改默认图表类型。如果已有包含所需图表类型、图表项和格式的图表，就可将该图表用作默认图表类型。

对于绝大多数二维图表，既可以单独更改某一数据系列的图表类型，也可以同时更改整张图表的类型。对于 XY(散点)图和气泡图，则只能同时更改整张图表的类型。对于绝大多数三维图表，对图表类型的更改将影响整张图表。但对于三维条形图和柱形图，可将单独的数据系列更改为圆锥、圆柱或棱锥型。

更改图表类型的具体操作步骤如下。

(1)点击需要更改图表的某个单元格或整张图表的图表类型，若要更改数据系列的图表类型，则应点击该数据系列，以图 5－7 为例。

(2)点击“图表”工具栏中的“图表类型”按钮，弹出如图 5－8 所示的“图表类型”工具栏。在该对话框中选择其中一种图表类(如“三维圆锥图”)，图 5－7 的图表就会变成如图 5－9 所示的图表类型。

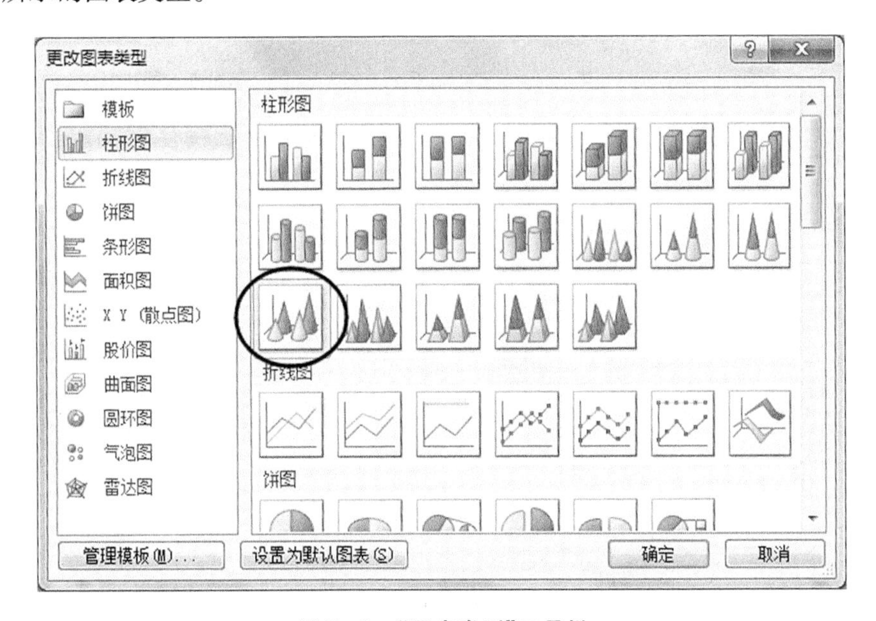

图 5－8 “图表类型”工具栏

如果对这个三维圆锥图的排列形状不满意，可以进行进一步的修改。

(3)双击如图 5－9 所示的图表，右键选择“更改图表类型”，如图 5－10 所示，打开如图 5－11 所示的对话框，在“圆锥形”里面选择一个合适的类型，确定得到如图 5－12 所示的“三维圆锥图”。

在图 5－11 的图表类型对话框中，有多种图形可以选择。

①圆锥图、圆柱图和棱锥图：圆锥图、圆柱图和棱锥图的数据标志为三维柱形图和条形图添加了生动的效果。

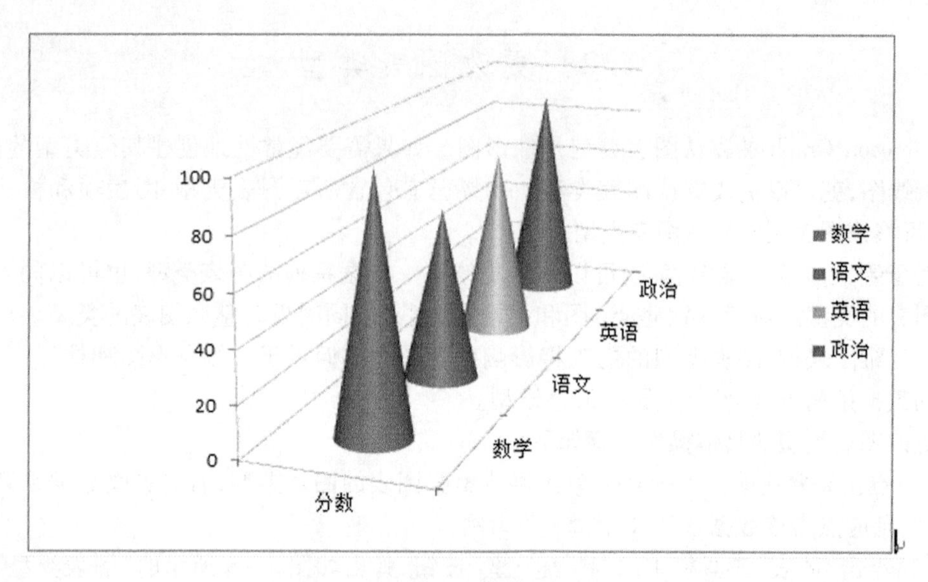

图5-9　三维圆锥图

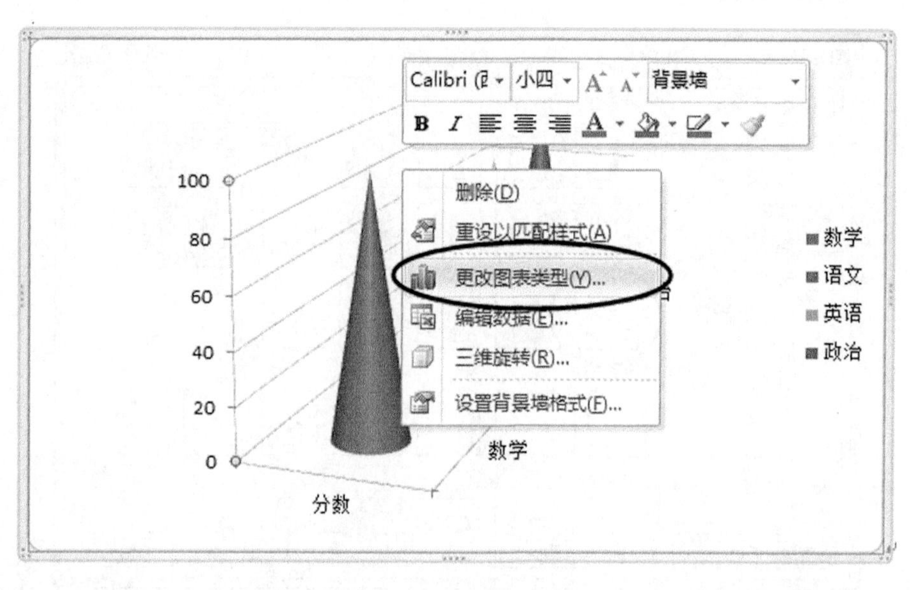

图5-10　图表类型

②条形图:条形图显示了各个项目之间的比较情况。纵轴表示分类,横轴表示值,它主要强调各个值之间的比较而并不太关心时间。堆积条形图显示了单个项目与整体的关系。

③柱形图:柱形图用于显示一段时间内的数据变化或说明项目之间的比较结果。通过水平组织分类、垂直组织值,可以强调说明一段时间内的变化情况。堆积柱形图显示了单个项目与整体间的关系。三维透视系数柱形图则在两个轴上对数据点进行比较。

④折线图:折线图等间距显示了数据的预测趋势。

⑤面积图:面积图强调随时间的变化量。通过显示所绘制值的总和,面积图显示了部分与整体的关系。

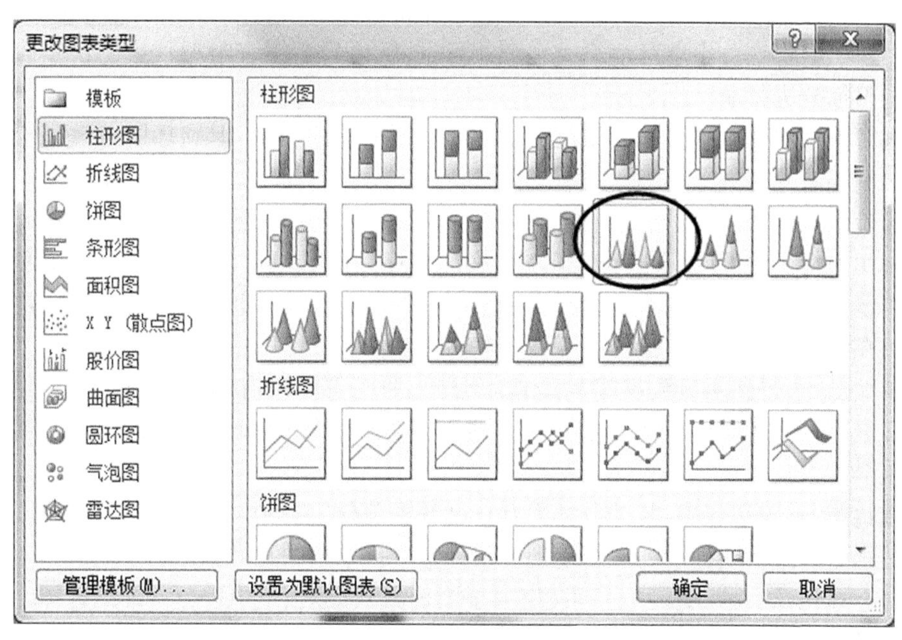

图 5－11 图表类型对话框

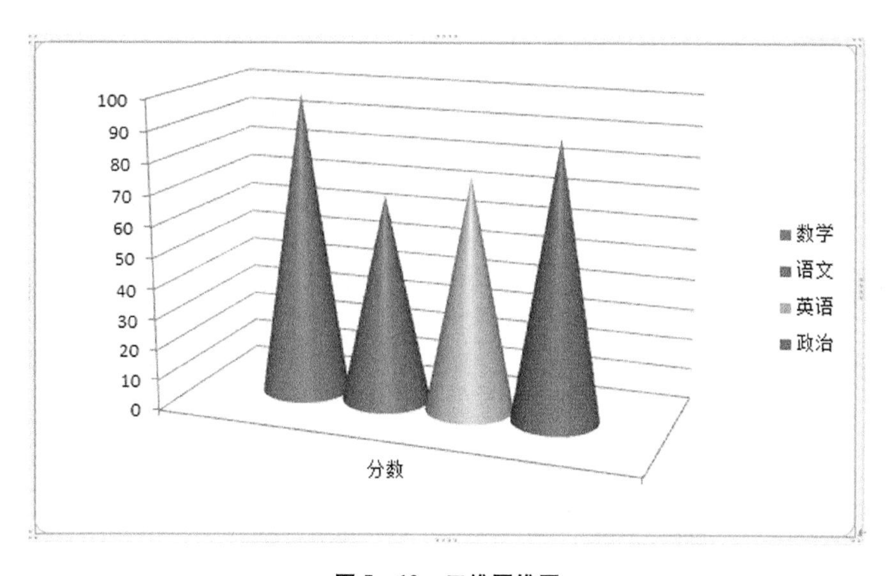

图 5－12 三维圆锥图

⑥XY 散点图:XY 散点图显示了多个数据系列的数值间的关系,同时,它还可以将两组数字绘制成 XY 坐标系中的一个数据系列。XY 散点图显示了数据的不规则间隔(或簇),它常用于科学数据。排列数据时,可在某一行或列上放置 X 值,然后在相邻的行或列中输入相应的 Y 值。

⑦气泡图:气泡图是一种 XY(散点)图。数据标志的大小反映了第三个变量的大小。若要排列数据,则将 X 值放在一行或一列中,并在相邻的行或列中输入对应的 Y 值和气泡大小。气泡图要求每个数据点至少有两个值。

⑧饼图:饼图显示了组成数据系列的项目相对于项目总数的比例大小。饼图仅显示一

个数据系列,当需要强调某个重要元素时,它将非常有用。为使小的扇区易于查看,用户可以在某个饼图中将这些小扇区组织成一个项目,然后再到主图表附近较小的饼图或条形图中将该项目细分进行显示。

⑨圆环图:像饼图一样,圆环图也显示了部分与整体的关系,但圆环图可以包含多个数据系列。圆环图的每一个环都代表一个数据系列。

⑩股价图:盘高—盘低—收盘图常用来说明股票价格。股价图也可用于表示科学数据,例如,用来指示温度的变化。必须以正确的顺序组织数据才能创建本股价图和其他股价图。衡量交易量的股价图具有两个数值轴:一个是衡量交易量的列,另一个则是股票价格。可以在盘高—盘低—收盘图或开盘—盘高—盘低—收盘图中包含交易量。

⑪曲面图:要得到两组数据间的最佳组合时,曲面图将很有用。例如,在地形图上,颜色和图案表示具有相同取值范围的地区。曲面图显示了产生相同抗张强度的温度和时间的不同组合。

⑫雷达图:在雷达图中,每个分类都有自己的数值轴,它们由中心点辐射出去。同一系列中的值则是通过折线连接的。雷达图比较大量数据系列的总计数据。

选择上述任意一种“类型”后,可以在“子图表类型”选项组中进行详细的选择。如果在图表中选择了部分区域,则可以在“选项”选项组中选择“应用于选定区域”复选框,也就是将当前选择的设置仅仅应用于所选的区域。如果选中“默认格式”复选框,就可以恢复到默认状态的图表类型。

5.3 对图表进行详细设置

Word 对图表的处理除了显示图表之外,还有一些特殊的功能设置,包括“标题”“坐标轴”“标签”等。

以如图 5－13 所示的柱状图为例进行说明。点击柱状图,此时,在上方的工具栏上会出现“图表工具”选项,如图 5－14 所示。点击“图表工具”→“布局”,如图 5－15 所示,在标题中分别输入“成绩单”→“科目”→“成绩”,点击“确定”得到如图 5－16 所示的效果图。

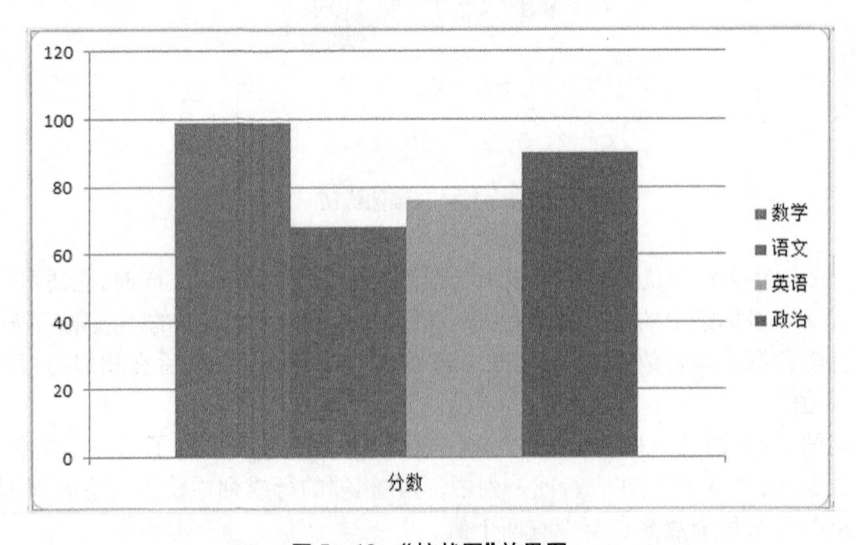

图 5－13 “柱状图”效果图

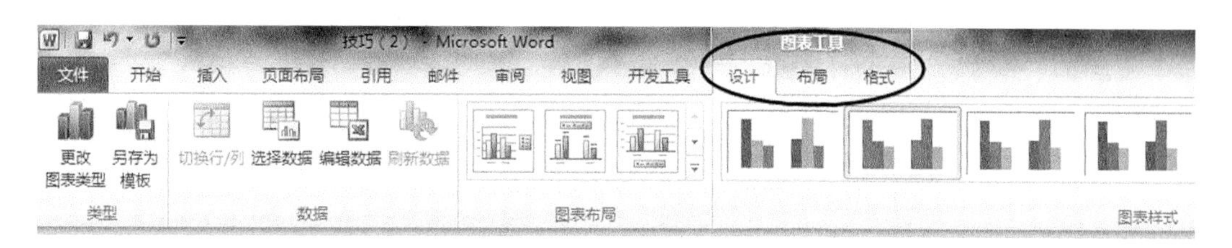

图5－14 图表选项

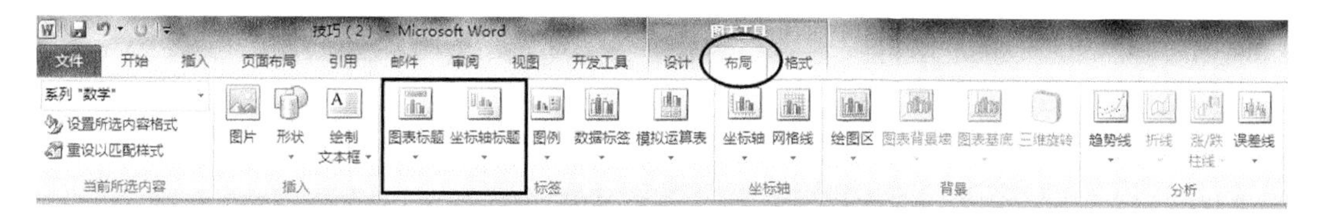

图5－15 图表选项对话框

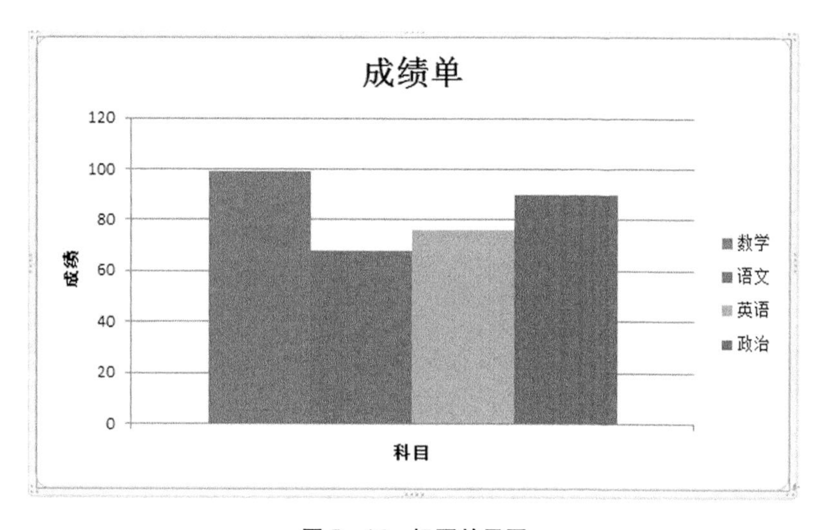

图5－16 标题效果图

在图5－15的对话框中，选择“网格线”标签，将所有勾选都取消，即不要任何网格线，如图5－17所示，确定得到如图5－18所示的效果图。

在图5－15的工具栏中，选择“图例”标签，然后选择一个适合的位置，如图5－19所示，确定得到如图5－20所示的效果图。

对于柱形图、饼图等类型的图表，可以在图形旁设置数据标志，更清晰地表现图表的意图。可以通过拖动某个数据标签改变它的位置。在二维条形图、柱形图、折线图、二维和三维饼图、散点图和气泡图中，还可以使用这个过程将一个数据系列的所有标签放置在其数据标记附近的标准位置上。

在图5－15的工具栏中，选择“数据标签”→“其他数据标签选项”，打开如图5－21所示的对话框，可以勾选任一数据标签。如勾选“系列名称”，得到如图5－22所示的效果图；如勾选“值”，得到如图5－23所示的效果图。

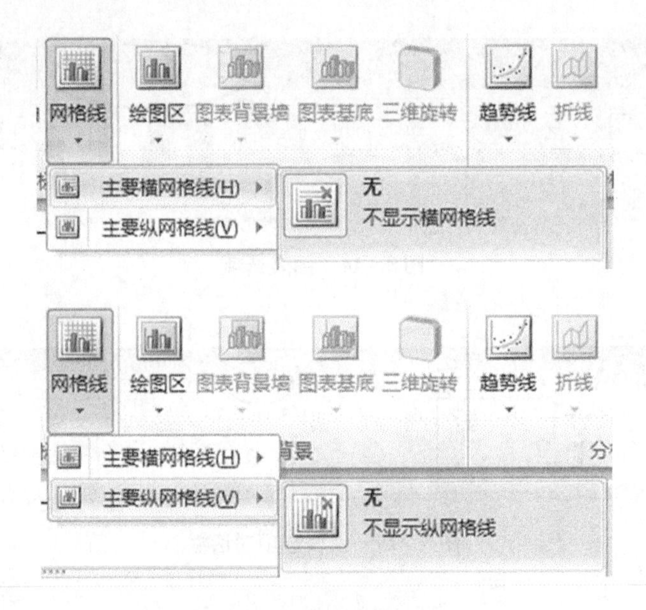

图 5－17　网格线标签

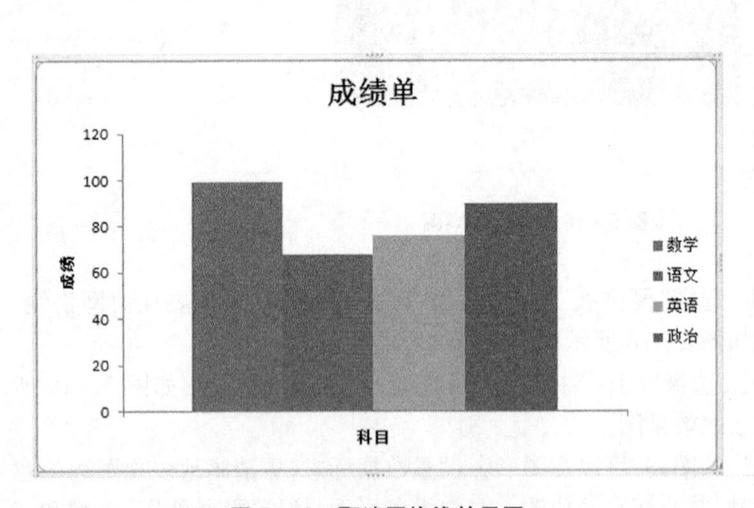

图 5－18　取消网格线效果图

图 5－19　图例标签

成绩单
120
100
80
60
40
20
0
成绩
科目
数学 语文 英语 政治

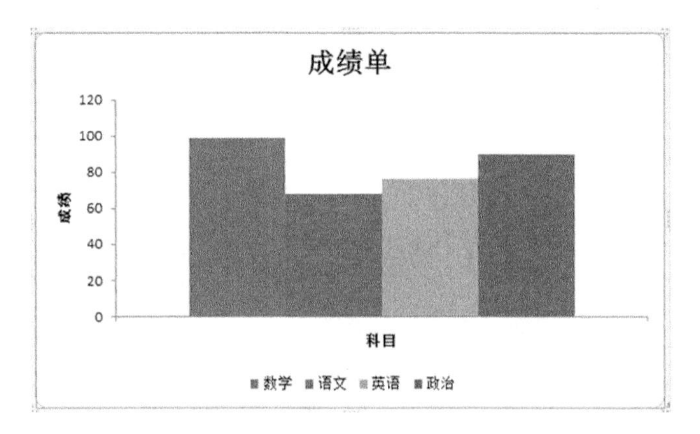

图 5－20　图例效果图

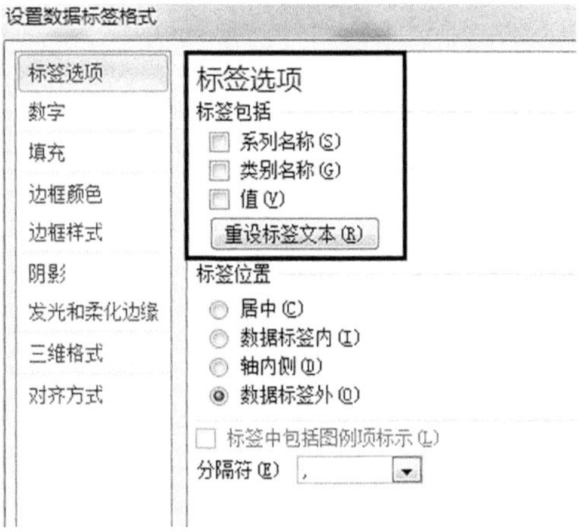

设置数据标签格式
标签选项
数字
填充
边框颜色
边框样式
阴影
发光和柔化边缘
三维格式
对齐方式
标签选项
标签包括
系列名称(S)
类别名称(G)
值(V)
重设标签文本(R)
标签位置
居中(C)
数据标签内(I)
轴内侧(D)
数据标签外(O)
标签中包括图例项标示(L)
分隔符(E) ,

图 5－21　数据标签

成绩单
120
100
80
60
40
20
0
成绩
数学
语文
英语
政治
科目
数学 语文 英语 政治

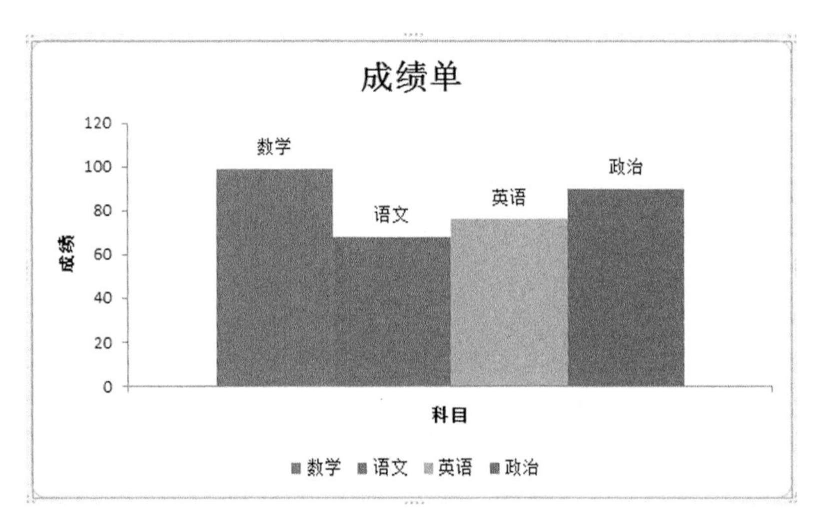

图 5－22　数据标签效果图

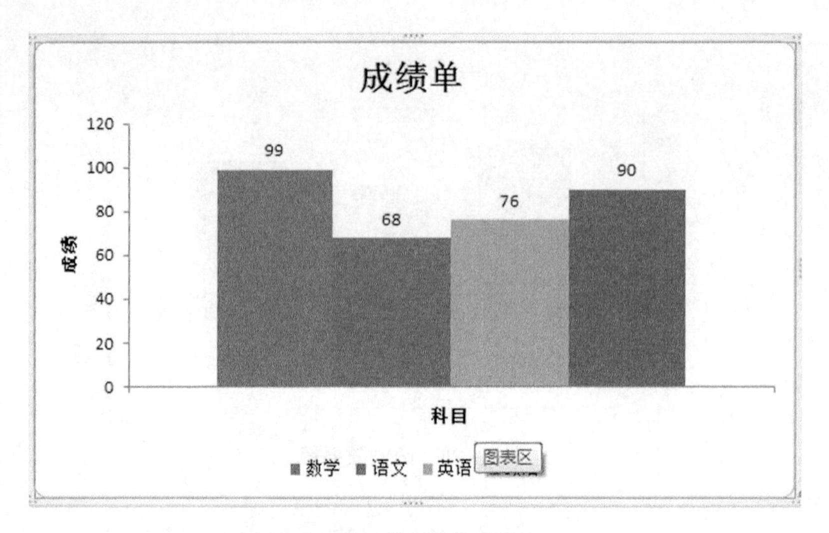

图 5－23　数据标签效果图

5.4　图表的排版

当编辑完成一个图表后，点击文档中除图表外的任意位置即可退出图表编辑环境，返回到文档中。这时，还可以对图表进行在文档中排版式的工作，右击该图表，在弹出的快捷菜单中选择“设置对象格式”命令，就可以打开“设置对象格式”对话框。在此对话框中，可以点击相应的选项卡来切换到不同对话框，再设置相应的内容。如在“版式”选项卡中，可以设置图表的各种环绕方式。

1. 调整图表大小

当选定某个对象后，在选择矩形的拐角和边缘上将出现尺寸柄。此时，可以用鼠标拖动对象的尺寸柄，改变选定对象的大小，或者通过设定对象的高度和宽度比，更加精确地重新设置对象的大小。

（1）调整对象的大小

当选定某个对象后，通过拖动对象的八个控制点可以调整对象的大小。

选定图片对象后，在工具栏选择“图片工具”→“格式”→“大小”，或右键选择“大小和位置”选项，切换到“大小”选项卡，可以按特定百分比或指定尺寸调整对象大小。

如果在“大小”选项卡中选中了“锁定纵横比”复选框，则在调整对象大小时保持其长宽比例。

（2）裁剪

如果对象是一幅图片，除了可以裁剪这里所说的图表以外，还可以裁剪其他的对象，如照片、位图或剪贴画等。裁剪也就是修整图片的垂直或水平边框，通常会对照片进行裁减以吸引用户的注意。上述操作可以在如图 5－24 所示的对话框中，在“裁剪”选项组中的“上”“下”“左”“右”微调框中分别输入适当的尺寸即可；也可以使用“图片”工具栏中的工具按钮进行操作。

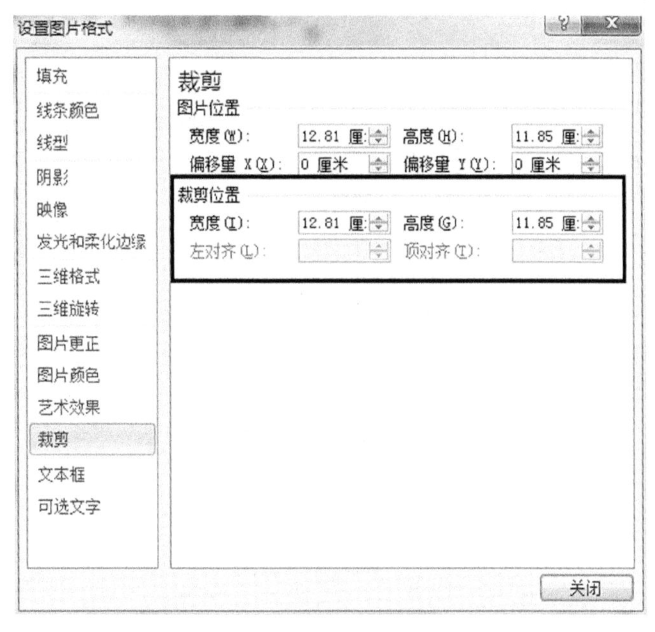

图 5－24 "设置对象格式"对话框

(3)还原

可以还原被裁剪或调整过大小的图片。无论图片经过多少次更改,Microsoft Graph 始终保持着图片最初被插入图表时的原始大小。还原的方法是在"大小"选项卡对话框中点击"重新设置"按钮。

2. 调整图表版式

在"格式"下的"位置"话框中可以选择 6 种环绕方式,如选择"四周型",如图 5－25 所示,点击"确定",可以得到如图 5－26 所示的效果。

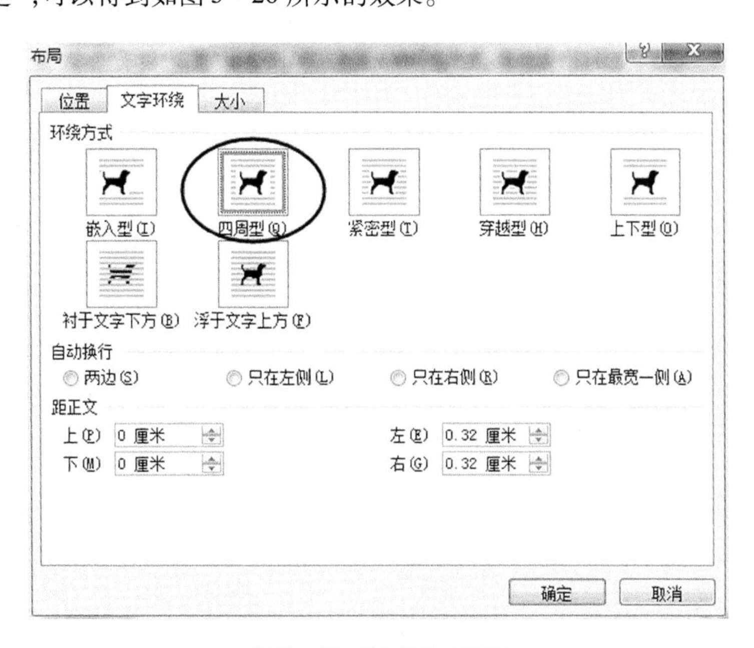

图 5－25 "布局"对话框

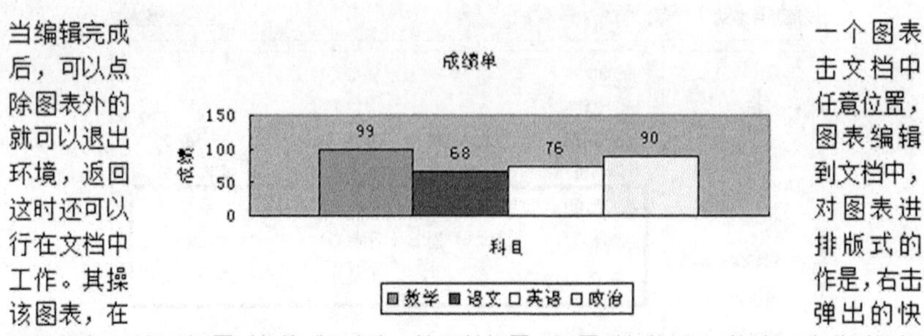
当编辑完成一个图表后，可以点击文档中除图表外的任意位置，就可以退出图表编辑环境，返回到文档中，这时还可以对图表进行在文档中排版式的工作。其操作是，右击该图表，在弹出的快捷菜单中，选择“设置对象格式”命令，就可以打开“设置对象格式”对话框。在此对话框中，可以点击相应的选项卡来切换到不同对话框，再设置相应的内容。如在“版式”选项卡中，可以设置图表的各种环绕方式。↵

图 5－26　环绕效果图

5.5　图片的插入

在 Word 中，提供的插入图片方式有很多种，包括如图 5－27 所示的 6 种方式，当然这其中也包括前面介绍的“图表”。下面分别介绍几种插入图片的方式。

图 5－27　插入图片的方式

1. 剪贴画

“剪贴画”这个功能经常被人们忽略，其实 Word 里面自带的很多小图片即“剪贴画”都是很经典的，可以用来装饰或者说明问题，尤其是用在“PowerPoint”的制作上。

例如，打开“剪贴画”，在右侧窗口出现“剪贴画”操作界面，在“搜索文字”中输入要搜索的内容，分别输入“人”“动物”“车”，得到如图 5－28 所示的搜索界面。点击任一图片即可完成图片的插入，如图 5－29 所示。

2. 来自文件

“来自文件”应用最为广泛，主要就是在 Word 中插入一个已经存在于计算机硬盘中的图片，通过浏览图片位置即可插入，如图 5－30 所示。

3. 来自扫描仪或照相机

“来自扫描仪或照相机”是指当计算机连接了“扫描仪”或者“照相机”时，可以从其中读取图片，插入到 Word 中。

4. 绘制新图形

“绘制新图形”是打开 Word 的绘图功能，即点击图 5－31 中的“新建绘图画布”，如图 5－32 所示，用户自己选择合适的图形进行绘制。

图 5－28　搜索界面

图 5－29　插入剪贴画

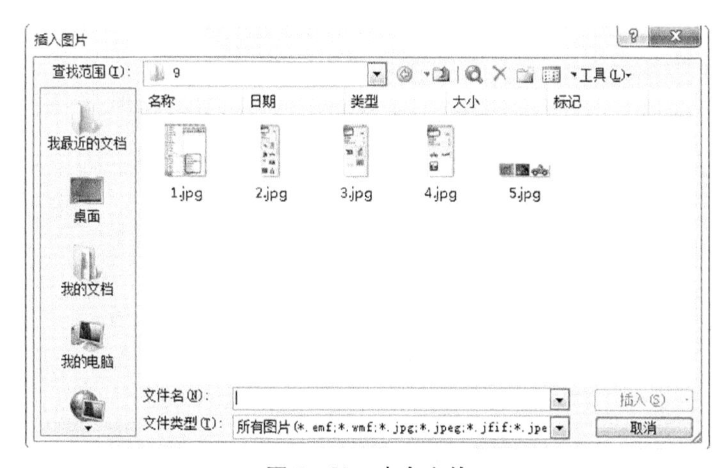

图 5－30　来自文件

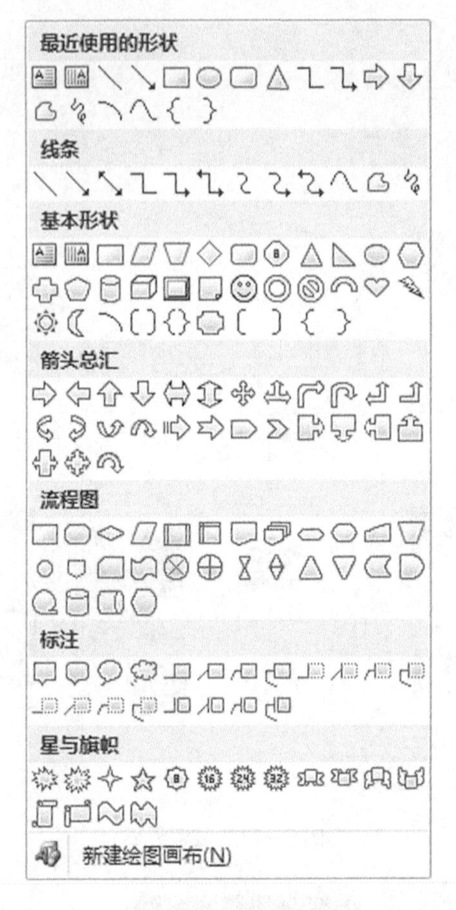

图 5－31　绘图效果

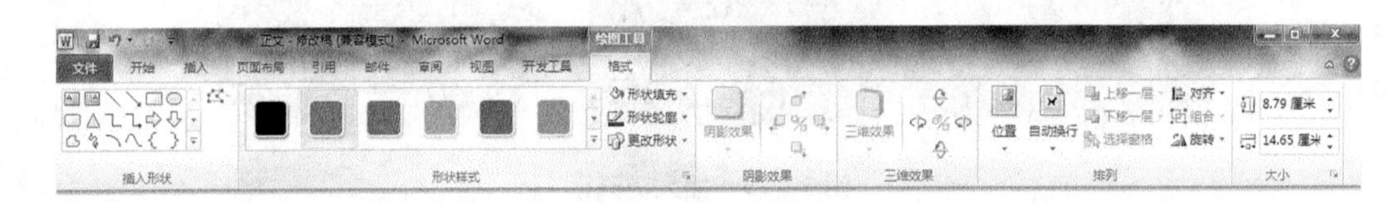

图 5－32　绘图工具栏

例如，在基本形状中，选择几个图形绘制如图 5－33 所示的图形。

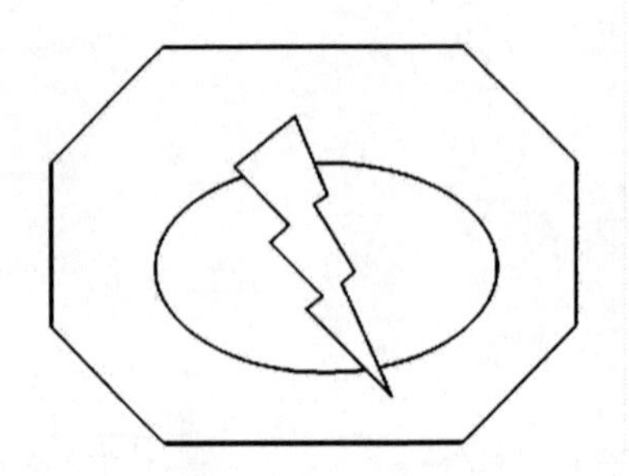

图 5－33　绘制图形

在这些图形中，有椭圆，但是没有圆形，如果需要绘制圆形，需要借助快捷键。选择“椭圆”图形，按住“Shift”键后进行绘制，这时，画出来就是圆形。

同样，在这些图形中也没有正方形，如果需要绘制正方形，选择“矩形”图形，按住“Shift”键后进行绘制，这时，画出来就是正方形。按住“Shift”键后绘制出的图形如图5－34所示。

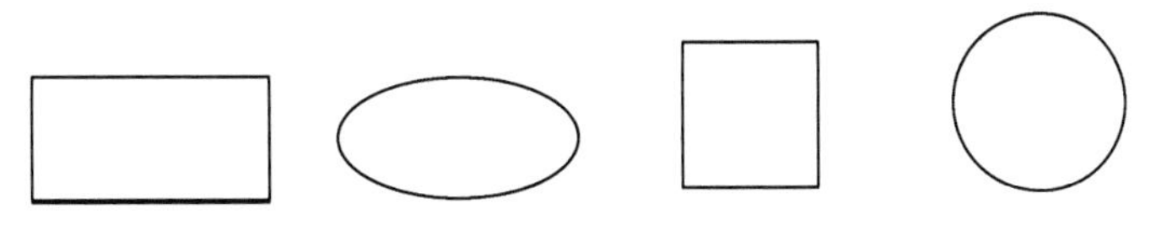

图5－34 “Shift”键的效果

当按住“Shift”键画直线、线段、箭头等时，这些线是以15°为单位进行变化的，也就是说，只能画0°，15°，30°，45°，60°，75°，90°，105°，120°，135°，150°，165°，180°的线。

当按住“Ctrl”键画椭圆和矩形时，图形是以中心为基点向外进行绘制的。

5. 艺术字

当选择“艺术字”时，出现如图5－35所示的“艺术字库”，可以选择其中任一样式，点击“确定”后打开如图5－36所示的对话框，输入要写的艺术字，调整好字号等，点击“确定”后得到如图5－37所示的两种艺术字效果。

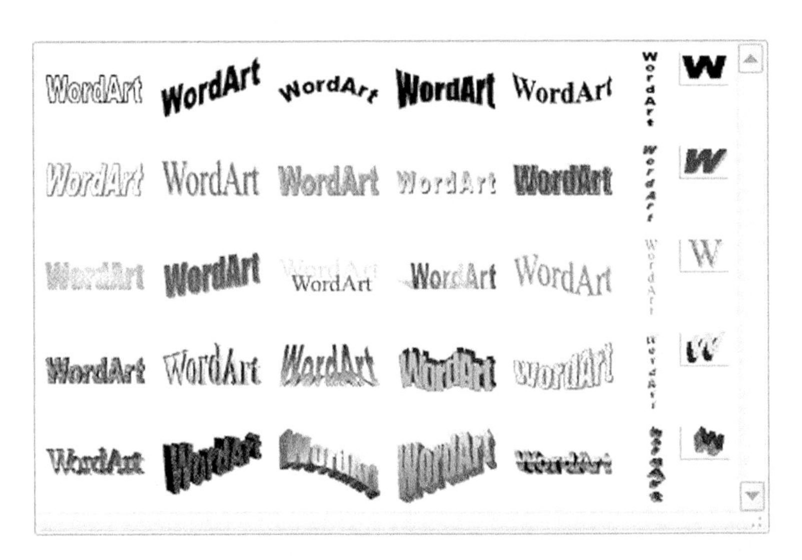

图5－35 艺术字库

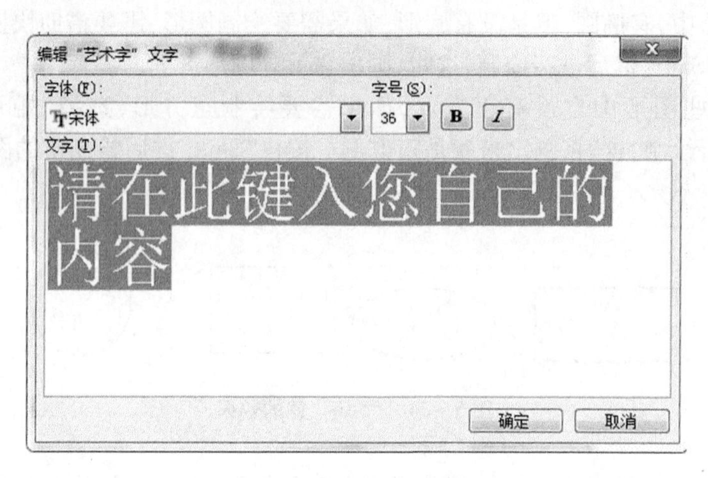

图 5-36　艺术字文字编辑

计算机应用技术 计算机应用技术

图 5-37　艺术字效果

5.6　图片工具栏

"图片工具栏"就是可以对图片进行简单操作的工具栏。

以图 5-29 为例,选择要编辑的图片,上方弹出"格式"栏,如图 5-38 所示,包括亮度调节、对比度调节、裁剪、线形、文字环绕等功能。

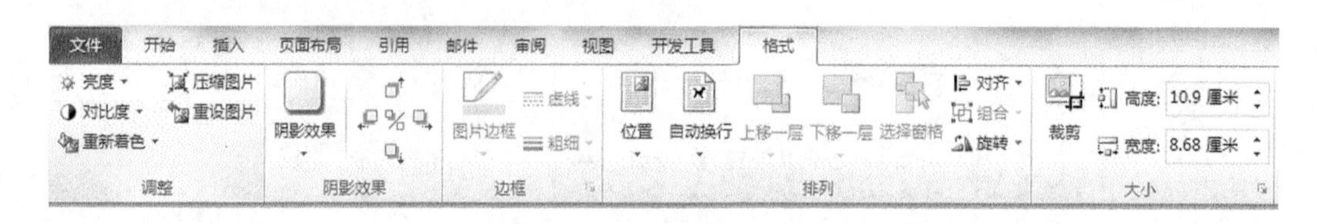

图 5-38　图片工具栏

1. 裁剪

点击工具栏中的"裁剪"按钮,可以在 4 个方向上进行裁剪,如要将图 5-29 中的图片裁剪成只有老虎的图片,将右侧边框向左拖拽到老虎的位置即可,如图 5-39 所示。

2. 对比度、亮度

在图 5-39 的基础上,点击"向上对比度",得到如图 5-40 所示的效果,点击"向上亮度",得到如图 5-41 所示的效果。

图 5－39　裁剪效果

图 5－40　对比度效果

图 5－41　亮度效果

3. 设置图片格式

点击工具栏上的“图片工具”→“格式”→“大小”，或者右键选择“大小和位置”，都可以打开“布局”对话框，如图 5－42 所示。

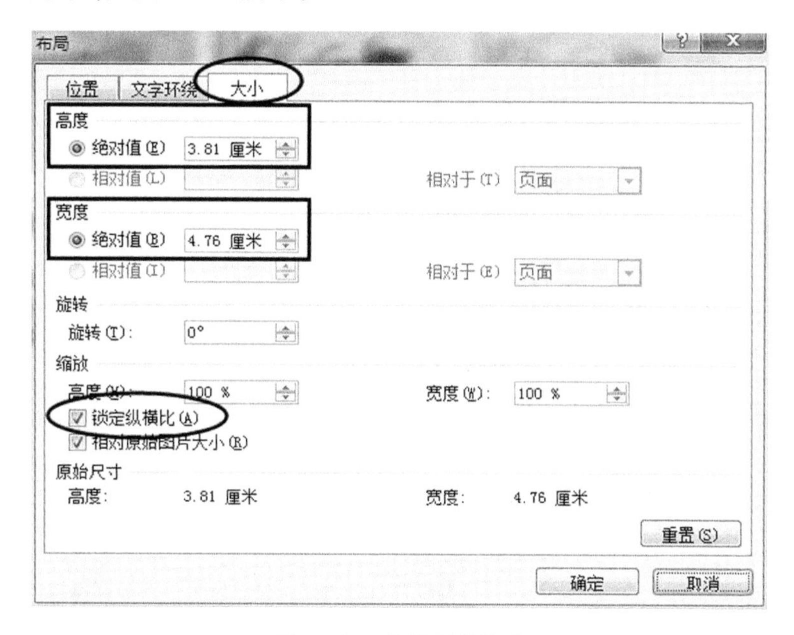

图 5－42　设置图片格式

选择“大小”选项卡，在这里可以设置图片的大小，可以点击中间的“锁定纵横比”，然后将“高度”或者“宽度”中的任一进行调节，如将其缩小一定的尺寸后得到图 5－43(a)所示的效果。

去掉勾选“锁定纵横比”，将宽度放大一定的尺寸后，得到图 5－43(b)所示的效果。

(a)

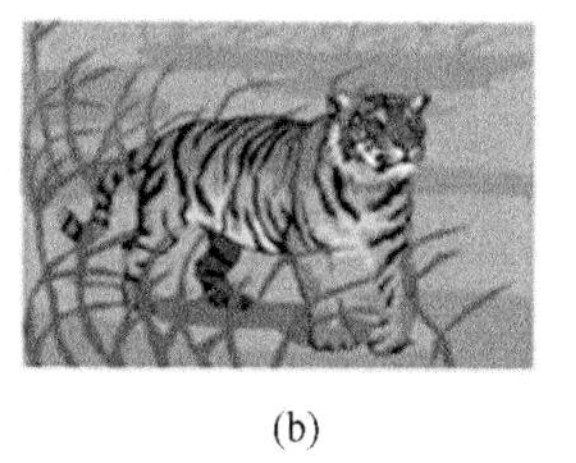

(b)

(c)

图 5－43　效果图

在“设置图片格式”对话框选择“版式”选项卡,如图5－44所示。有5种环绕方式,选择“衬于文字下方”,确定得到如图5－43(c)所示的效果。

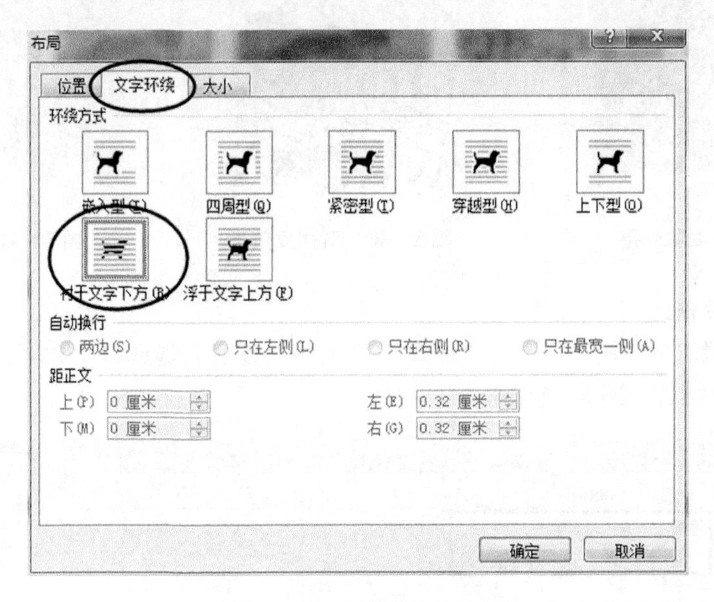

图5－44　设置图片格式

5.7　插入图片的自动更新

对于从硬盘插入到Word中的图片,如果硬盘中的图片发生变化,是可以让Word中的图片随之变化,即自动更新的。这在很多场合是非常实用的。

点击“插入”→“图片”→“来自文件”,打开如图5－45所示的对话框,选择好图片后,不点击“插入”,而是“插入”下拉菜单中的“链接文件”,得到如图5－46(a)所示的图片。

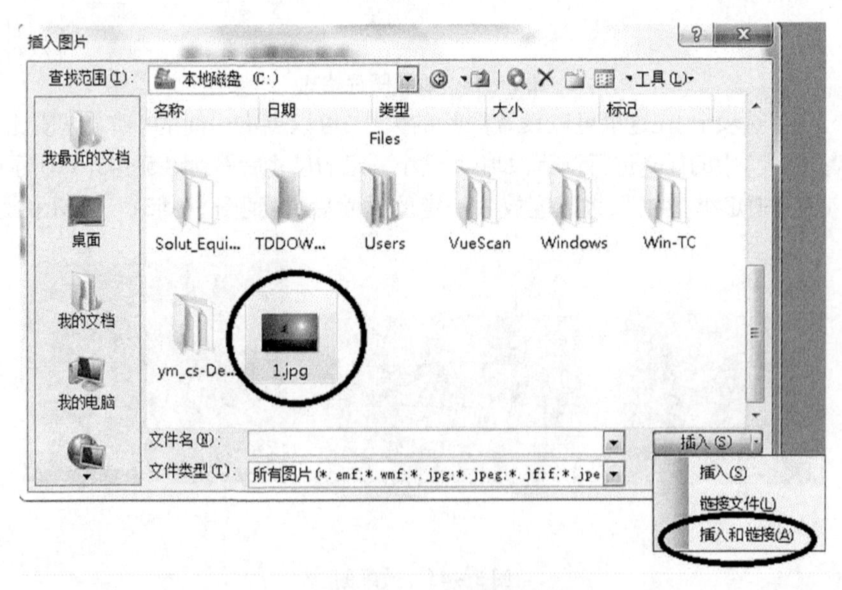

图5－45　插入图片

当对硬盘中的这个图片进行编辑修改并保存时，再次打开 Word，发现这个位置上的图片已经变成如图 5－46(b)所示的图片，即完成了自动更新的过程。

(a)

(b)

图 5－46 自动更新效果

5.8 去掉绘图的默认画布

Word 的画布是一个非常有用的工具，当要插入自选图形进行绘制时，最下面会出现新建绘图画布，可以在这里面进行绘制，如图 5－47(a)所示，当在其中绘制了多个图形时，如图 5－47(b)所示，画布作为一个整体可以进行移动等操作，很方便。

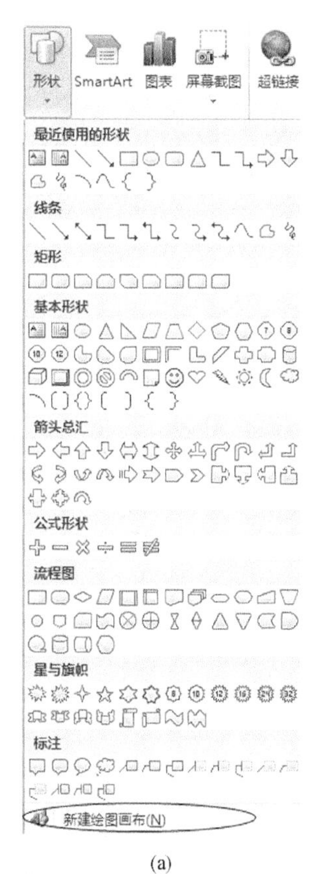

(a)

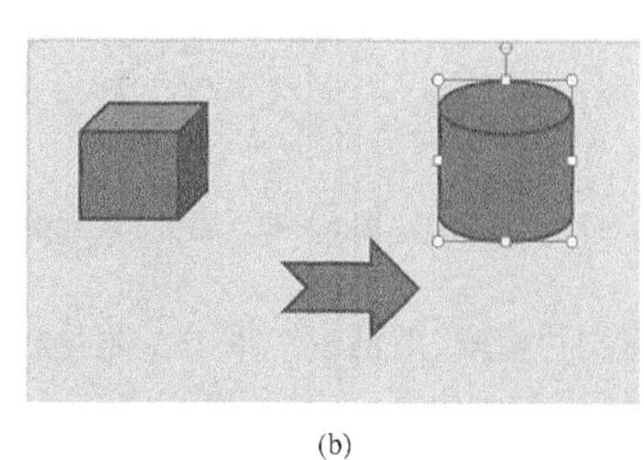

(b)

图 5－47 默认画布

有时候并不需要这个画布,加了画布后多个图形变成一个整体反而不方便,可以将这个默认画布去掉。

点击“文件”→“选项”,选择“高级”→“编辑选项”,找到“插入‘自选图形’时自动创建绘图画布”,去掉勾选即可,如图5-48所示。

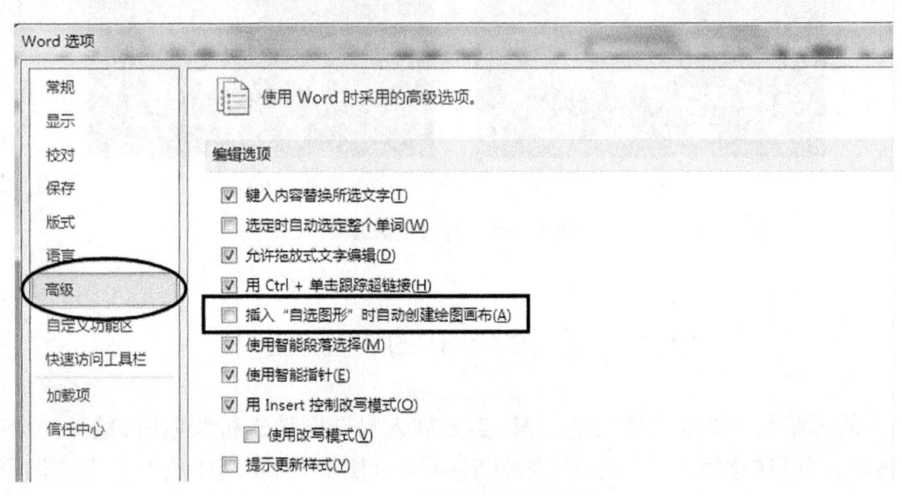

图5-48　去掉自动创建画布

5.9　为图片设置边框

有时,我们在制作文件时插入的图片边框是白色的,所以会分不清图片插入到文档中的大小。这时,如果为文档添加边框,不但可以看清图片在文档中的大小,还可以使图片看起来更漂亮。应该如何操作呢?

利用“边框和底纹”功能可以为图片添加边框。

①单击“图片工具”→“格式”选项卡,点击“图片样式”中右下角的小箭头,打开“设置图片格式”对话框,如图5-49所示。

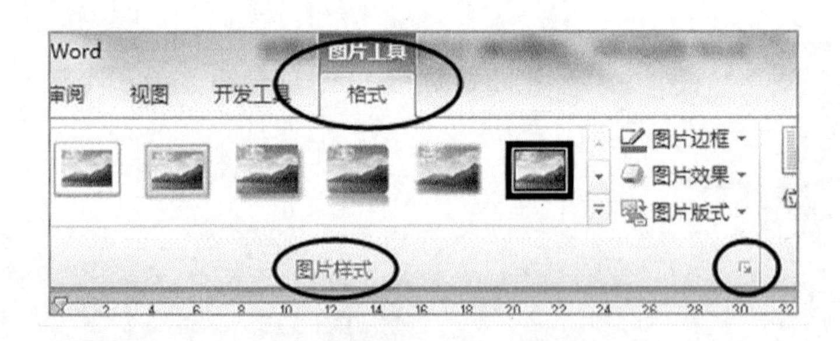

图5-49　打开“设置图片格式”对话框

②在“设置图片格式”对话框中单击左侧“线条颜色”选项卡,在“线条颜色”下选择“实线”选项,“颜色”下拉列表框选择“绿色”,如图5-50所示。

③在“设置图片格式”对话框中,单击左侧“线型”选项卡,在“线型”下将宽度设置为“0.75磅”,在“复合类型”下拉列表框中选择“由粗到细”选项,点击“关闭”按钮,退出“设置图片格式”对话框,如图5-51所示。

图 5－50　设置边框线颜色

图 5－51　设置边框线线型

5.10 在文档中插入 SmartArt 图形

在制作文档时，会遇到需要制作组织结构图的情况。如何能够快速地绘制好组织结构图呢？

利用“SmartArt”可以快速地绘制组织结构图。

①单击“插入”选项卡，点击“插图”组中的“SmartArt”命令，打开“选择 SmartArt”对话框，点击“层次结构”→“组织结构图”，单击“确定”按钮，如图 5－52 所示。

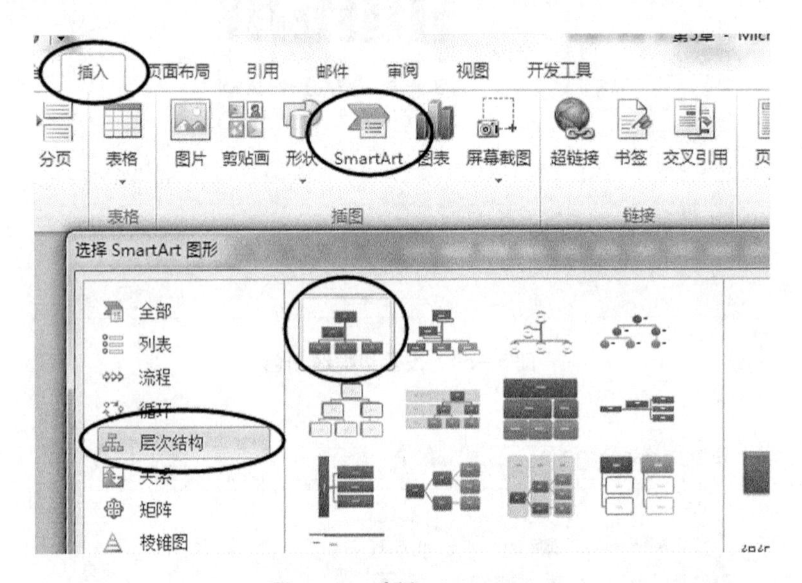

图 5－52 插入 SmartArt

②单击“SmartArt 工具”→“设计”选项卡，点击“创建图形”组中的“添加形状”，根据实际情况选择相应选项为组织结构图添加文本框。若要删除某分文本框，可将其选中，按“Delete”键即可，如图 5－53 所示。

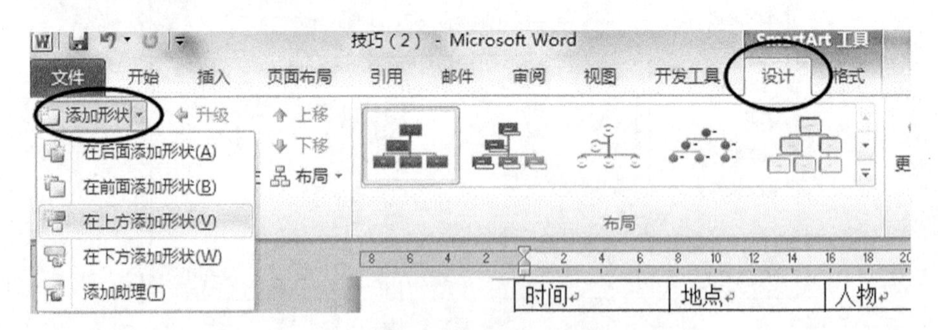

图 5－53 为组织结构图添加或删除文本框

③根据实际情况，重复步骤②，得到一个比较符合需要的组织结构模型，如图 5－54 所示。

④将光标定位到 SmartArt 图形中的任意位置，单击“SmartArt 工具”→“设计”选项卡，点击“创建图形”组中的“布局”下拉列表框，选择“标准”选项，如图 5－55 所示，效果如图 5－56 所示。

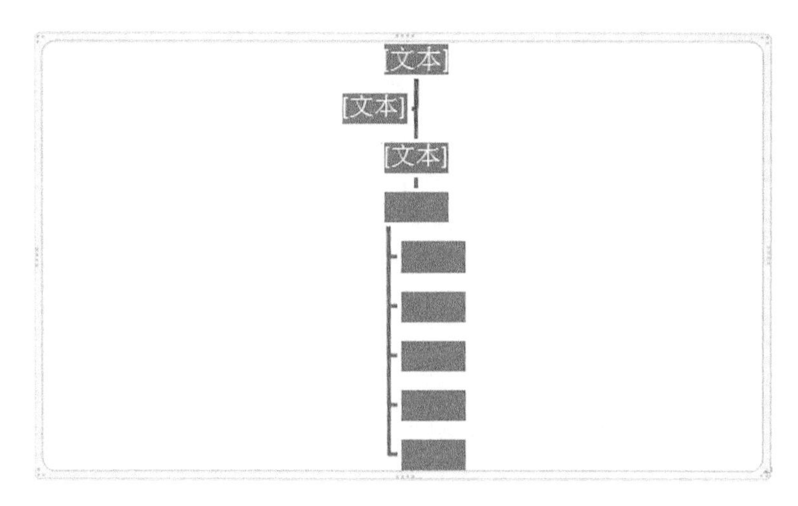

图 5 - 54 初步形成的组织结构模型

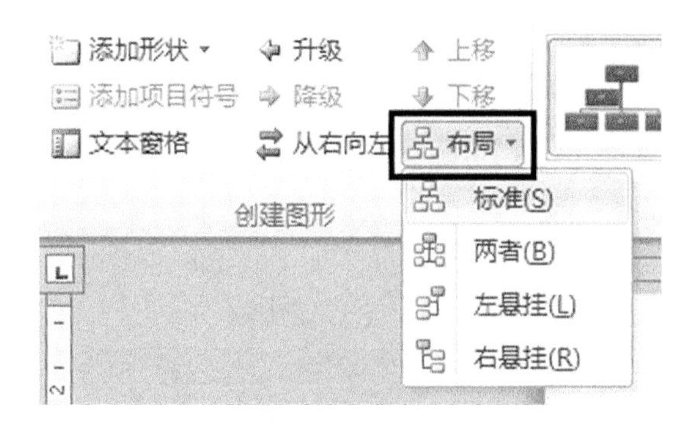

图 5 - 55 改变组织结构图布局

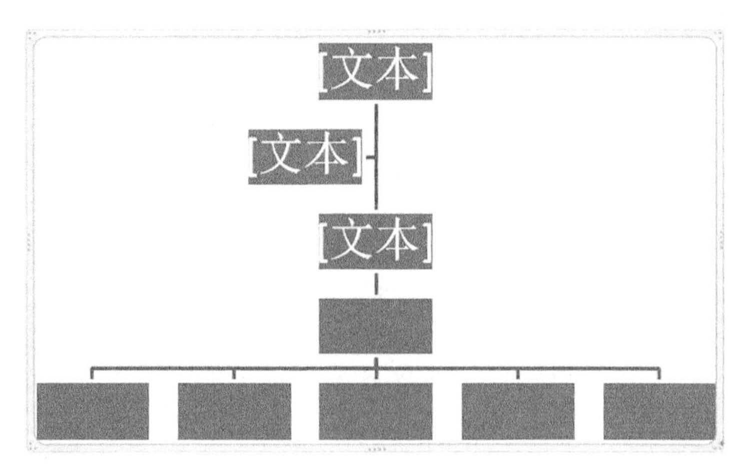

图 5 - 56 效果图

⑤在 SmartArt 图形的文本框中输入相应的文字内容,如图 5 - 57 所示。

⑥选中组织结构图,单击“SmartArt 工具”→“设计”选项卡,点击“SmartArt 样式”组中的“更改颜色”下拉列表框,选择“色彩填充”→“强调文字颜色 3”,如图 5 - 58 所示。

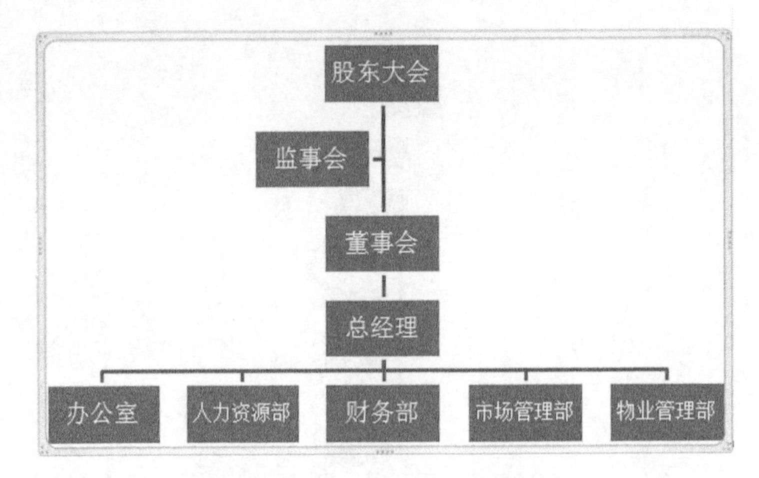

图 5－57　输入内容后的组织结构图

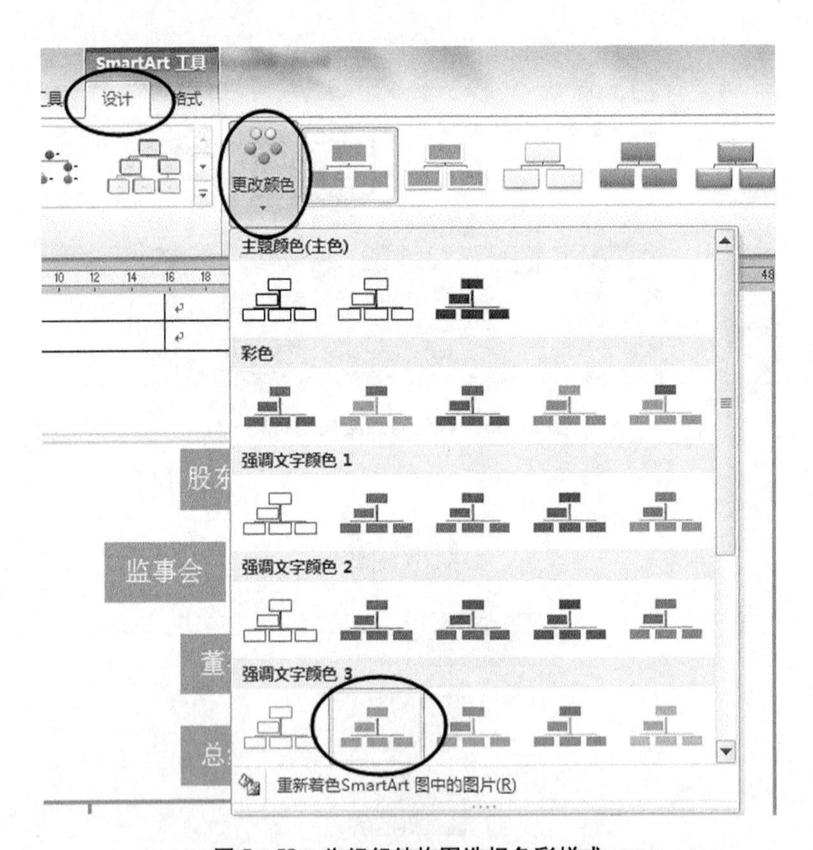

图 5－58　为组织结构图选择色彩样式

⑦选中组织结构图，单击“SmartArt 工具”→“设计”选项卡，点击“SmartArt 样式”组中的“其他”按钮，从弹出的 SmartArt 样式下拉面板中选择“卡通”样式，如图 5－59 所示，效果如图 5－60 所示。

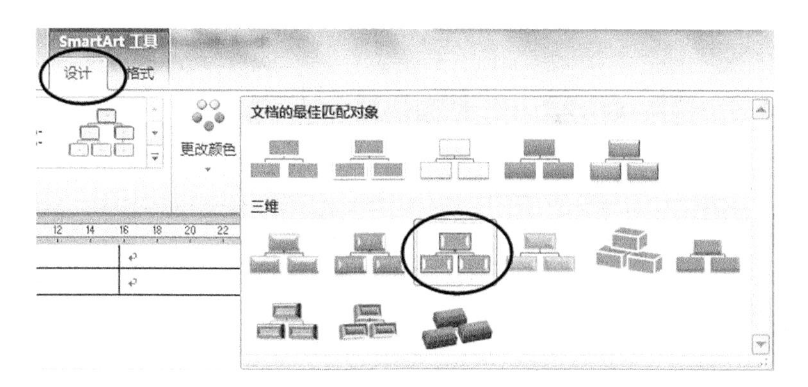

图 5-59 为组织结构图选择样式

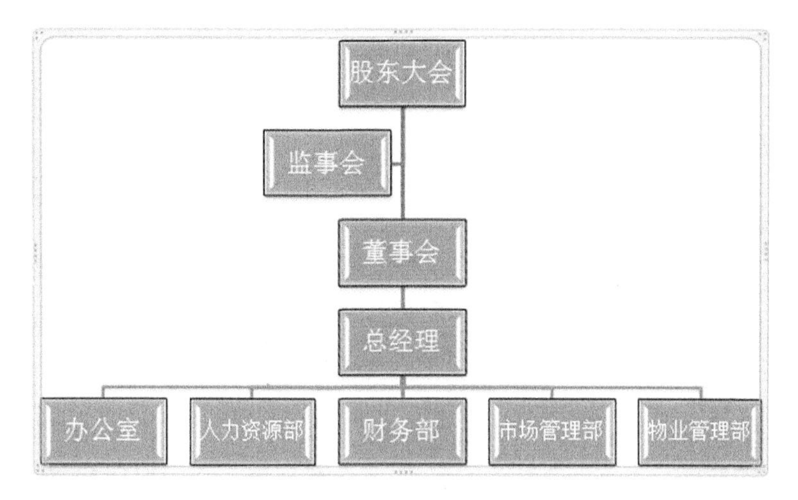

图 5-60 效果图

第 6 章　Excel 基本操作

Excel 2010 是 Microsoft 公司的办公软件 Office 2010 的组件之一，是微软办公套装软件的一个重要的组成部分，它可以进行各种数据的处理、统计分析和辅助决策操作，广泛地应用于管理、统计财经、金融等众多领域。

Word 主要用来进行文本的输入、编辑、排版、打印等工作，而 Excel 主要用来进行有繁重计算任务的预算、财务、数据汇总等工作。

本章介绍 Excel 2010 表格处理的基本操作技巧和方法。

6.1　快速实用的 Excel 基本操作

1. 给工作表命名

为了便于记忆和查找，可以将 Excel 的“Sheet1”“Sheet2”“Sheet3”进行重新命名。重新命名的方法有如下两种：

①选择要改名的工作表，点击“格式”→“组织工作表”→“重命名工作表”命令，这时，工作表的标签上名字将被反白显示，然后在标签上输入新的表名即可；

②双击当前工作表下部的名称，如“Sheet1”，再输入新的名称即可。

2. 给单元格命名

为了方便查找某单元格，也可以将单元格进行重命名。

Excel 给每个单元格都有一个默认的名字，其命名规则是列标加横标，例如，“D3”表示第四列、第三行的单元格。如果要将某单元格重新命名，可以用鼠标点击某单元格，在表的左上角就会看到它当前的名字，再用鼠标选中名字，就可以输入一个新的名字了。

注：在给单元格命名时需注意名称的第一个字符必须是字母或汉字，它最多可包含 255 个字符，可以包含大小写字符，但是名称中不能有空格且不能与单元格引用相同，即不能命名为“H8”，因为“H8”已经是某一单元格的名字了。

3. 快速选中全部工作表

如果一个 Excel 中包含多个工作表，一次全部选择这些工作表的方法是右键点击工作窗口下面的任一工作表，在弹出的菜单中选择“选定全部工作表”命令。

4. 快速移动/复制单元格

先选定单元格，然后移动鼠标指针到单元格边框上，当由“十字”变成“四个方向箭头”时，按下鼠标左键并拖动到新位置，然后释放按键即可移动。

若要复制单元格，则在释放鼠标之前按下“Ctrl”键即可。

5. 更换单元格次序

如果将一个位置上的单元格移动到已经有数据的另一个位置上，会弹出对话框提示“是否替换”，如果不想替换数据，而是想将两个单元格换位置，上述操作不是按住“Ctrl”键，而是按住“Shift”键。这样，就可以实现单元格间的次序更换了。

6. 选择单元格

选择一个单元格,将鼠标指向它点击鼠标左键即可。

选择一个单元格区域,可选中左上角的单元格,然后按住鼠标左键向右,拖拽到需要的位置,松开鼠标左键即可。

若要选择两个或多个不相邻的单元格区域,在选择一个单元格区域后,可按住“Ctrl”键,然后再选另一个区域即可。

若要选择整行或整列,只需点击行号或列标,这时,该行或该列第一个单元格将成为活动的单元格。

若点击左上角行号与列标交叉处的按钮,即可选定整个工作表。

7. 彻底清除单元格内容

先选定单元格,然后按“Delete”键,这时,仅删除了单元格内容,它的格式和批注还保留着。

要彻底清除单元格,可以选定要清除的单元格或单元格范围,点击“编辑”→“清除”,选择“全部”即可。当然,也可以选择删除“格式”“内容”或“批注”中的任意一个。

8. 一次性打开多个工作簿

当需要一次性打开多个工作簿时,如果一个一个去打开显然不是最佳方案。

一次性打开多个工作簿的方法有以下几种。

①打开工作簿(* . xls)所在的文件夹,按住“Shift”键或“Ctrl”键,并用鼠标选择彼此相邻或不相邻的多个工作簿,将它们全部选中,然后按右键点击,选择“打开”命令,将上述选中的工作簿全部打开。

②点击“文件”→“选项”命令,打开“选项”对话框,点击“高级”标签,在“启动时打开此项中的所有文件”后面的方框中输入一个文件夹的完整路径(如 d:\Excel),点击“确定”,如图 6 – 1 所示。

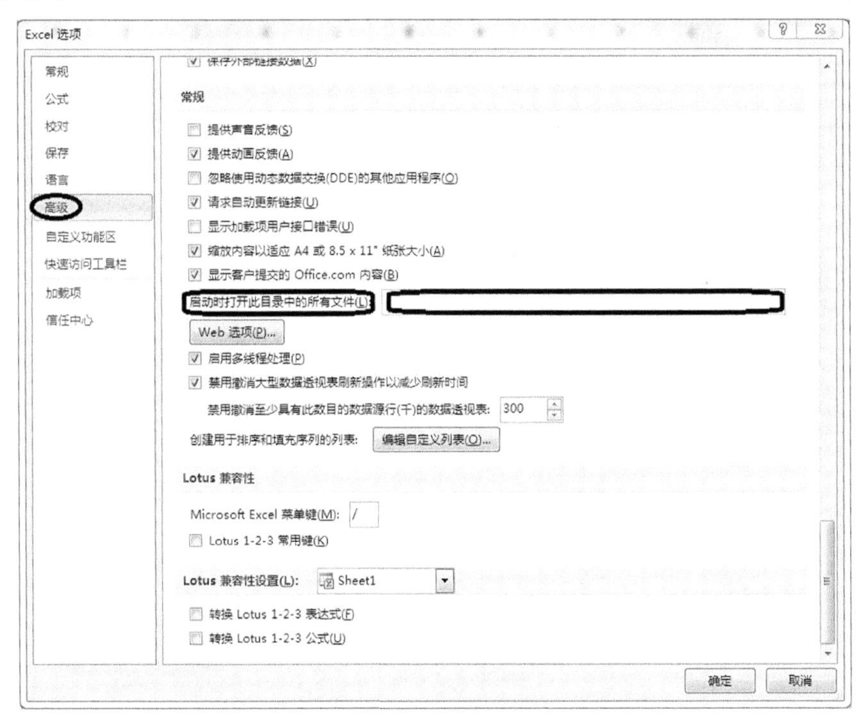

图 6 – 1 选项对话框

将需要同时打开的工作簿复制到上述文件夹中，以后启动 Excel 时，上述文件夹中的所有文件（包括非 Excel 格式的文档）都会被全部打开。

③点击“文件”→“打开”命令，按住“Shift”键或 Ctrl 键，在弹出的对话框文件列表中选择彼此相邻或不相邻的多个工作簿，然后按“打开”按钮，就可以一次打开多个工作簿了。

④将多个工作簿打开之后再点击“视图”，选择“保存工作区”命令，如图 6－2(a)所示，打开“保存工作区”对话框，取名保存（默认名字为 resume），可以看到生成了一个“resume.xlw”的文件，如图 6－2(b)所示。以后只要双击这个文件，则包含在该工作区中的所有工作簿即被同时打开。

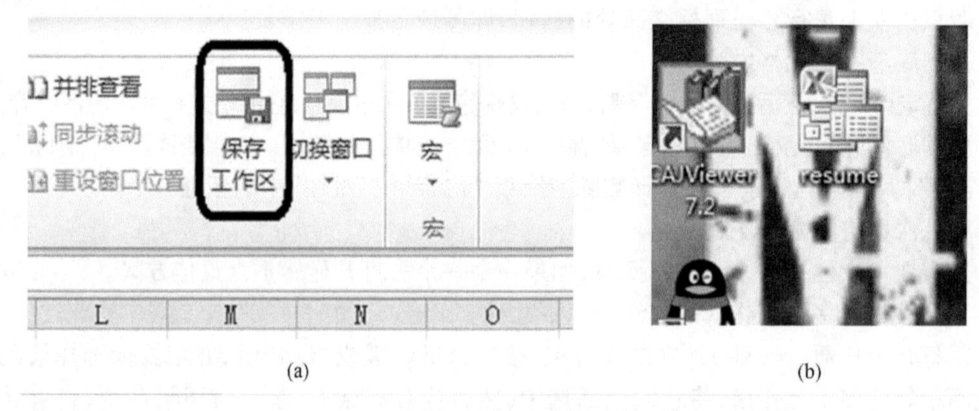

(a) (b)

图 6－2　保存工作区

9. 工作簿切换

对于少量的工作簿切换，点击工作簿所在窗口即可。要对多个窗口下的多个工作簿进行切换，可以使用“视图”菜单。点击“视图”→“切换窗口”，打开如图 6－3 所示的窗口，菜单的底部列出了已打开工作簿的名字，要直接切换到一个工作簿，可以从“切换窗口”菜单选择它的名字。“窗口”菜单最多能列出 9 个工作簿，若多于 9 个，“切换窗口”菜单则包含一个名为“其他窗口”的命令，选用该命令，打开如图 6－4 所示的对话框，出现一个按字母顺序列出所有已打开的工作簿名字的对话框，只需点击其中需要的名字即可。

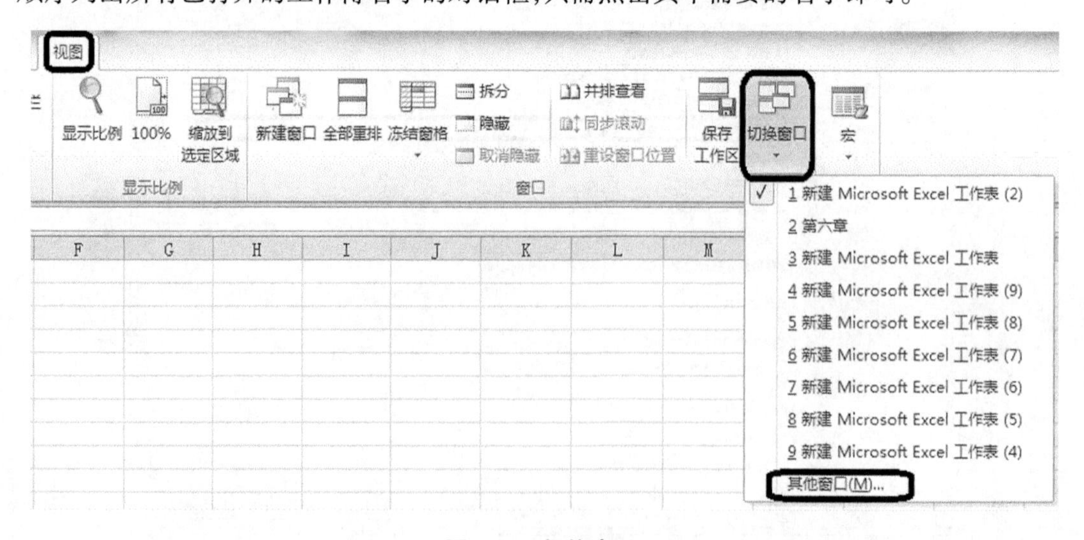

图 6－3　切换窗口

也可以按下“Ctrl + Tab”在打开的工作簿间快速切换。

在每一个工作簿里又包含多个工作表，如“Sheet1”“Sheet2”“Sheet3”，对它们的切换可以采用快捷键“Ctrl + PageDown /PageUp”。

10. 修改默认文件保存路径

点击“文件”→“选项”命令，打开“选项”对话框，点击“保存”标签，将“默认文件位置”方框中的内容修改为需要定位的文件夹完整路径，如图6－5所示。以后新建Excel工作簿，进行“保存”操作时，系统打开“另存为”对话框后直接定位到指定的文件夹中。

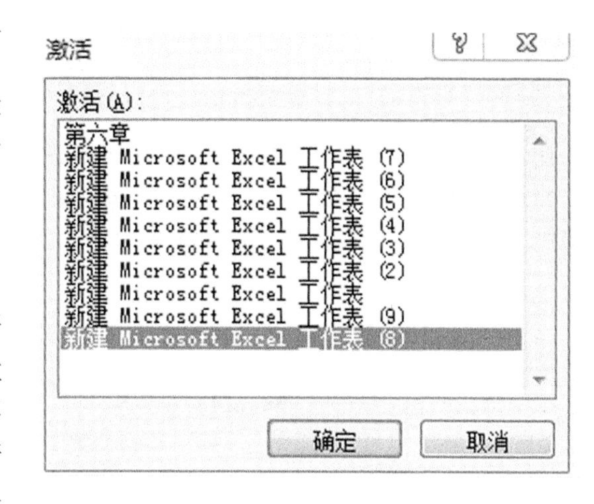

图6－4 其他窗口

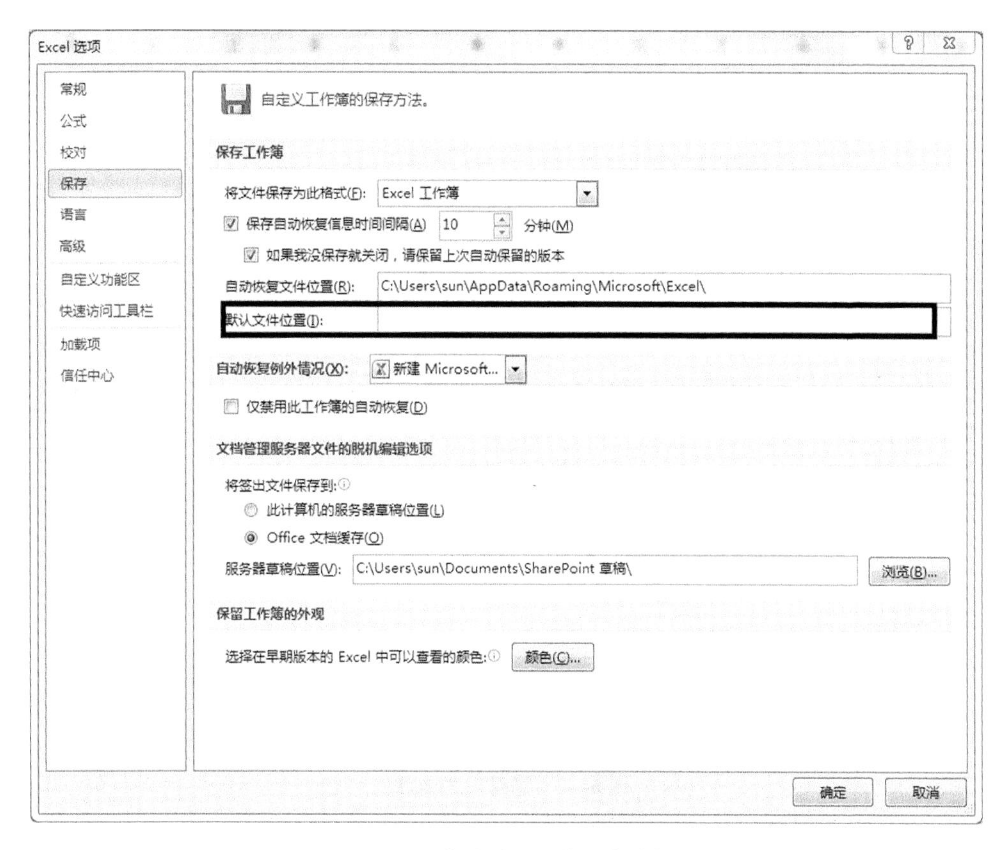

图6－5 修改默认文件保存路径

6.2 查找与替换中的通配符使用

在介绍 Word 技巧时,介绍了“查找和替换”。在 Excel 中,同样可以使用“查找和替换”,也同样可以“通配符”。只不过在 Excel 中更方便,不用勾选“使用通配符”,直接就可以使用“?”和“ * ”通配符,如图 6 - 6 所示。

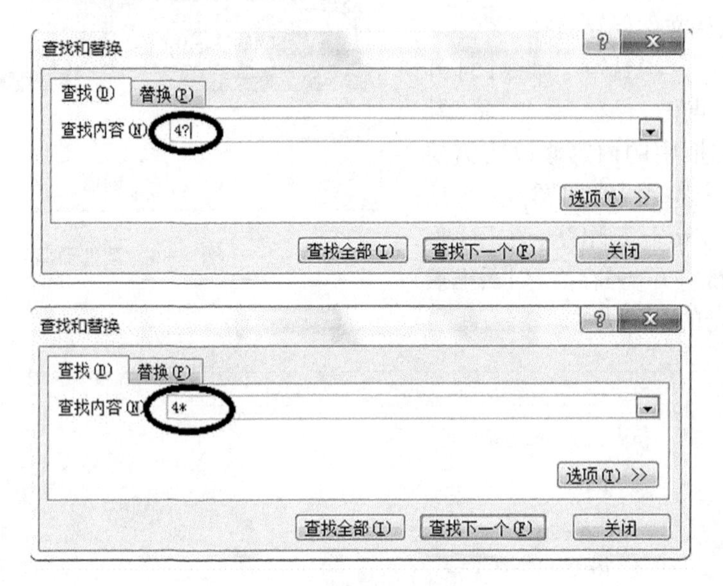

图 6 - 6　通配符的使用

问号(?)代表一个字符,星号(*)代表一个或多个字符。需要注意的问题是,既然问号(?)和星号(*)作为通配符使用,那么如何查找问号(?)和星号(*)呢? 只要在这两个字符前加上波浪号(~)就可以了,如图 6 - 7 所示。

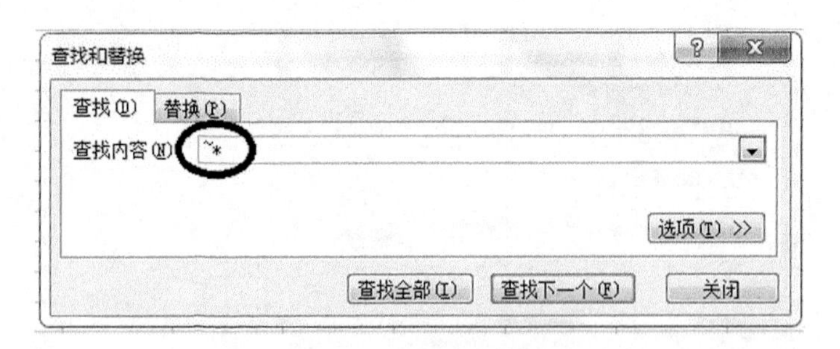

图 6 - 7　通配符的查找

6.3 快速选定不连续单元格

对于选定不连续的单元格,通常的做法是按住“Ctrl” 键不放,依次选择一些不连续的单元格,最后再松开“Ctrl”键。

还有一种更简单的方式,不必一直按住“Ctrl”键,而是按下组合键“Shift + F8”,激活“添加选定”模式，此时，工作簿下方的状态栏中会显示出“添加到所选内容”字样，如图6－8所示。分别点击不连续的单元格或单元格区域即可选定，而不必按住“Ctrl”键不放。

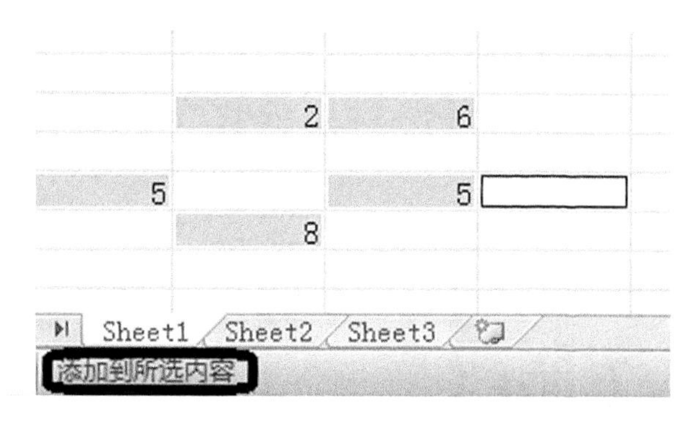

图6－8 选定不连续单元格

6.4 备份工作簿

在Excel 2010中，对某一工作簿生成备份工作簿后，对该工作簿中的内容修改后再保存，系统会自动将原工作簿中的修改保存到备份工作簿中。这样，当工作簿损坏时，就可以使用备份文件。

生成备份工作簿的具体操作步骤如下。

①打开要生成备份工作簿的文档，单击“文件”选项卡中的“另存为”按钮，在弹出的“另存为”对话框中设置文件名称和保存路径，单击“工具”按钮，在其下拉列表中选择“常规选项”选项，如图6－9所示。

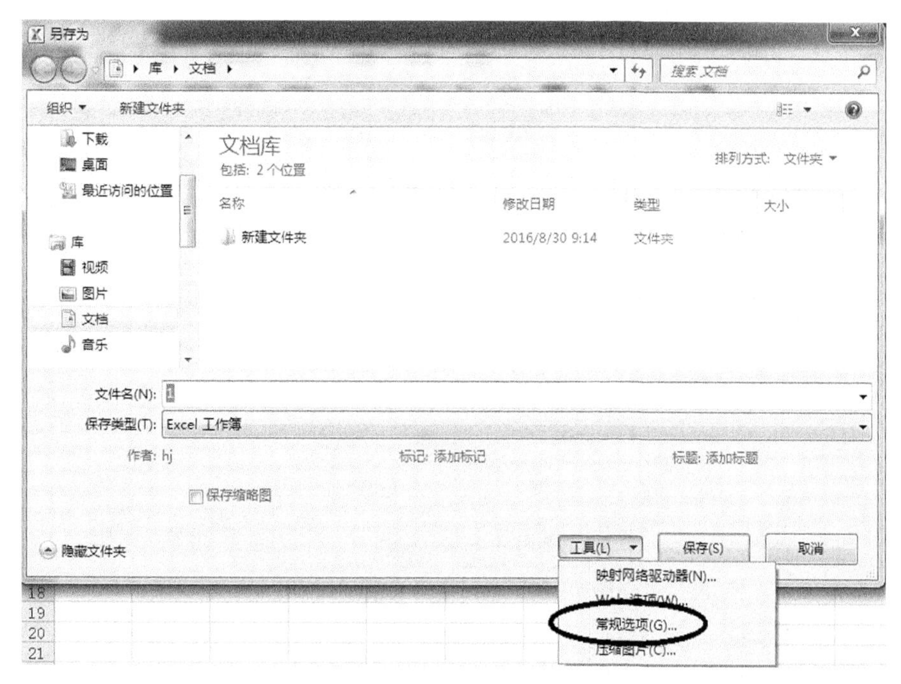

图6－9 另存为对话框

②在“常规选项”对话框中选中“生成备份文件”复选框，单击“确定”按钮，如图 6－10 所示。

③此时，可看到存储文件的位置中已出现生成的备份文件，如图 6－11 所示。

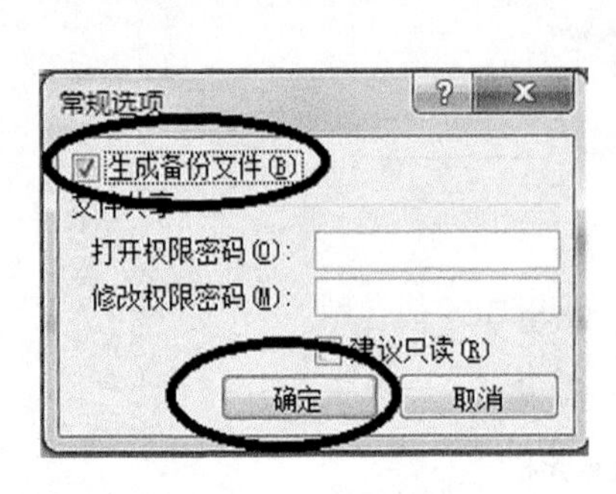

图 6－10　保存选项

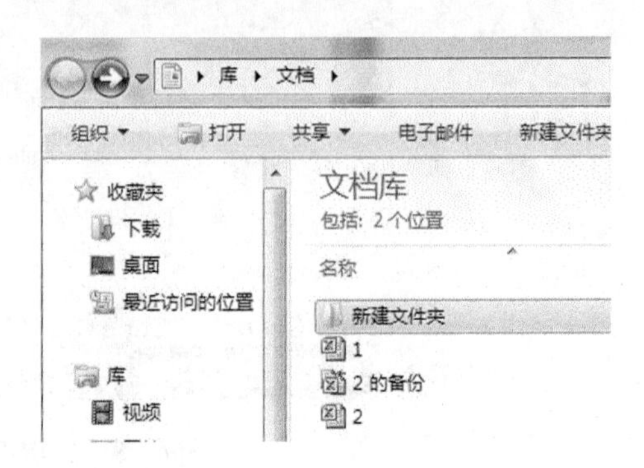

图 6－11　备份文件

6.5　绘制斜线表头

一般情况下，在 Excel 中制作表头时，都把表格的第一行作为表头，然后输入文字。不过，这样的表头比较简单，更谈不上斜线表头了。其实，是可以在 Excel 中实现斜线表头的。

点击选中要变成斜线表头的单元格，点击“单元格”→“格式”→“设置单元格格式”，弹出“设置单元格格式”窗口，选择“对齐”标签，将垂直对齐的方式选择为“靠上”，将“文本控制”下面的“自动换行”复选框选中，如图 6－12 所示。

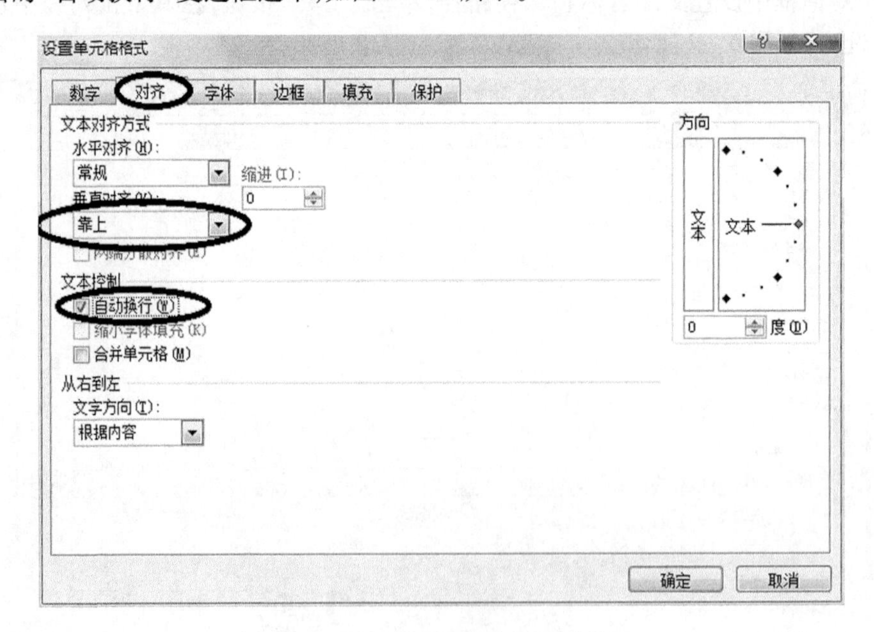

图 6－12　单元格格式中“对齐”

再选择“边框”标签，按下“外边框”按钮，使表头外框有线，接着再按下面的“斜线”按钮，为此单元格添加一格对角线，设置好后，点击“确定”按钮，如图 6－13 所示。

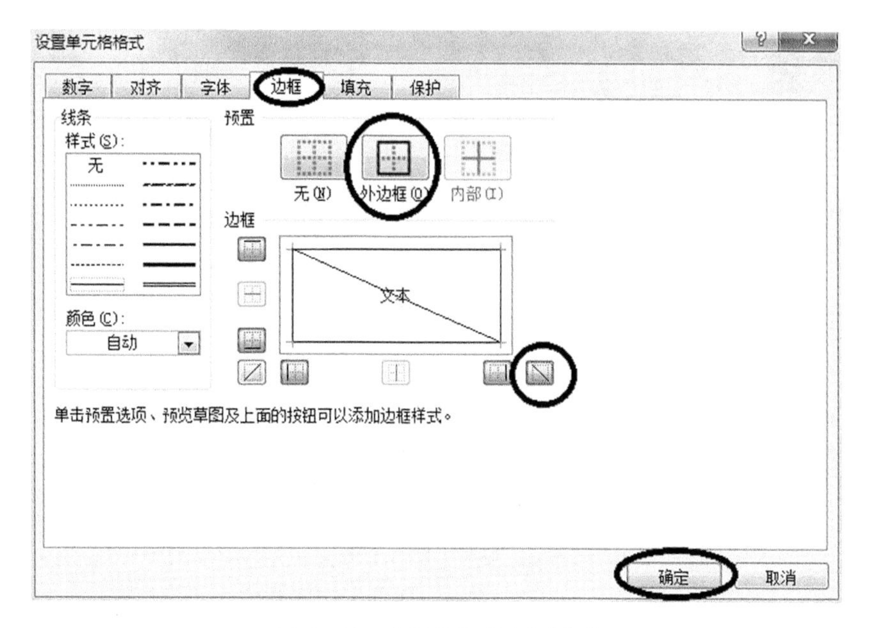

图 6－13　单元格格式中“边框”

这时,Excel 的第一个单元格中将多出一条对角线,如图 6－14(a)所示。双击第一个单元格进入编辑状态并输入文字,如“姓名”“性别”,如图 6－14(b)所示。接着,将光标放在“姓”字前面,连续按空格键,使这 4 个字向后移动(因为在单元格属性中已经将文本控制设置为“自动换行”,所以当“性别”两字超过单元格时,将自动换到下一行),如图 6－14(c)所示。这样,一个斜线表头就完成了。

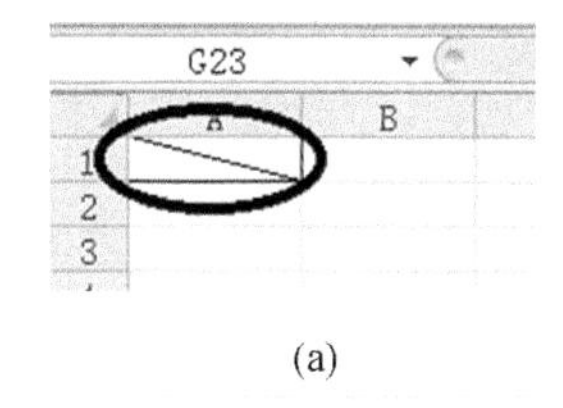

(a)

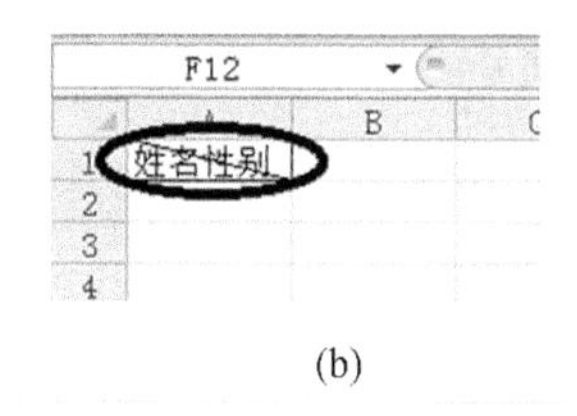

(b)

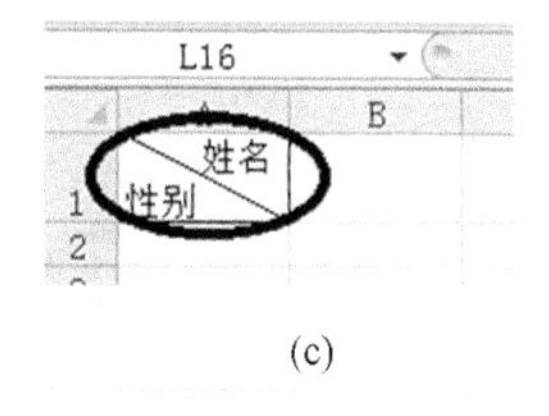

(c)

图 6－14　斜线表头制作

6.6　自选形状单元格

如果你的表格需要菱形、三角形之类的特殊单元格,可用以下方法实现。

先在单元格内输入数据,然后点击“插入”选项卡,在“插图”分组中点击“形状”选项。这时,在下方工具栏出现很多可选图形,如图 6－15 中的“三角形”。

点击后光标变成一个小十字,按住鼠标左键不放,拖出一个三角形(拖动时按住“Shift”键可以产生正三角形)。此时,单元格原数据将被覆盖,如图 6－16 所示为覆盖前后的效果。

如果单元格的内容被覆盖,可用鼠标右击新画的“三角形”,选择快捷菜单中“设置形状格式”命令,将“填充”选项卡打开,选中“无填充”,如图 6－17 所示。将“属性”选项卡打开,选择“大小和位置均固定”如图 6－18 所示。

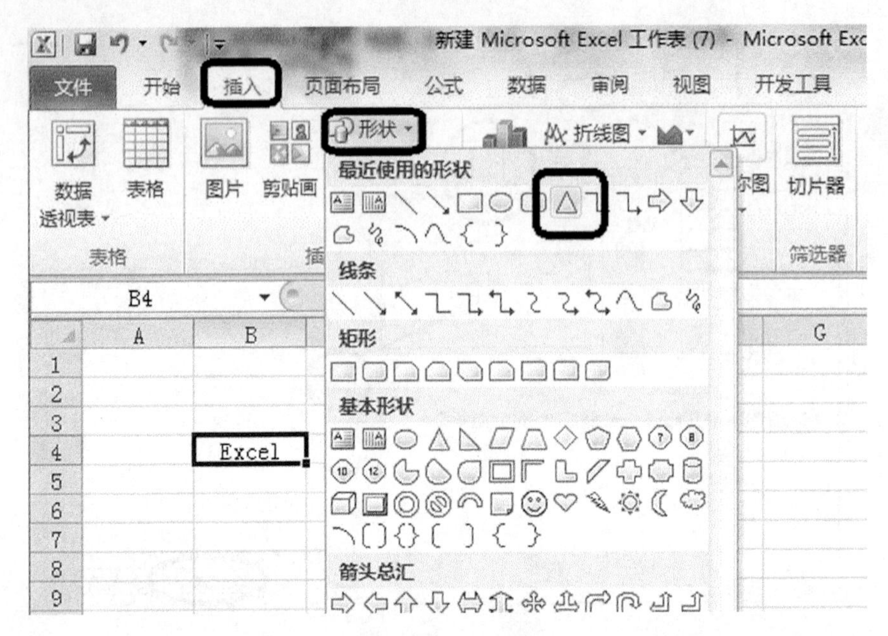

图 6－15 三角形

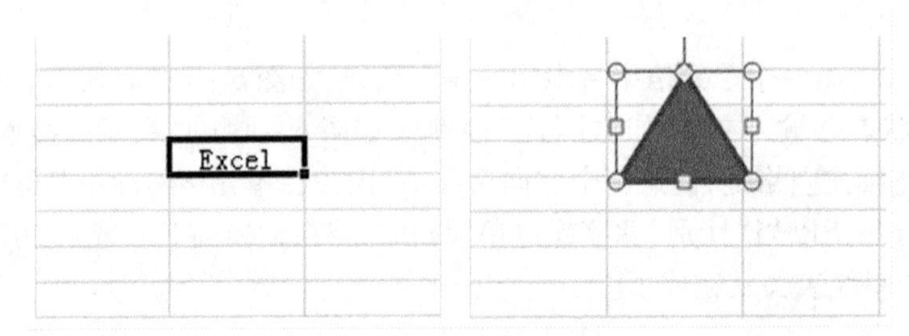

图 6－16 覆盖前后的效果

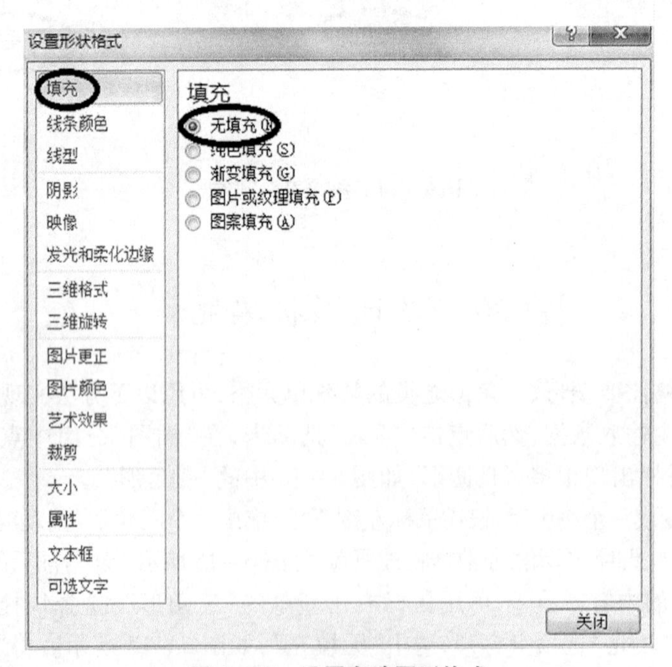

图 6－17 设置自选图形格式

图 6－18　设置自选图形格式

调整三角形的大小和位置,如图 6－19 所示。调整完成后,在“属性”选项卡中选中“大小和位置随单元格而变”。调整三角形的位置和在改变行列的高度和宽度时,三角形会相适应地改变。

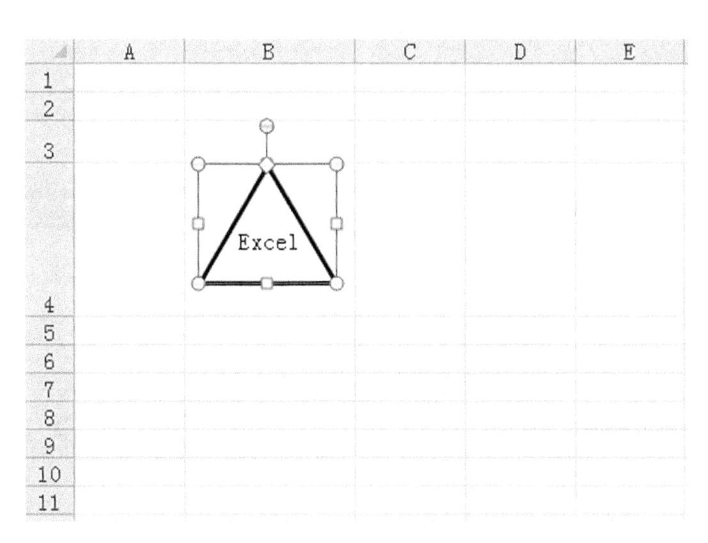

图 6－19　调整三角形大小

6.7 将文本内容导入 Excel

在 Excel 中，可以导入文本文件中的数据。

在 Windows“记事本”中输入文本数据，每个数据项之间会被空格隔开，当然也可以用逗号、分号、Tab 键作为分隔符，如图 6－20 所示。

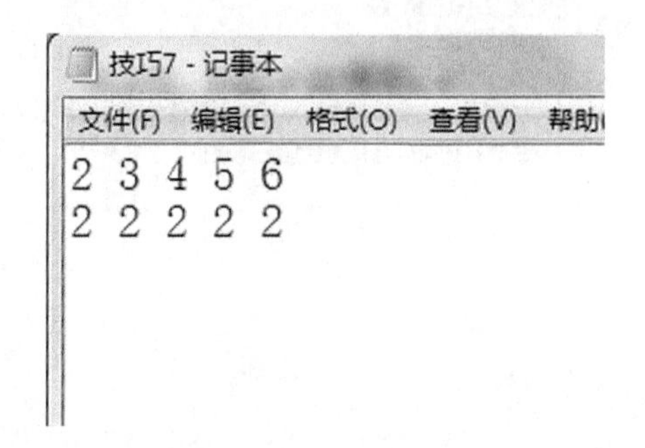

图 6－20 文本内容

输入完成后，保存此文本文件并退出。

在 Excel 中打开这个文本文件所在的目录，如果在目录里没有，可以点击“所有文件”，找到刚刚建立的文本文件，如图 6－21 所示。打开这个文件出现“文本导入向导－第 1 步，共 3 步”对话框，如图 6－22 所示。

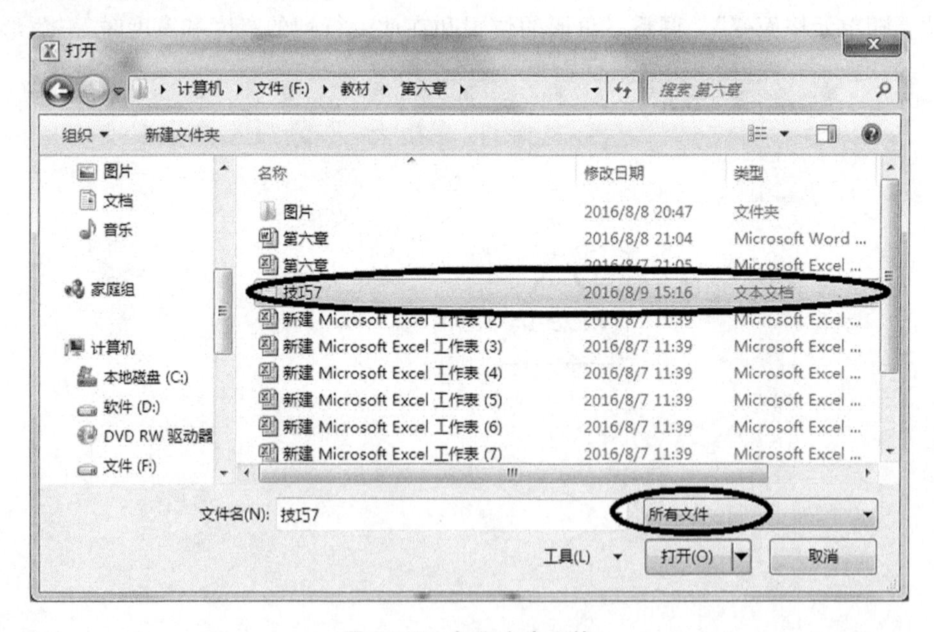

图 6－21 打开文本文件

选择“固定宽度”（刚刚建立的文本是以空格为分割符号的），点击“下一步”，打开“文本导入向导－第 2 步，共 3 步”对话框，如图 6－23 所示。在预览中可以看到数据出现在 Excel 中的格式，确认无误后点击“下一步”，打开如图 6－24 所示的“文本导入向导－第 3

步,共 3 步"对话框。

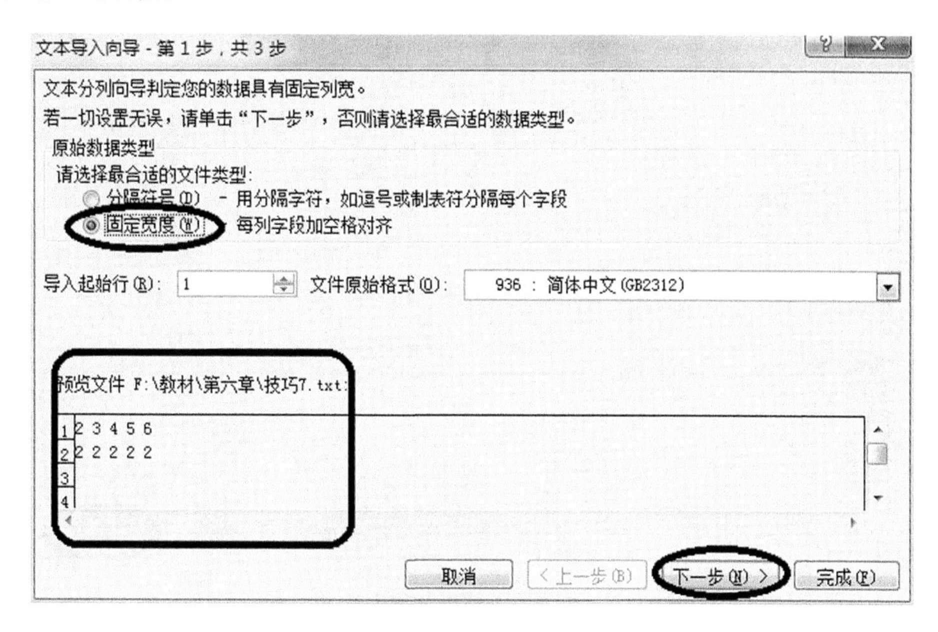

图 6 – 22 文本导入向导 – 第 1 步,共 3 步

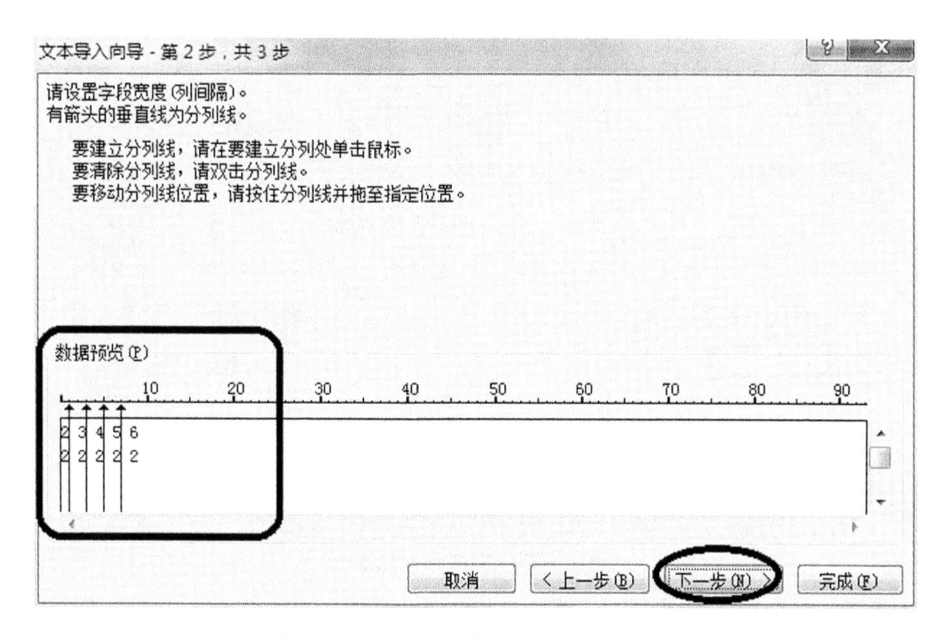

图 6 – 23 文本导入向导 – 第 2 步,共 3 步

可以设置数据的类型,一般不需改动,Excel 自动设置为"常规"格式。"常规"数据格式将数值转换为数字格式,日期值转换为日期格式,其余数据转换为文本格式。点击"完成"按钮即可得到导入文本的效果。

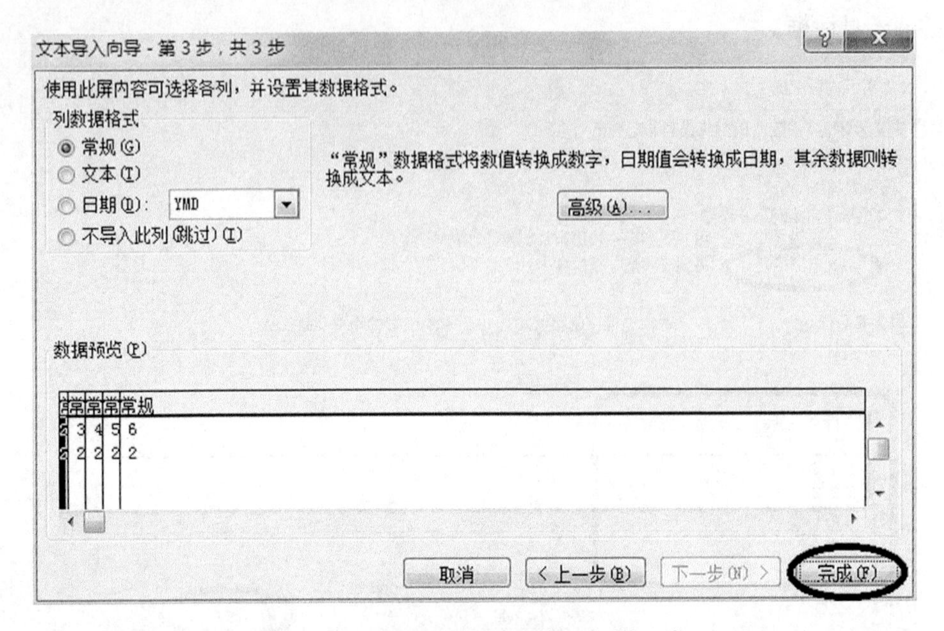

图 6－24　文本导入向导－第 3 步,共 3 步

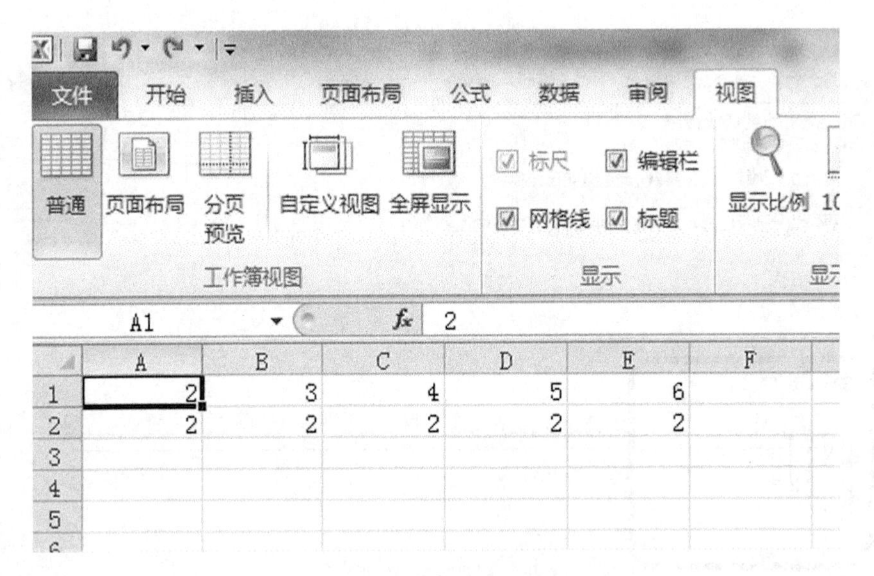

图 6－25　文本导入效果

6.8　在单元格中输入 0 值

一般情况下,在 Excel 表格中输入如“02”“8.00”之类数字后,只要光标移出该单元格,格中数字就会自动变成“2”“8”,Excel 默认的这种做法在使用时非常不便,可以通过下面的方法避免出现这种情况。

先选择要输入这些数字的单元格,鼠标右键点击,在弹出的快捷菜单中点击“设置单元格格式”,如图 6－26 所示。选择“数字”标签,在列表框中选择“文本”,点击“确定”。

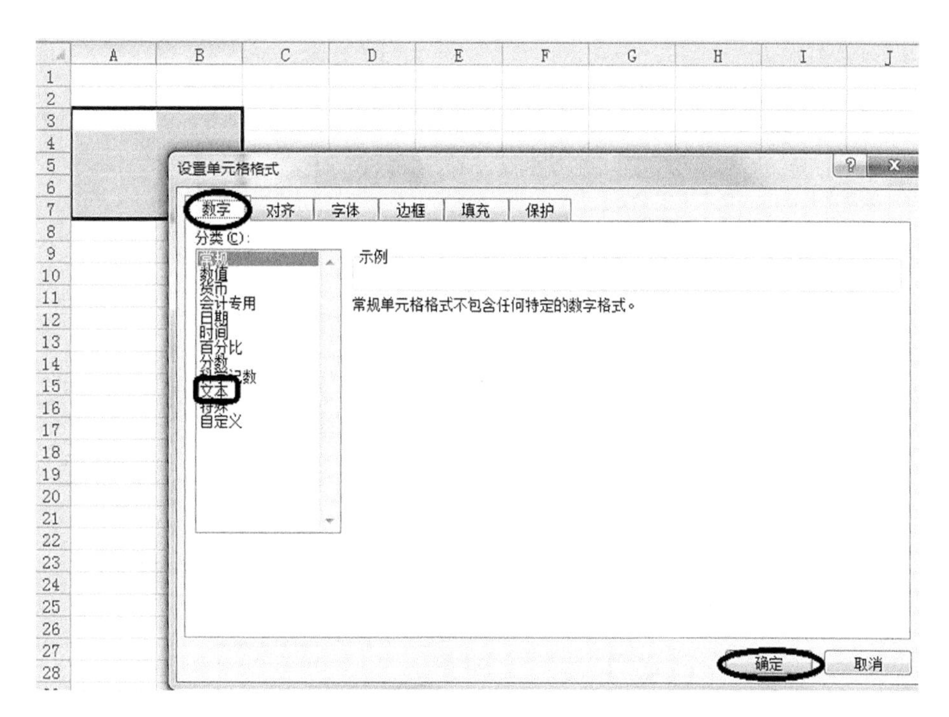

图 6-26　设置单元格格式

这时,在这些单元格中,就可以输入如“02”“8.00”这样的数字了,如图 6-27(a)所示。输入之后可以在每个数字左上角看到一个小箭头,点击可以得到图 6-27(b)的提示信息,说明这个数字是一个文本格式,而非数字格式。

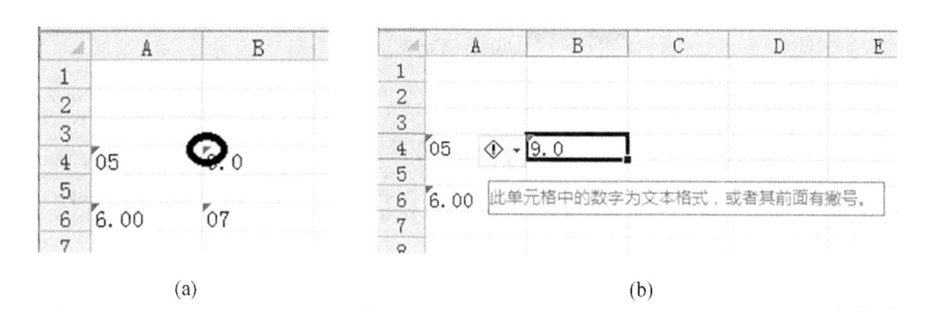

(a)　(b)

图 6-27　输入“0”

6.9　快速输入有序文字/数字

在 Excel 中经常要输入一些有序的文字或数字,例如“1,2,3,…”“1,3,5,…”“甲,乙,丙,…”等。如果一个一个去输入太麻烦又浪费时间,可以使用“自动填充”功能。

1. 相同内容或数据的填充

在某个单元格中输入数字或文本,点击单元格,找到右下角的“+”图标,左键拖动到需要填充的位置释放左键,如图 6-28 所示,得到自动填充的结果。还可以自动填充文本,如图 6-29 所示。

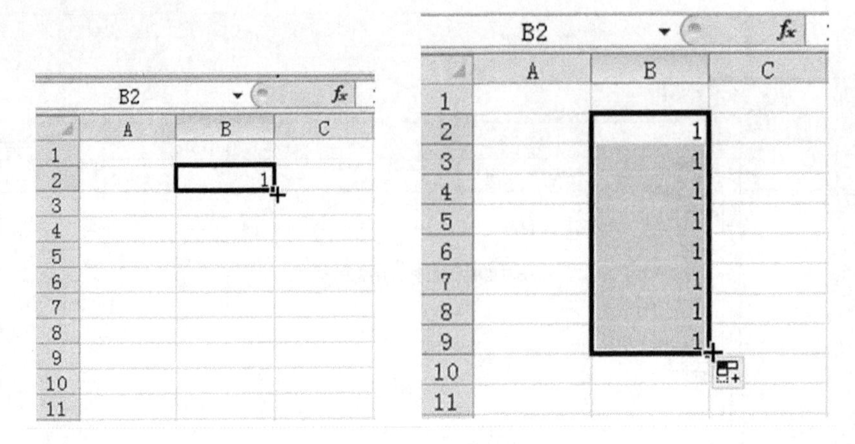

图 6－28　自动填充相同数字

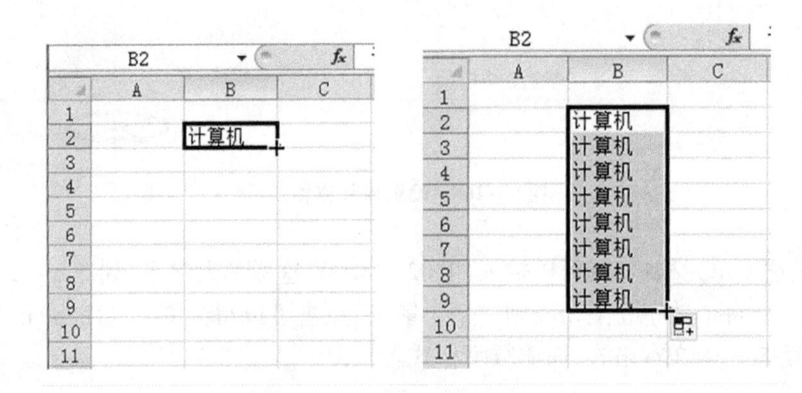

图 6－29　自动填充相同文本

2. 有序内容或数据的填充

除了可以自动填充相同内容外，还可以填充有序的内容，在两个单元格中分别输入有序的内容，例如“1，2”，相同的操作，得到如图 6－30 的结果。同理，可以得到如图 6－31 和图 6－32 所示的结果。

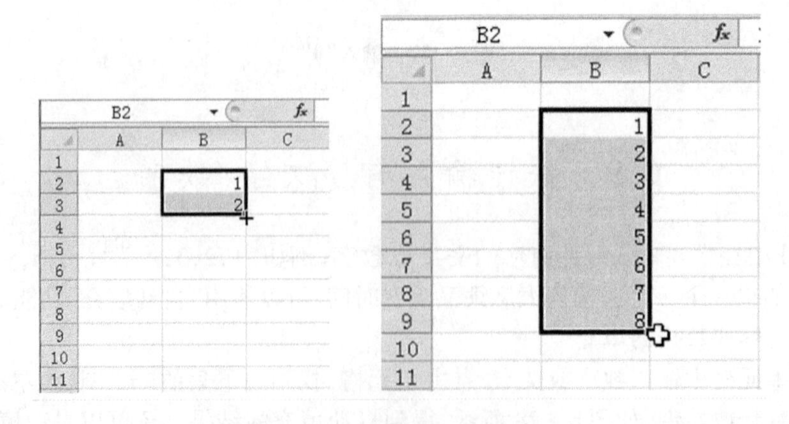

图 6－30　自动填充不同数字

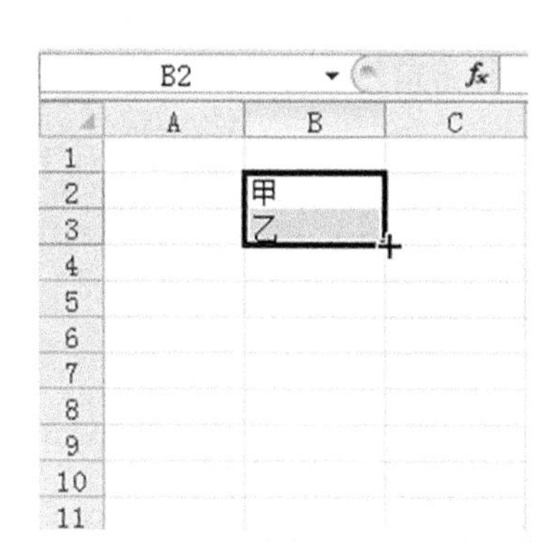

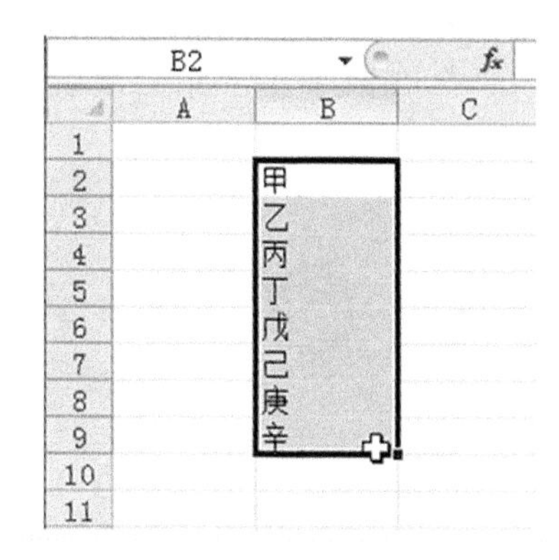

图 6 - 31　自动填充不同文本

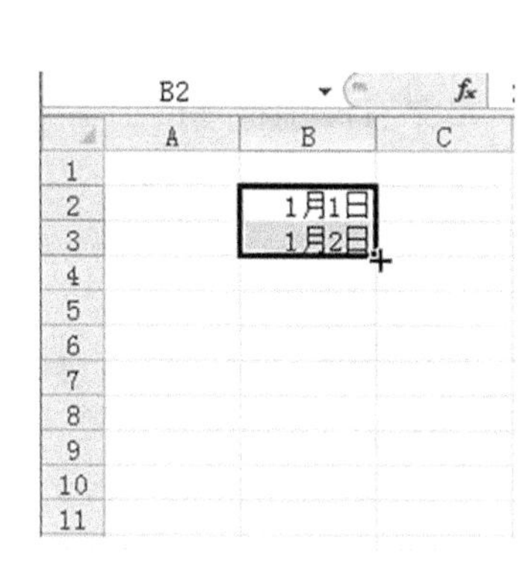

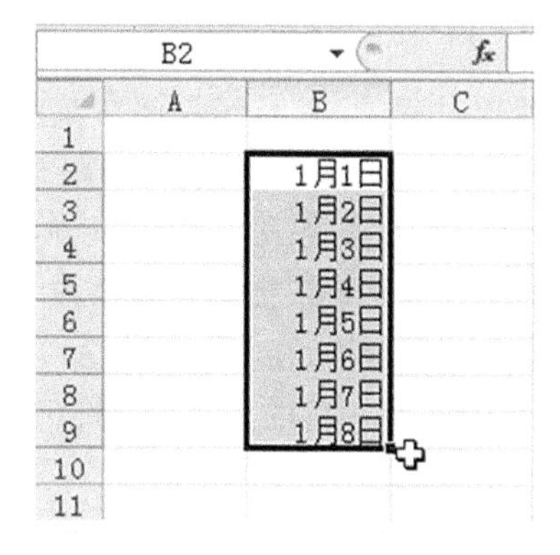

图 6 - 32　自动填充不同文本

除此之外,还可以自动填充等差数列等有规律的内容。

6.10　全部显示多位数字

如果向 Excel 中输入位数比较多的数值(如身份证号码),则系统会将其转为科学计数的格式,与我们输入的原意不相符。如在 Excel 中输入多个“1”,如图 6 - 33(a)所示,按回车之后得到如图 6 - 33(b)所示的结果。

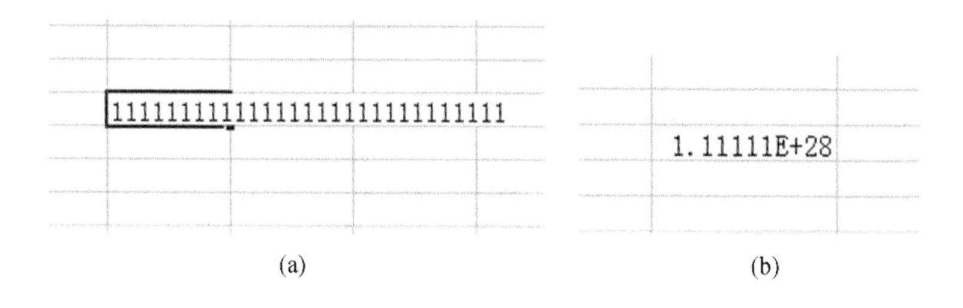

图 6 - 33　多位数字显示

解决的方法是将该单元格中的数值设置成“文本”格式,类似于第 6.8 节介绍的内容。

更简单的方式是在输入这些数值时，只要在数值的前面加上一个小“'”就可以实现(英文状态下的符号)。这时，在数字左上角会出现一个小三角形，代表是文本信息，如图 6－34 所示。

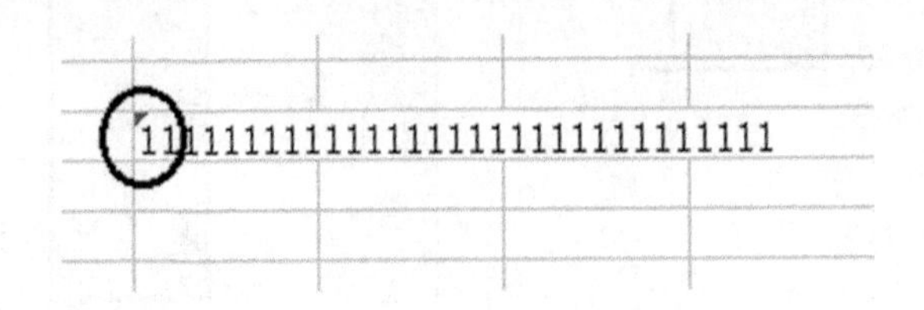

图 6－34　多位数字显示

6.11　在已有的单元格中批量加入一段固定字符

在日常的编辑过程中，有时候需要在某些单元格原有的字符基础上加上固定的字符，如原字符是身份证号“345678”，现要在身份证号前加“HLJ”，变成“HLJ345678”，如果单元格不多，可以一个一个去修改，如果太多了，修改起来就很麻烦。

可以采用下述方法简单快捷地批量修改。

原数据如图 6－35 所示，在身份证前加“HLJ”，首先要选中“B 列”，右键点击“插入”，如图 6－36 所示，即可插入新的一列，如图 6－37 所示。在“B2”位置上输入“ = "HLJ" & A2”，如图 6－38 所示，回车得到如图 6－39 所示的结果，即已经在第一个身份证号码前加上“HLJ”了。

注：这里一定是英文状态下的输入。

按照第 6.9 节的自动填充方法，可以使其余的所有身份证都添加“HLJ”，如图 6－40 所示。

	A	B
1	身份证号	性别
2	2323233	男
3	3433434	男
4	8454545	男
5	5454545	男
6	3343434	男
7	9898989	男
8	8989888	男
9		
10		
11		

图 6－35　原数据

图 6－36　插入一列

	A	B	C
1	身份证号		性别
2	2323233		男
3	3433434		男
4	8454545		男
5	5454545		男
6	3343434		男
7	9898989		男
8	8989888		男
9			
10			
11			

图 6－37 插入一列

	A	B	C
1	身份证号		性别
2	2323233	="HLJ"&A2	
3	3433434		男
4	8454545		男
5	5454545		男
6	3343434		男
7	9898989		男
8	8989888		男
9			
10			
11			

图 6－38 输入数据

	A	B	C
1	身份证号		性别
2	2323233	HLJ2323233	男
3	3433434		男
4	8454545		男
5	5454545		男
6	3343434		男
7	9898989		男
8	8989888		男
9			
10			
11			

图 6－39 添加一个单元格

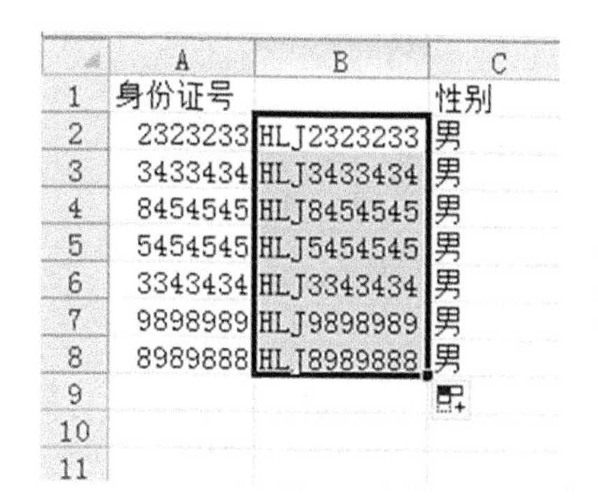

	A	B	C
1	身份证号		性别
2	2323233	HLJ2323233	男
3	3433434	HLJ3433434	男
4	8454545	HLJ8454545	男
5	5454545	HLJ5454545	男
6	3343434	HLJ3343434	男
7	9898989	HLJ9898989	男
8	8989888	HLJ8989888	男
9			
10			
11			

图 6－40 自动填充

6.12 快速输入无序字符

第 6.11 节中，是在一些无序的单元格字符前统一添加某固定字符。如果这个字符是数字格式，其实可以在输入字符的同时，让其自动添加固定字符，即在输入“身份证号”的时候自动添加一些固定的数字。

例如，学生学号是 3～5 位数字，现要在这些学号前加“2012”。

选中学号字段所在的列，单击“格式”菜单中的“单元格”命令，在“分类”中选择“自定义”，在“类型”文本框中输入“201200000”，如图 6－41 所示，后面是 5 个“0”，因为学号最多是 5 位。也就是说，不同的 5 位数字全部用“0”表示，有几位不同就加入几个“0”，点击“确定”后退回到编辑状态。

输入“123”按回车键，便得到了“201200123”，即前面自动加入“2012”，后面是 5 位，不足 5 位加“0”补齐，如图 6－42 所示。

输入“12345”按回车键，便得到了“201212345”，即前面自动加入“2012”，如图 6－43 所示。

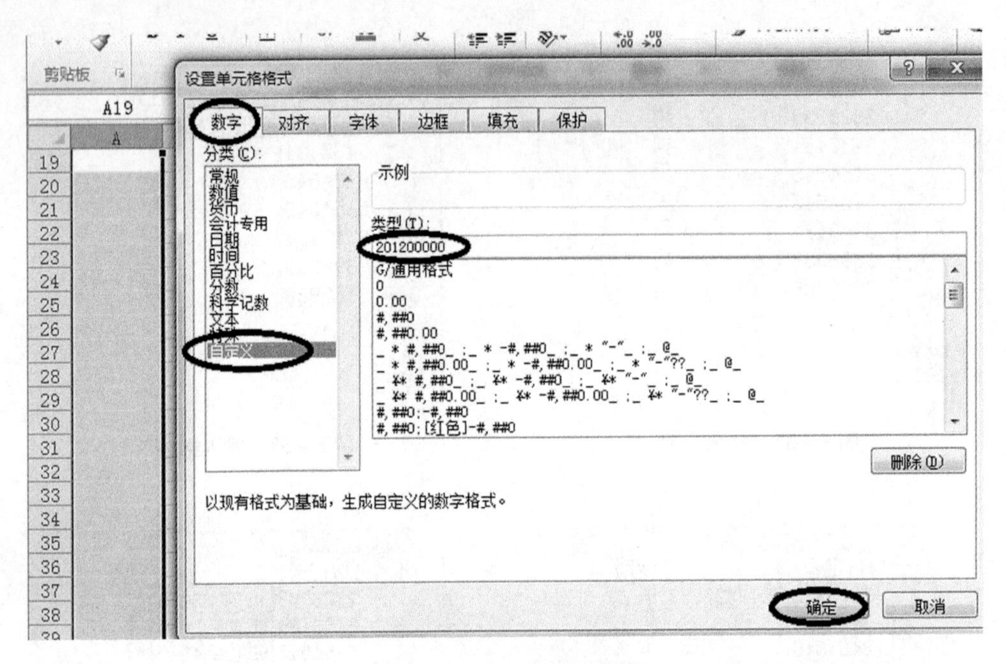

图 6－41　单元格格式设置

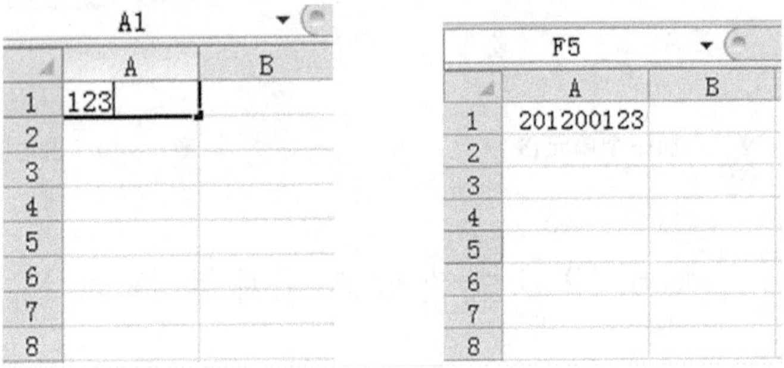

A1
A
B
123

F5
A
B
201200123

图 6－42　自定义格式结果

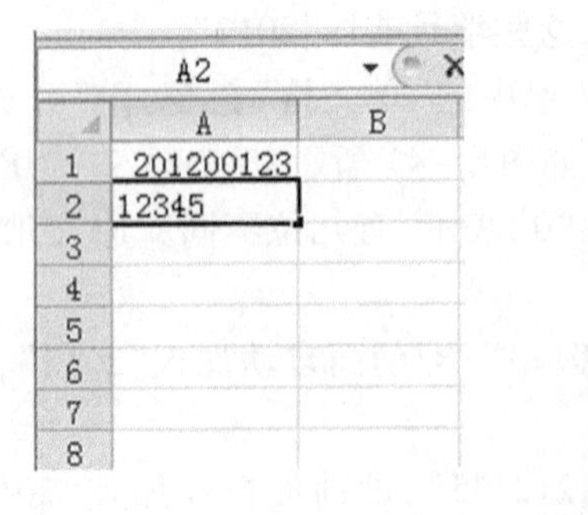

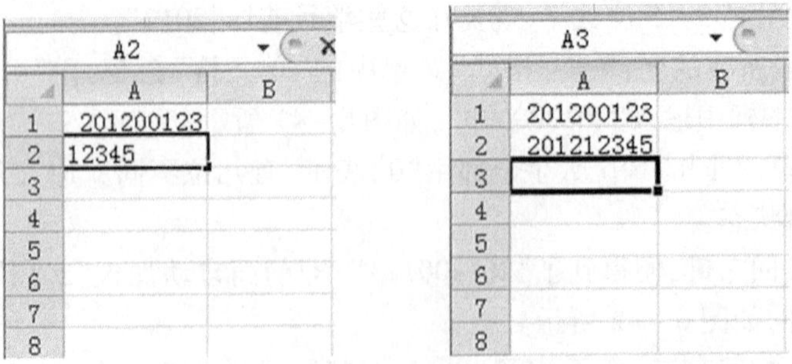

A3
A
B
201200123
201212345

图 6－43　自定义格式结果

6.13 让不同类型数据用不同颜色/字体显示

为了突出显示，有时候需要将单元格中的数据用不同字体或者不同颜色显示，可以通过“条件格式”进行设置。

以如图 6－44 所示的成绩表为例进行说明。

在成绩表中，如果想让大于 90 的分数用“红色”显示，且字体加一个单下划线；大于等于 75 的分数用“蓝色”显示，且字体加一个双下划线；低于 75 的分数用“紫色”显示，且字体是加粗并倾斜的，可以进行如下的操作。

①选中“数学成绩”所在列，点击“条件格式”→“突出显示单元格规则”→“大于”，打开对话框，如图 6－45 所示。在方框中输入数值“90”，如图 6－46(a)所示。单击“自定义格式”选项，打开“设置单元格格式”对话框，如图 6－46(b)所示。将“字体”的“颜色”设置为“红色”，选择“单下划线”，点击“确定”后得到如图 6－47 所示的结果，可以看到字体已经设置好了。

J26

	A	B	C	D
1	姓名	学号	数学成绩	
2	张启	1	69	
3	王岩	3	72	
4	李岩	5	75	
5	于燕	7	57	
6	于海	9	88	
7	董志	19	83	
8	李本	16	90	
9	张刚	13	85	
10	高丹	10	78	
11	刘心	11	71	
12	赵里	2	78	
13	王鹏	4	81	
14	刘峰	6	99	
15	李贺	8	92	
16	刘健	15	60	
17	李萍	12	70	
18	李艳	14	65	
19	刘娟	17	80	
20	李丽	18	100	
21				
22				

图 6－44　数学成绩单

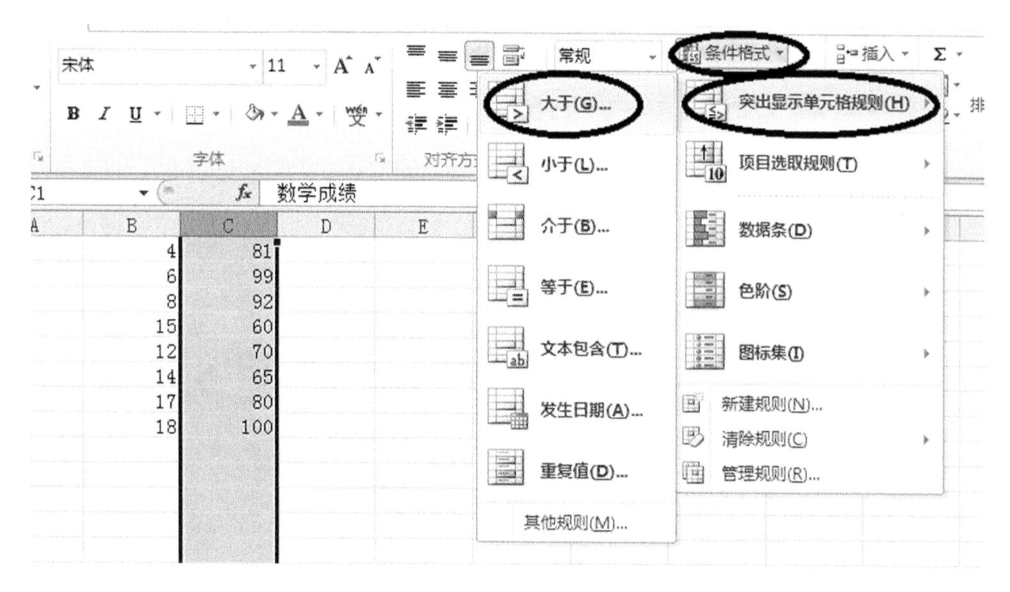

图 6－45　条件格式

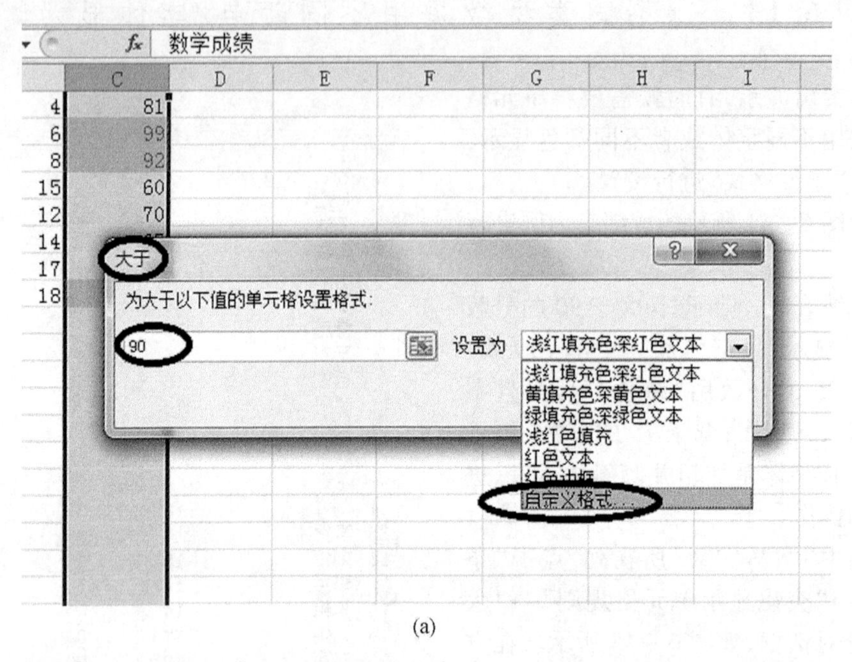

(a)

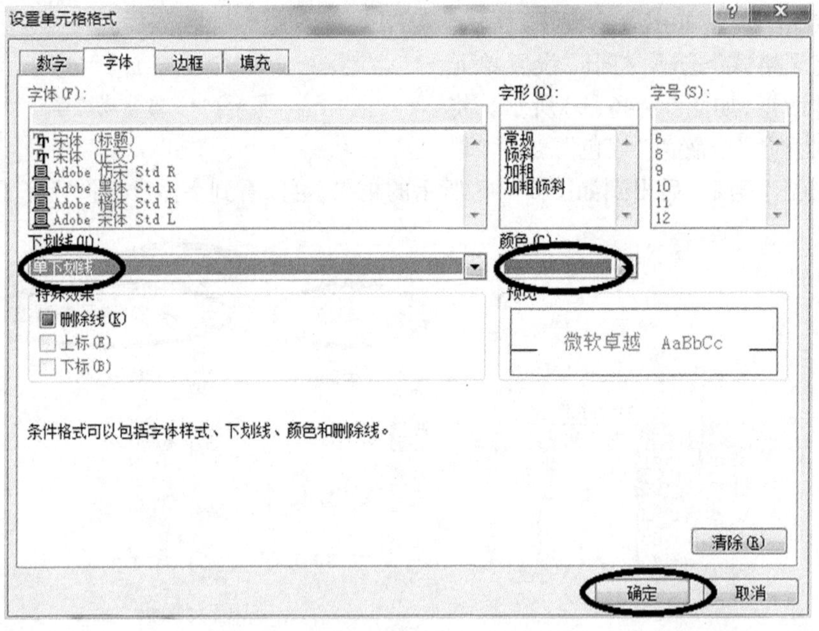

(b)

图 6－46　单元格格式设置

F6

	A	B	C	D
1	姓名	学号	数学成绩	
2	张启	1	69	
3	王岩	3	72	
4	李岩	5	75	
5	于燕	7	57	
6	于海	9	88	
7	董志	19	83	
8	李本	16	90	
9	张刚	13	85	
10	高丹	10	78	
11	刘心	11	71	
12	赵里	2	78	
13	王鹏	4	81	
14	刘峰	6	99	
15	李贺	8	92	
16	刘健	15	60	
17	李萍	12	70	
18	李艳	14	65	
19	刘娟	17	80	
20	李丽	18	100	
21				
22				

图 6－47　结果显示

②仿照步骤①的操作设置好其他条件，如图 6－48 所示，确定得到如图 6－49 所示的最终结果。

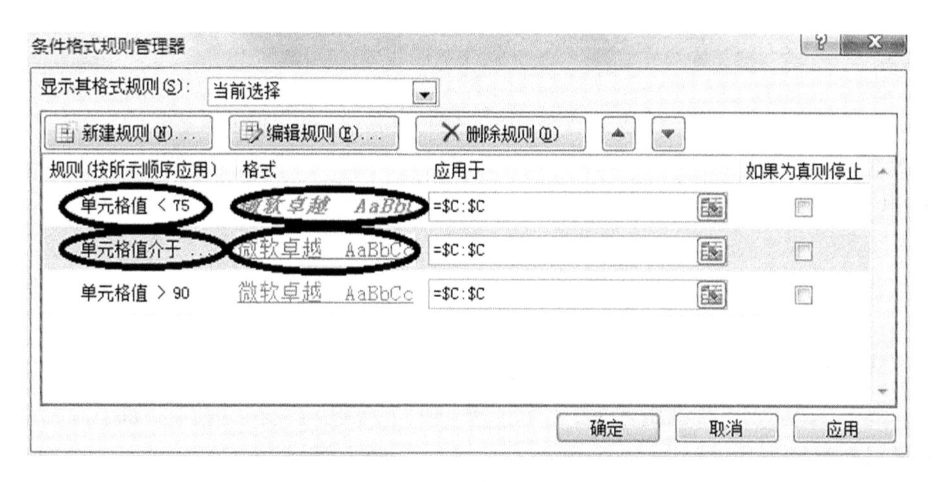

图 6－48　条件格式设置

K28

	A	B	C	D
1	姓名	学号	数学成绩	
2	张启	1	69	
3	王岩	3	72	
4	李岩	5	75	
5	于燕	7	57	
6	于海	9	88	
7	董志	19	83	
8	李本	16	90	
9	张刚	13	85	
10	高丹	10	78	
11	刘心	11	71	
12	赵里	2	78	
13	王鹏	4	81	
14	刘峰	6	99	
15	李贺	8	92	
16	刘健	15	60	
17	李萍	12	70	
18	李艳	14	65	
19	刘娟	17	80	
20	李丽	18	100	
21				
22				
23				
24				

图 6－49　最终结果

6.14　打印——在每一页上都打印行标题或列标题

在 Excel 工作表中，第一行通常存放各个字段的名称，如“成绩单”中的“姓名”“学号”“成绩”等，我们把这行数据称为标题行（标题列依此类推）。当工作表的数据过多超过一页时，打印出来只有第一页有行标题，这样阅读起来不太方便。用下面方法可以让每一页都打印行标题。

进入要打印的工作表，选择菜单“页面布局”→“打印标题”命令，在弹出的对话框中选择“工作表”选项卡，如图 6－50 所示。

然后单击“打印标题”区“顶端标题行”文本区右端的按钮，对话框缩小为一行，如图 6－51 所示。返回 Excel 编辑界面，用鼠标单击一下标题行所在的位置，如图 6－52 所示，再单击回车即可。

这时，对话框恢复原状，可以看到“顶端标题行”文本框中出现了刚才选择的标题行，核对无误后单击“确定”完成设置。以后打印出来的该工作表的每一页都会出现行标题了。打印预览的效果如图 6－53 所示。

说明：列标题的设置可仿照此操作。若需要打印工作表的行号和列标（行号即为标识每行的数字，列标为标识每列的字母），勾选“打印”区的“行号列标”复选框即可。

图6－50　页面设置

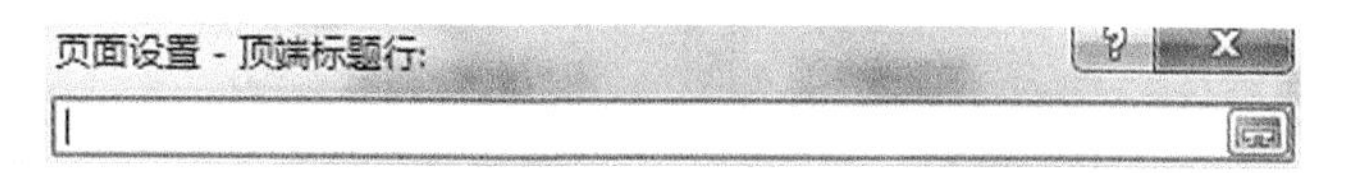

图6－51　顶端标题行

	A	B	C	D	E	F	G
1	姓名	学号	年龄	民族	数学成绩	语文成绩	
2	张启	1	18	汉	69	57	
3	王岩	3	18	汉	72	88	
4	李岩	5	19	汉	75	83	
5	于燕	7	20	汉	57	90	
6	于海	9	21	汉	88	85	
7	董[illegible]	[illegible]	[illegible]	[illegible]	[illegible]	[illegible]	
8	李[illegible]	[illegible]	[illegible]	[illegible]	[illegible]	[illegible]	
9	张[illegible]	[illegible]	[illegible]	[illegible]	[illegible]	[illegible]	
10	高丹	10	21	汉	78	65	
11	刘心	11	20	汉	71	80	
12	赵里	2	19	汉	78	100	
13	王鹏	4	19	汉	81	88	
14	刘峰	6	18	满	99	83	
15	李贺	8	18	汉	92	90	
16	刘健	15	20	汉	60	85	
17	李萍	12	19	汉	70	69	
18	李艳	14	20	汉	65	72	
19	刘娟	17	18	汉	80	75	
20	李丽	18	19	汉	100	57	
21							

页面设置 - 顶端标题行:
$1:$1

图6－52　标题行设置

姓名	学号	年龄	民族	数学成绩	语文成绩
张启	1	18	汉	69	57
王岩	3	18	汉	72	88
李岩	5	19	汉	75	83
于燕	7	20	汉	57	90
于海	9	21	汉	88	85
董志	19	20	汉	83	92
李本	16	19	汉	90	60
张刚	13	20	回	85	70
高丹	10	21	汉	78	65
刘心	11	20	汉	71	80
赵里	2	19	汉	78	100
王鹏	4	19	汉	81	88
刘峰	6	18	满	99	83
李贺	8	18	汉	92	90
刘健	15	20	汉	60	85
李萍	12	19	汉	70	69
李艳	14	20	汉	65	72
刘娟	17	18	汉	80	75
李丽	18	19	汉	100	57

图 6－53　打印预览效果

6.15　打印——只打印工作表的特定区域

在实际的工作中，并不总是要打印整个工作表，而可能只是特定的区域。可以采用下述方法进行设置。

1. 打印特定的一个区域

如果需要打印工作表中特定的一个区域有下面两种方法。

①先选择需要打印的工作表区域，然后选择菜单“文件”→“打印”命令，在设置中找到“打印选定区域”，选择“仅打印当前选定区域”，如图 6－54 所示。

图 6－54　打印设置

②进入需要打印的工作表，选择菜单“视图”→“分页预览”命令，可能会弹出如图 6－55 的对话框，点击“确定”即可。

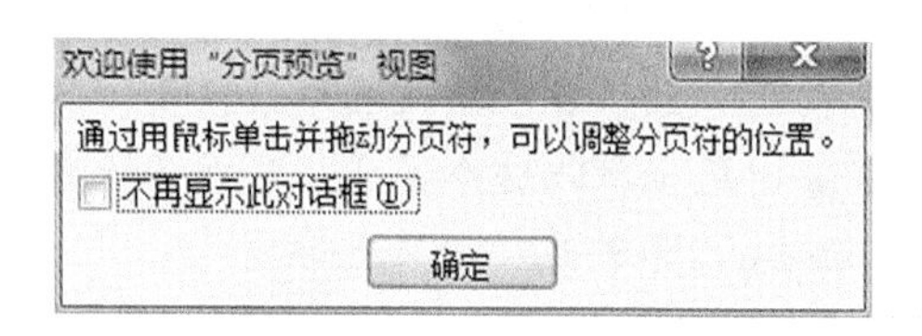

图 6－55　分页预览视图

然后选中需要打印的工作表区域，单击鼠标右键，在弹出的菜单中选择“设置打印区域”，如图 6－56 所示，得到如图 6－57 所示的结果。

打印预览的效果如图 6－58 所示。

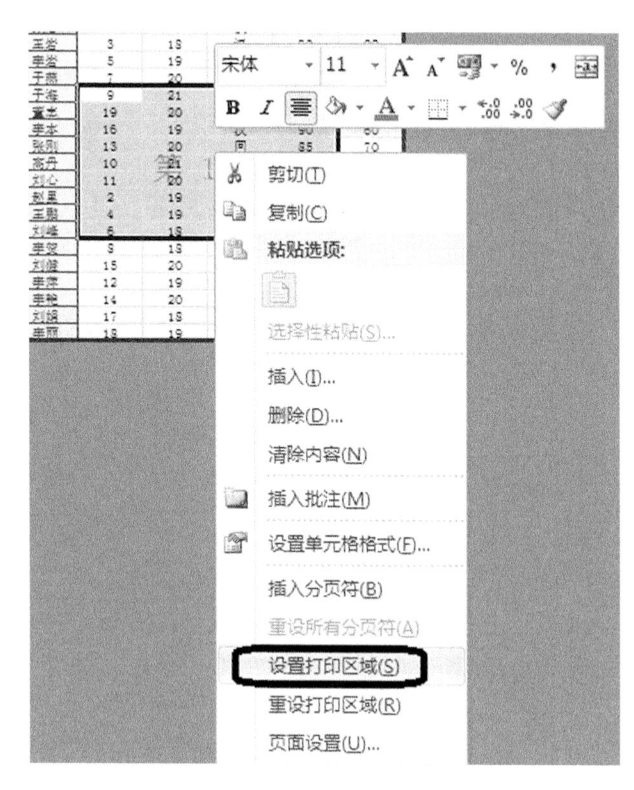

图 6－56　设置打印区域

图 6－57　设置打印区域结果

学号	年龄	民族	数学成绩
9	21	汉	88
19	20	汉	83
16	19	汉	90
13	20	回	85
10	21	汉	78
11	20	汉	71
2	19	汉	78
4	19	汉	81
6	18	满	99

图 6－58　打印预览结果

注:①适用于偶尔打印的情形,打印完成后 Excel 不会“记住”这个区域。而②则适用于总是要打印该工作表中该区域的情形,因为打印完成后 Excel 会记住这个区域,下次执行打印任务时还会打印这个区域。除非你选择菜单“文件”→“打印区域”→“取消打印区域”命令,让 Excel 取消这个打印区域。

2. 打印特定的几个区域

如果要打印特定的几个区域,和上面的方法对应,也有两种方法。

①开始时,按住“Ctrl”键,同时选中要打印的几个区域,后面的操作与上面的①相同。

②在分页预览视图下,用上面的②中介绍的方法设置好一个打印区域后,再选择要打印的第二个区域,单击鼠标右键,在弹出的菜单中选择“添加到打印区域”命令即可,如图 6-59 所示。用同样的方法设置其他需要打印的区域。

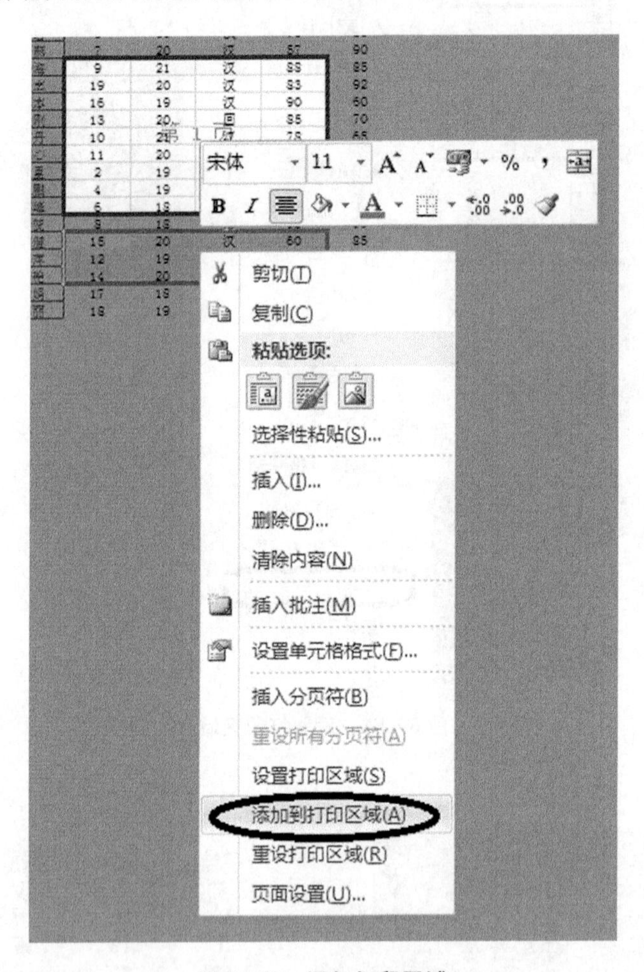

图 6-59 添加打印区域

注:用②设置的打印区域,Excel 会分毫不差地把它记下来。要取消这些设置,执行菜单“文件”→“打印区域”→“取消打印区域”命令即可。

6.16 打印——将数据缩印在一页纸内

将数据编印在一页纸内主要运用于如下两种情形中：

①当数据内容超过一页宽时，Excel 总是先打印左半部分，把右半部分单独放在后面的新页中，但是右半部分数据并不多，可能就是一两列；

②当数据内容超过一页高时，Excel 总是先打印前面部分，把超出的部分放在后面的新页中，但是超出的部分并不多，可能就是一两行。

上面的情况不论是单独出现或同时出现，如果不进行调整就直接进行打印，那么效果肯定不能令人满意的，而且还很浪费纸张。可以采用两种方法进行调整。

1. 通过"分页预览"视图调整

进入需要调整的工作表，选择菜单"视图"→"分页预览"命令，进入"分页预览"视图，如图 6－60 所示。

	A	B	C	D	E	F	G	H	I	J
1	姓名	学号	年龄	民族	数学成绩	语文成绩	年龄	民族	数学成绩	语文成绩
2	张启	1	18	汉	69	57	18	汉	69	57
3	王岩	3	18	汉	72	88	18	汉	72	88
4	李岩	5	19	汉	75	83	19	汉	75	83
5	于燕	7	20	汉	57	90	20	汉	57	90
6	于海	9	21	汉	88	85	21	汉	88	85
7	董志	19	20	汉	83	92	20	汉	83	92
8	李本	16	19	汉	90	60	19	汉	90	60
9	张刚	13	20	回	85	70	20	回	85	70
10	高丹	10	21	汉	78	65	21	汉	78	65
11	刘心	11	20	汉	71	80	20	汉	71	80
12	赵里	2	19	汉	78	100	19	汉	78	100
13	王鹏	4	19	汉	81	88	19	汉	81	88
14	刘峰	6	18	满	99	83	18	满	99	83
15	李贺	8	18	汉	92	90	18	汉	92	90
16	刘健	15	20	汉	60	85	20	汉	60	85
17	李萍	12	19	汉	70	69	19	汉	70	69
18	李艳	14	20	汉	65	72	20	汉	65	72
19	刘娟	17	18	汉	80	75	18	汉	80	75
20	李丽	18	19	汉	100	57	19	汉	100	57

图 6－60　分页预览

从图 6－60 中可以看到 I 列和 J 列之间有一条虚线，这条线就是垂直分页符，它右边的部分就是超出一页宽的部分。下面，把它和左面部分一起放在同一页宽内。

将鼠标指针移至 I 列和 J 列之间的虚线处，鼠标指针变为"左右双箭头"，这时，按住鼠标左键，拖拉至 J 列右边缘处放开即可。

调整后的效果如图 6－61 所示，可以看到原来的虚线与 J 列边缘的实线重合，表示垂直分页符被重新设定，这样，原来超出的 J 列数据就可以被打印在同一页宽内了。

水平分页符的设定方法完全一致，可以仿照此操作。

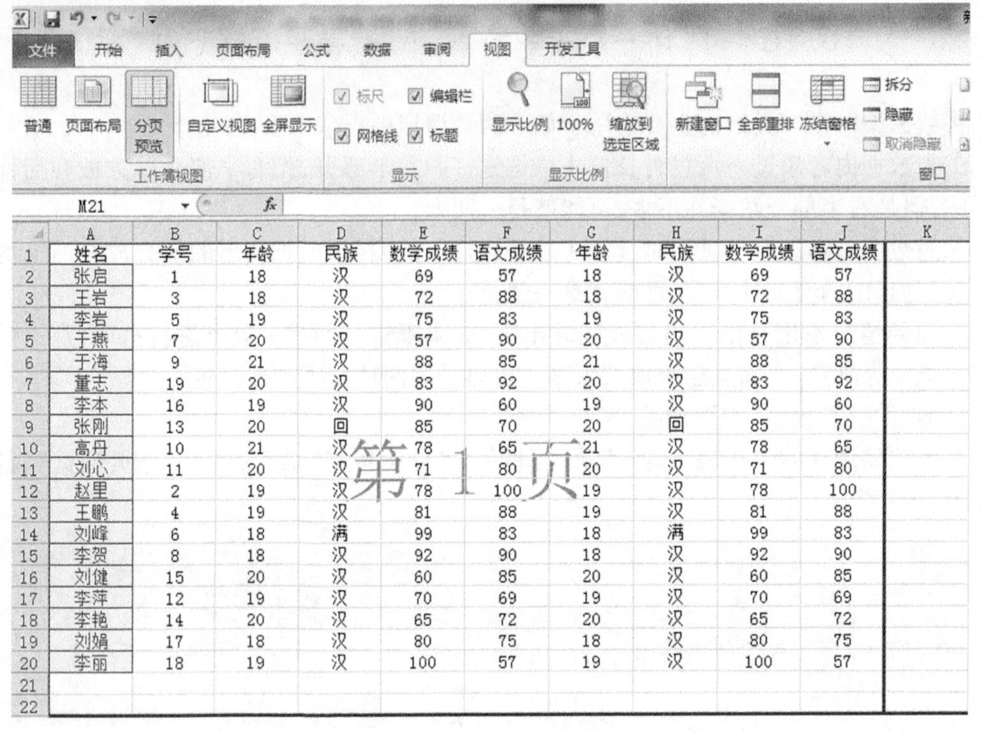

	A	B	C	D	E	F	G	H	I	J
1	姓名	学号	年龄	民族	数学成绩	语文成绩	年龄	民族	数学成绩	语文成绩
2	张启	1	18	汉	69	57	18	汉	69	57
3	王岩	3	18	汉	72	88	18	汉	72	88
4	李岩	5	19	汉	75	83	19	汉	75	83
5	于燕	7	20	汉	57	90	20	汉	57	90
6	于海	9	21	汉	88	85	21	汉	88	85
7	董志	19	20	汉	83	92	20	汉	83	92
8	李本	16	19	汉	90	60	19	汉	90	60
9	张刚	13	20	回	85	70	20	回	85	70
10	高丹	10	21	汉	78	65	21	汉	78	65
11	刘心	11	20	汉	71	80	20	汉	71	80
12	赵里	2	19	汉	78	100	19	汉	78	100
13	王鹏	4	19	汉	81	88	19	汉	81	88
14	刘峰	6	18	满	99	83	18	满	99	83
15	李贺	8	18	汉	92	90	18	汉	92	90
16	刘健	15	20	汉	60	85	20	汉	60	85
17	李萍	12	19	汉	70	69	19	汉	70	69
18	李艳	14	20	汉	65	72	20	汉	65	72
19	刘娟	17	18	汉	80	75	18	汉	80	75
20	李丽	18	19	汉	100	57	19	汉	100	57
21										
22										

图 6－61　调整后的分页预览

2. 通过“页面设置”对话框调整

通过“页面设置”对话框调整也相当方便。原数据打印预览的效果如图 6－62 所示。

姓名	学号	年龄	民族	数学成绩	语文成绩	年龄	民族	数学成绩
张启	1	18	汉	69	57	18	汉	69
王岩	3	18	汉	72	88	18	汉	72
李岩	5	19	汉	75	83	19	汉	75
于燕	7	20	汉	57	90	20	汉	57
于海	9	21	汉	88	85	21	汉	88
董志	19	20	汉	83	92	20	汉	83
李本	16	19	汉	90	60	19	汉	90
张刚	13	20	回	85	70	20	回	85
高丹	10	21	汉	78	65	21	汉	78
刘心	11	20	汉	71	80	20	汉	71
赵里	2	19	汉	78	100	19	汉	78
王鹏	4	19	汉	81	88	19	汉	81
刘峰	6	18	满	99	83	18	满	99
李贺	8	18	汉	92	90	18	汉	92
刘健	15	20	汉	60	85	20	汉	60
李萍	12	19	汉	70	69	19	汉	70
李艳	14	20	汉	65	72	20	汉	65
刘娟	17	18	汉	80	75	18	汉	80
李丽	18	19	汉	100	57	19	汉	100

图 6－62　打印预览结果

进入需要调整的工作表，选择菜单“页面布局”命令，找到“调整为合适大小”，点击它右边的灰色箭头，打开“页面设置”对话框，选择“页面”选项卡，然后点选“缩放”区的“调整为”单选框，在后面的文本框内输入“1”页宽和“1”页高，如图6－63所示，单击“确定”按钮即可，点击打印预览得到如图6－64所示的结果。

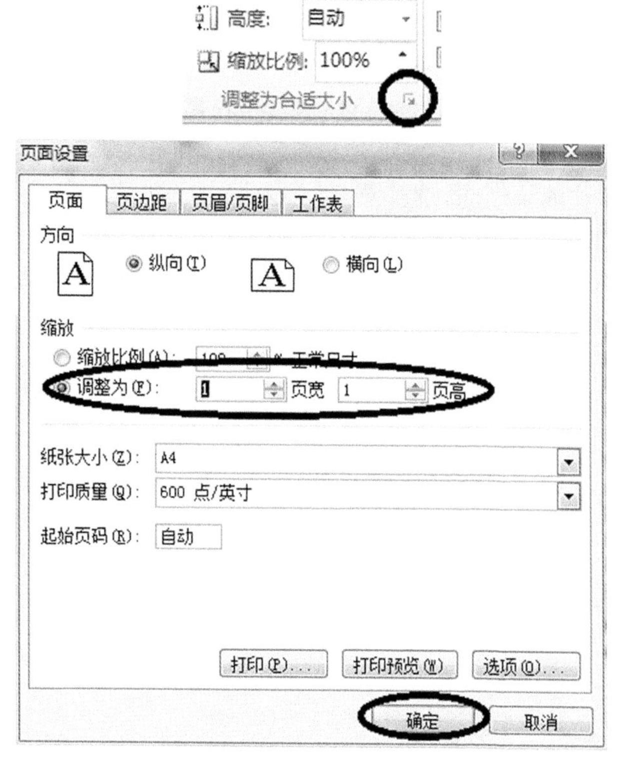

图6－63 页面设置

姓名	学号	年龄	民族	数学成绩	语文成绩	年龄	民族	数学成绩	语文成绩
张启	1	18	汉	69	57	18	汉	69	57
王岩	3	18	汉	72	88	18	汉	72	88
李岩	5	19	汉	75	83	19	汉	75	83
于燕	7	20	汉	57	90	20	汉	57	90
于海	9	21	汉	88	85	21	汉	88	85
董志	19	20	汉	83	92	20	汉	83	92
李本	16	19	汉	90	60	19	汉	90	60
张刚	13	20	回	85	70	20	回	85	70
高丹	10	21	汉	78	65	21	汉	78	65
刘心	11	20	汉	71	80	20	汉	71	80
赵里	2	19	汉	78	100	19	汉	78	100
王鹏	4	19	汉	81	88	19	汉	81	88
刘峰	6	18	满	99	83	18	满	99	83
李贺	8	18	汉	92	90	18	汉	92	90
刘健	15	20	汉	60	85	20	汉	60	85
李萍	12	19	汉	70	69	19	汉	70	69
李艳	14	20	汉	65	72	20	汉	65	72
刘娟	17	18	汉	80	75	18	汉	80	75
李丽	18	19	汉	100	57	19	汉	100	57

图6－64 修改后打印预览结果

6.17 打印——小技巧

1. 打印设定的工作表背景

为工作表设定一个漂亮的背景是很多人的一个习惯，美观实用，但是当执行打印命令，把工作表打印到纸上时，Excel 并没有打印这个背景。

可以通过添加图片的方式设置背景，也就是说，让图片作为 Excel 的背景，这样就可以打印了。

进入需要插入图片的工作表，选择菜单“插入”→“图片”命令，打开“插入图片”对话框，然后通过该对话框插入恰当的图片即可。

为了使打印出来的工作表更加美观，可以通过设置单元格的填充色，因为单元格的填充色会被 Excel 打印。

2. 不打印工作表中的零值

有些工作表中，如果认为把“0”值打印出来不太美观，可以进行如下设置，避免 Excel 打印“0”值。

单击文件选项卡，单击“选项”，然后单击“高级”类别。在“此工作表的显示选项”下，清除“在具有零值的单元格中显示零”复选框，如图 6-65 所示。

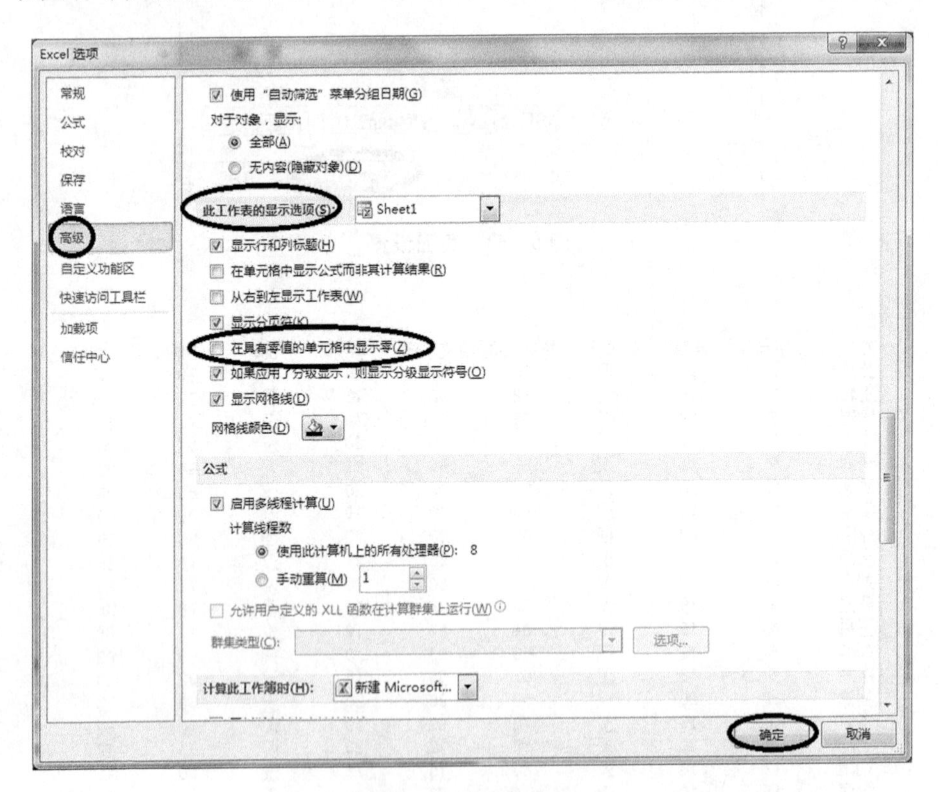

图 6-65 选项设置

3. 不打印工作中的错误值

有些时候，在工作表中使用了公式或者函数之后，难免会出现一些错误提示信息，如果把这些错误信息也打印出来就非常不雅了。要避免将这些错误提示信息打印出来，可以按照下面的方法进行设置。

单击“页面布局”选项卡，找到“页面设置”，单击右下角的灰色箭头，打开“页面设置”对话框，进入“工作表”选项卡，在“打印”区单击“错误单元格打印为”下拉框，选择“空白”项，如图6－66所示，最后单击“确定”按钮，这样在打印的时候就不会将这些错误信息打印出来了。

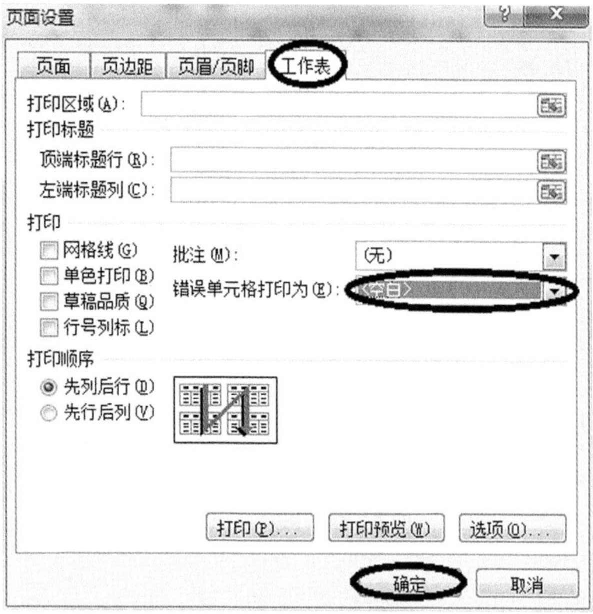

图6－66　页眉设置

6.18　真正实现四舍五入

在日常的实际工作中，特别是财务计算中常常遇到四舍五入的问题。虽然Excel的单元格格式中允许定义小数位数，但是在实际操作中我们发现，其实数字本身并没有真正实现四舍五入。如果采用这种四舍五入的方法，在财务运算中常常会出现误差，而这是财务运算不允许的。

如图6－67，A1～A5是原始数据，B1～B5是通过设置单元格格式对其保留两位小数的结果，C1～C5是把A1～A5的原始数据先四舍五入后再输入的数据，而A6，B6，C6是分别对上述三列数据“求和”的结果。我们先看B列和C列，同样的数据，求和后居然得出了不同的结果。再观察A列和B列，不难发现这两列的结果是一致的，也就是说B列并没有真正实现四舍五入，只是把小数位数隐藏了。

	A	B	C
1	0.1234	0.12	0.12
2	0.125	0.13	0.13
3	0.126	0.13	0.13
4	0.135	0.14	0.14
5	0.145	0.15	0.15
6	0.6544	0.65	0.67

图6－67　四舍五入结果

那么，是否有简单可行的方法进行真正的四舍五入呢？其实，Excel已经提供这方面的函数了，这就是 ROUND 函数，它可以返回某个数字按指定位数四舍五入后的数字。

在 Excel 提供的“数学与三角函数”中提供了函数：

ROUND(number,num_digits)

它的功能就是根据指定的位数将数字四舍五入，如图 6－68 所示。这个函数有两个参数，分别是 number 和 num_digits，其中，number 就是将要进行四舍五入的数字，num_digits 则是希望得到数字小数点后的位数。

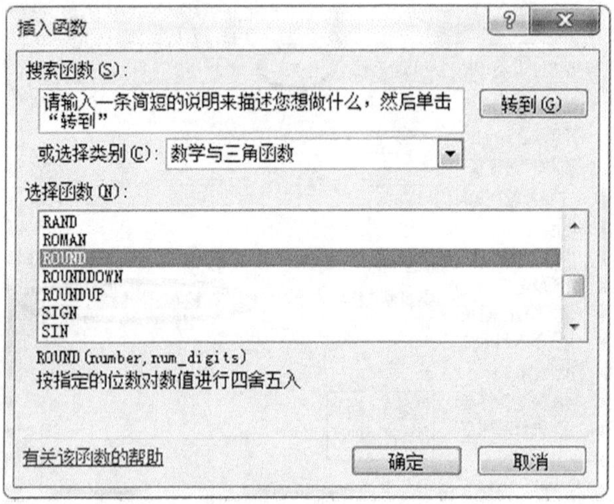

插入函数
搜索函数(S)：
请输入一条简短的说明来描述您想做什么，然后单击“转到”
转到(G)
或选择类别(C)：数学与三角函数
选择函数(N)：
RAND
ROMAN
ROUND
ROUNDDOWN
ROUNDUP
SIGN
SIN
ROUND(number,num_digits)
按指定的位数对数值进行四舍五入
有关该函数的帮助
确定
取消

图 6－68　Round 函数

在图 6－67 中，以 A1 列数据为例进行说明。

在单元格 E1 中输入“＝ROUND(A1,2)”，即对 A1 单元格的数据进行四舍五入后保留两位小数的操作。回车之后，便会得到 0.12 这个结果。然后，选中 E1 这个单元格，拖动右下角的填充柄按钮至 E5，在 E6 单元格对 E1～E5 求和便得到如图 6－69 所示的结果。这样，就和 C6 单元格的结果一致了，说明真正实现了四舍五入。

	A	B	C	D	E
1	0.1234	0.12	0.12		0.12
2	0.125	0.13	0.13		0.13
3	0.126	0.13	0.13		0.13
4	0.135	0.14	0.14		0.14
5	0.145	0.15	0.15		0.15
6	0.6544	0.65	0.67		0.67

图 6－69　真正的四舍五入结果

6.19　自动出错信息提示

在输入大量学生成绩时，容易发生误输入，如少打小数点、多打一个零等。为避免这种情况，可以设置“有效性”检查，当输入数据超出 0 到 100 的范围时，就会自动提示出错。具体设置如下。

①选定所有需要输入学生成绩的单元格。

②点击“数据”菜单下的“有效性”命令，如图 6－70 所示，点击“设置”标签，在“允许”框中选择“小数”，在“数据”框中选择“介于”，在“最小值”框中输入“0”，在“最大值”框中输入“100”。

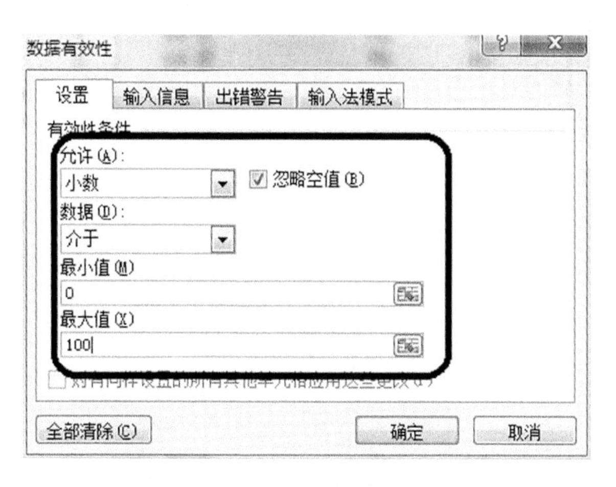

图 6－70　数据有效性设置

③单击“输入信息”，在“标题”框中输入“请输入成绩”，在“输入信息”框中输入“成绩介于 0 到 100 之间”，如图 6－71 所示。

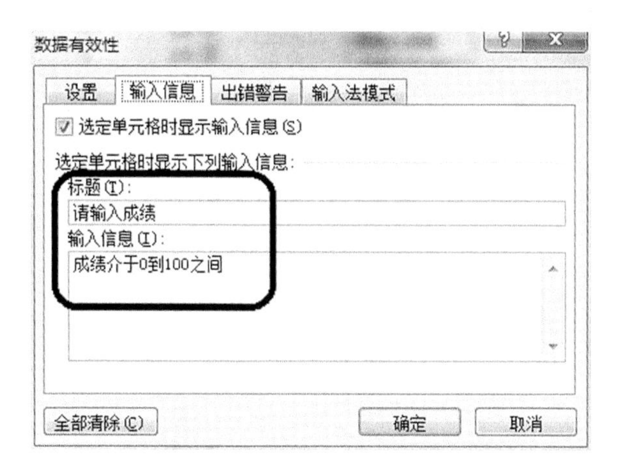

图 6－71　数据有效性设置

④单击“出错警告”，在“标题”框中输入“输入出错”，在“出错信息”框中输入“请输入 0 到 100 之间的数”，如图 6－72 所示，点击“确定”。

当需要输入数据时，会弹出提示，如图 6－73 所示。当输入 20 时，没有错误提示；当输入 200 时，弹出错误提示，如图 6－74 所示；当输入 －30 时，同样弹出错误提示，如图 6－75 所示。

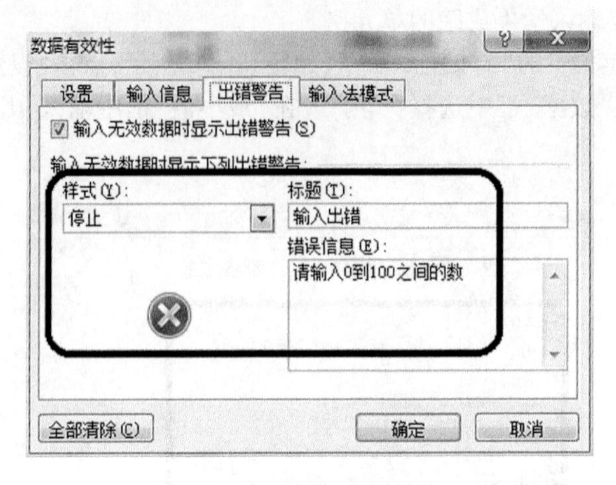

图 6－72 数据有效性设置

	A	B	C	D	E	F
1	姓名	学号	年龄	民族	数学成绩	
2	张启	1	18	汉		
3	王岩	3	18	汉		
4	李岩	5	19	汉		
5	于燕	7	20	汉		
6	于海	9	21	汉		
7	董志	19	20	汉		
8	李本	16	19	汉		
9	张刚	13	20	回		
10	高丹	10	21	汉		
11	刘心	11	20	汉		
12	赵里	2	19	汉		
13	王鹏	4	19	汉		

请输入成绩
成绩介于0到100之间

图 6－73　原始表格

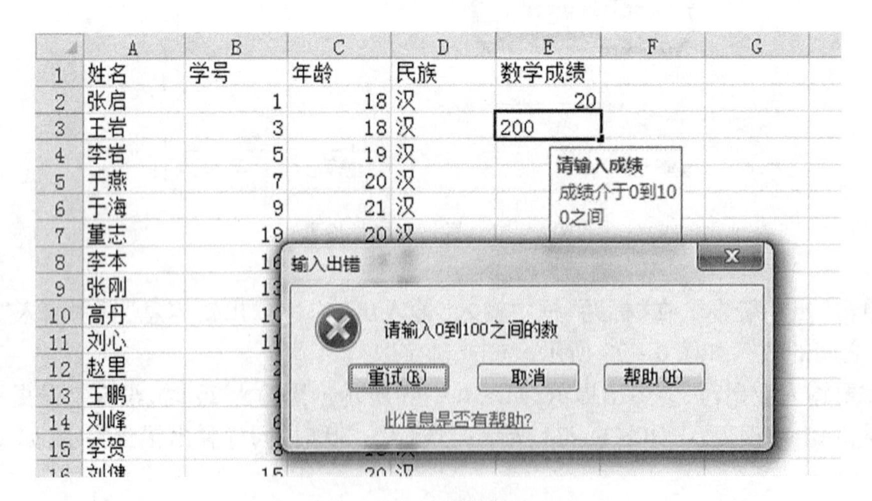

图 6－74　错误提示一

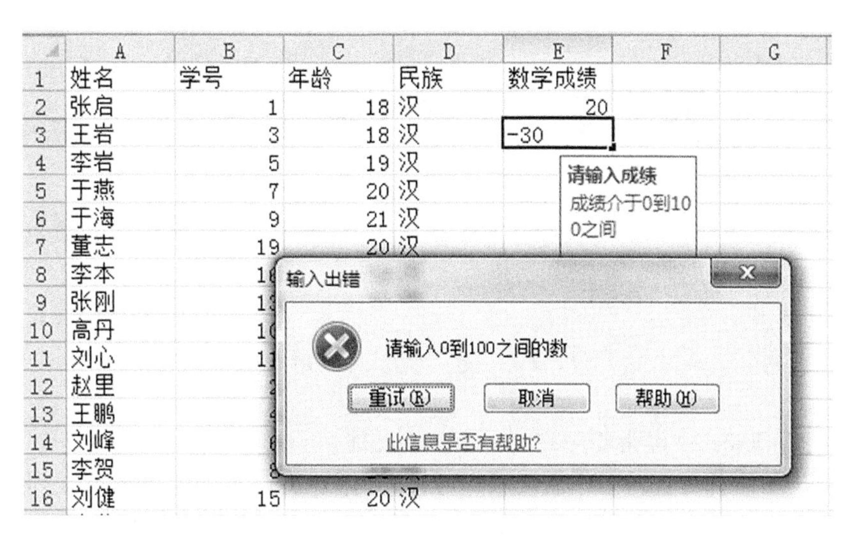
姓名
学号
年龄
民族
数学成绩
请输入成绩
成绩介于0到100之间
输入出错
请输入0到100之间的数
重试(R)
取消
帮助(H)
此信息是否有帮助?

图 6 – 75 错误提示二

第 7 章　Excel 高级操作

本章将介绍一些 Excel 的高级操作方法和技巧，从排序、筛选，到公式和数组的使用，最后介绍两个实用的系统制作。

7.1　数 据 排 序

排序功能是 Excel 中经常要用到的一个基本功能。

Excel 提供了多种方法对工作表区域进行排序，用户可以根据需要按行或列、按升序或降序使用自定义排序命令。当用户按行进行排序时，数据列表中的列将被重新排列，但行保持不变，如果按列进行排序，行将被重新排列而列保持不变。

以如图 7－1 所示的学籍表为例进行说明。

	A	B	C	D	E	F	G
1	姓名	学号	年龄	性别	民族	数学成绩	语文成绩
2	张启	1	20	男	汉	69	83
3	王岩	3	19	男	满	72	90
4	李岩	5	20	男	回	75	85
5	于燕	7	21	女	汉	57	78
6	于海	9	20	女	汉	88	71
7	董志	19	19	女	汉	83	78
8	李本	16	20	女	汉	90	99
9	张刚	13	18	女	汉	85	92
10	高丹	10	18	女	汉	78	60
11	刘心	11	19	男	汉	71	70
12	赵里	2	20	男	汉	78	65
13	王鹏	4	21	女	汉	81	78
14	俊峰	6	20	女	回	99	99
15	李禾	8	19	女	汉	92	92
16	李里	15	20	男	汉	60	60
17	刘健	12	21	女	汉	70	78
18	刘碰	14	20	女	满	65	99
19	李艳	17	19	男	回	80	92
20	刘娟	18	20	男	汉	100	60

图 7－1　学籍表

如果要对学号进行排序，单击学号列任意一个单元格，然后点击“数据”→“排序”，打开如图 7－2 所示对话框，“主要关键字”选择“学号”，“排序依据”选择“数值”，“次序”选择“升序”，点击“确定”得到如图 7－3 所示的排序结果。

如果要对数学成绩进行排序，单击数学成绩列任意一个单元格，然后点击“数据”→“排序”，“主要关键字”选择“数学成绩”，“次序”选择“升序”，点击“确定”得到如图 7－4 所示的排序结果。

Excel 不仅可以对数字进行排序，还可以对汉字进行排序。单击姓名列任意一个单元格，然后点击“数据”→“排序”，“主要关键字”选择“姓名”，点击右上角的“选项”，如

图 7－5 所示，打开如图 7－6 所示的“排序选项”对话框，选择合适的方法，如“字母”和“笔画”，本例中选择“字母”，点击“确定”，得到如图 7－7 所示的排序结果。

图 7－2 “主要关键字”为“学号”排序对话框

	A	B	C	D	E	F	G
1	姓名	学号	年龄	性别	民族	数学成绩	语文成绩
2	张启	1	20	男	汉	69	83
3	赵里	2	20	男	汉	78	65
4	王岩	3	19	男	满	72	90
5	王鹏	4	21	女	汉	81	78
6	李岩	5	20	男	回	75	85
7	俊峰	6	20	女	回	99	99
8	于燕	7	21	女	汉	57	78
9	李禾	8	19	女	汉	92	92
10	于海	9	20	女	汉	88	71
11	高丹	10	18	女	汉	78	60
12	刘心	11	19	男	汉	71	70
13	刘健	12	21	女	汉	70	78
14	张刚	13	18	女	汉	85	92
15	刘碰	14	20	女	满	65	99
16	李里	15	20	男	汉	60	60
17	李本	16	20	女	汉	90	99
18	李艳	17	19	男	回	80	92
19	刘娟	18	20	男	汉	100	60
20	董志	19	19	女	汉	83	78

图 7－3 添加“主要关键字”排序后的学籍表

从这些排序结果中可以看到，所有单元格内容都是不重复的，如果要排序的内容有重复内容，如“性别”，如何排序呢？其实，可以选择“主要关键字”和“次要关键字”进行补充排序。

首先，单击性别列表中的任意一个单元格，然后点击“数据”→“排序”，打开如图 7－8 所示的对话框，单击左上角“添加条件”，“主要关键字”选择“性别”，第一个“次要关键字”选择“民族”，第二个“次要关键字”选择“数学成绩”，如图 7－8 所示。点击“确定”，得到如图 7－9 所示的结果。可以看到：当性别相同时，以民族进行排序；当民族也相同时，以数学成绩进行排序。

	A	B	C	D	E	F	G
1	姓名	学号	年龄	性别	民族	数学成绩	语文成绩
2	于燕	7	21	女	汉	57	78
3	李里	15	20	男	汉	60	60
4	刘碰	14	20	女	满	65	99
5	张启	1	20	男	汉	69	83
6	刘健	12	21	女	汉	70	78
7	刘心	11	19	男	汉	71	70
8	王岩	3	19	男	满	72	90
9	李岩	5	20	男	回	75	85
10	赵里	2	20	男	汉	78	65
11	高丹	10	18	女	汉	78	60
12	李艳	17	19	男	回	80	92
13	王鹏	4	21	女	汉	81	78
14	董志	19	19	女	汉	83	78
15	张刚	13	18	女	汉	85	92
16	于海	9	20	女	汉	88	71
17	李本	16	20	女	汉	90	99
18	李禾	8	19	女	汉	92	92
19	俊峰	6	20	女	回	99	99
20	刘娟	18	20	男	汉	100	60

图 7－4　以“数学成绩”排序后的学籍表

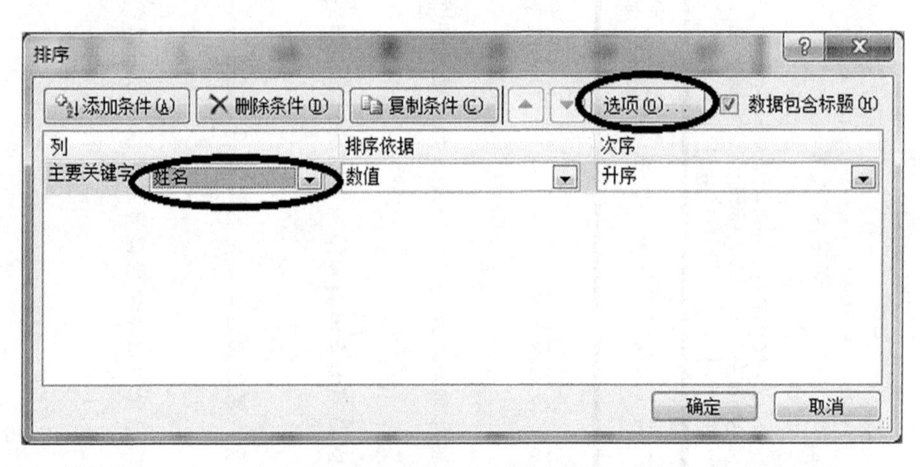

图 7－5　“主要关键字”为“姓名”排序对话框

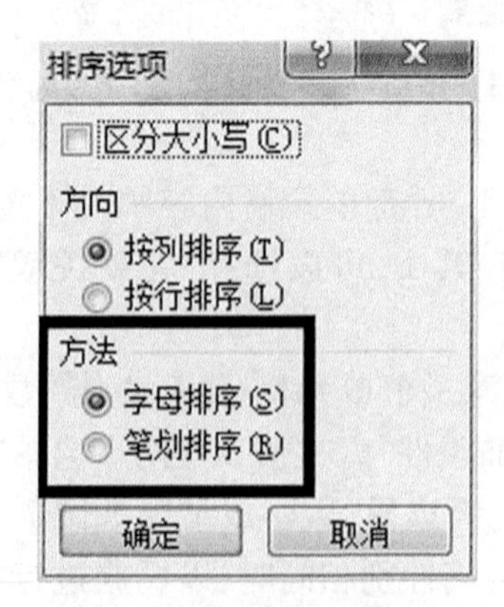

图 7－6　“排序选项”对话框

	A	B	C	D	E	F	G
1	姓名	学号	年龄	性别	民族	数学成绩	语文成绩
2	董志	19	19	女	汉	83	78
3	高丹	10	18	女	汉	78	60
4	俊峰	6	20	女	回	99	99
5	李本	16	20	女	汉	90	99
6	李禾	8	19	女	汉	92	92
7	李里	15	20	男	汉	60	60
8	李岩	5	20	男	回	75	85
9	李艳	17	19	男	回	80	92
10	刘健	12	21	女	汉	70	78
11	刘娟	18	20	男	汉	100	60
12	刘碰	14	20	女	满	65	99
13	刘心	11	19	男	汉	71	70
14	王鹏	4	21	女	汉	81	78
15	王岩	3	19	男	满	72	90
16	于海	9	20	女	汉	88	71
17	于燕	7	21	女	汉	57	78
18	张刚	13	18	女	汉	85	92
19	张启	1	20	男	汉	69	83
20	赵里	2	20	男	汉	78	65

图 7-7　按“姓名”排序后的学籍表

图 7-8　添加“次要关键字”的排序对话框

	A	B	C	D	E	F	G
1	姓名	学号	年龄	性别	民族	数学成绩	语文成绩
2	李里	15	20	男	汉	60	60
3	张启	1	20	男	汉	69	83
4	刘心	11	19	男	汉	71	70
5	赵里	2	20	男	汉	78	65
6	刘娟	18	20	男	汉	100	60
7	李岩	5	20	男	回	75	85
8	李艳	17	19	男	回	80	92
9	王岩	3	19	男	满	72	90
10	于燕	7	21	女	汉	57	78
11	刘健	12	21	女	汉	70	78
12	高丹	10	18	女	汉	78	60
13	王鹏	4	21	女	汉	81	78
14	董志	19	19	女	汉	83	78
15	张刚	13	18	女	汉	85	92
16	于海	9	20	女	汉	88	71
17	李本	16	20	女	汉	90	99
18	李禾	8	19	女	汉	92	92
19	俊峰	6	20	女	回	99	99
20	刘碰	14	20	女	满	65	99

图 7-9　添加“次要关键字”排序后的学籍表

7.2 数据筛选

Excel 中提供了两种数据的筛选操作,即“自动筛选”和“高级筛选”。但往往很难区分,什么情况下要使用“自动筛选”和“高级筛选”呢?

本节通过实例进行具体分析。

1. 自动筛选

自动筛选一般用于简单的条件筛选,筛选时将不满足条件的数据暂时隐藏起来,只显示符合条件的数据。以图 7-9 的结果为例进行说明。

点击任一单元格,打开“数据”菜单中“筛选”命令,得到如图 7-10 所示的结果。在每个类别的右下角都会出现一个小箭头。例如,在“性别”中点击小箭头,选择“男”,可以得到如图 7-11 所示的结果。

自 Access 自网站 自文本 自其他来源 现有连接 全部刷新 连接 属性 编辑链接 排序 筛选

获取外部数据 连接 排序和筛选

C4 fx 19

	A	B	C	D	E	F	G
1	姓名	学号	年龄	性别	民族	数学成	语文成
2	李里	15	20	男	汉	60	60
3	张启	1	20	男	汉	69	83
4	刘心	11	19	男	汉	71	70
5	赵里	2	20	男	汉	78	65
6	刘娟	18	20	男	汉	100	60
7	李岩	5	20	男	回	75	85
8	李艳	17	19	男	回	80	92
9	王岩	3	19	男	满	72	90
10	于燕	7	21	女	汉	57	78
11	刘健	12	21	女	汉	70	78
12	高丹	10	18	女	汉	78	60
13	王鹏	4	21	女	汉	81	78
14	董志	19	19	女	汉	83	78
15	张刚	13	18	女	汉	85	92
16	于海	9	20	女	汉	88	71
17	李本	16	20	女	汉	90	99
18	李禾	8	19	女	汉	92	92
19	俊峰	6	20	女	回	99	99
20	刘碰	14	20	女	满	65	99

图 7-10 自动筛选后的学籍表

	A	B	C	D	E	F	G
1	姓名	学号	年龄	性别	民族	数学成	语文成
2	李里	15	20	男	汉	60	60
3	张启	1	20	男	汉	69	83
4	刘心	11	19	男	汉	71	70
5	赵里	2	20	男	汉	78	65
6	刘娟	18	20	男	汉	100	60
7	李岩	5	20	男	回	75	85
8	李艳	17	19	男	回	80	92
9	王岩	3	19	男	满	72	90

图 7-11 自动筛选结果

除了自动筛选出相同类别的内容之外，还可以进行排序。如图7－12所示，在数学成绩中选择“升序排列”，可以得到排序的结果。

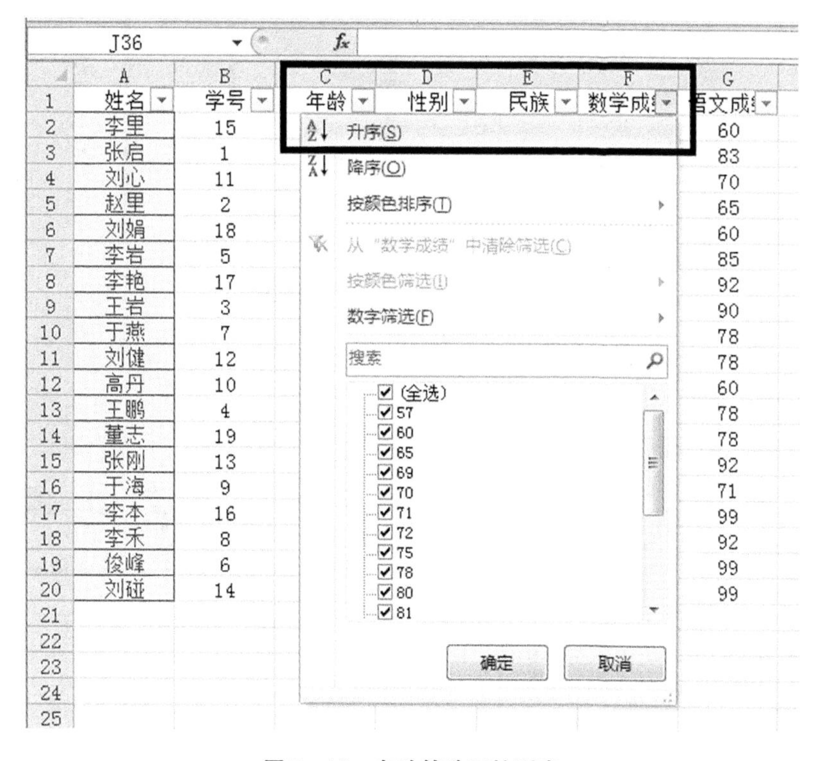

图7－12 自动筛选下拉列表

自动筛选不仅能根据某个内容进行筛选，还可以设置一个条件进行筛选，在图7－12中，选择数学成绩下拉菜单中的“数字筛选”→“自定义筛选”，打开如图7－13所示的对话框，可以自由选择条件，按图7－13中的内容进行选择，确定得到如图7－14所示的结果。

图7－13 自定义自动筛选

2. 高级筛选

高级筛选一般用于条件较复杂的筛选操作，其筛选的结果可显示在原数据表格中，不符合条件的记录被隐藏起来。也可以在新的位置显示筛选结果，不符合条件的记录同时保留在数据表中而不会被隐藏起来。这样，就更加便于进行数据的对比了。

	A	B	C	D	E	F	G
1	姓名	学号	年龄	性别	民族	数学成绩	语文成绩
2	李里	15	20	男	汉	60	60
3	张启	1	20	男	汉	69	83
4	刘心	11	19	男	汉	71	70
5	赵里	2	20	男	汉	78	65
7	李岩	5	20	男	回	75	85
9	王岩	3	19	男	满	72	90
11	刘健	12	21	女	汉	70	78
12	高丹	10	18	女	汉	78	60
20	刘碰	14	20	女	满	65	99

图 7－14　自定义自动筛选结果

高级筛选的操作稍微复杂一些，具体步骤如下。

（1）建立筛选条件

在空白处建立筛选条件，如性别为“男”，民族为“汉”，数学成绩为“ >70”，如图 7－15 所示。

	A	B	C	D	E	F	G	H	I	J
1	姓名	学号	年龄	性别	民族	数学成绩	语文成绩	性别	民族	数学成绩
2	李里	15	20	男	汉	60	60	男	汉	>70
3	张启	1	20	男	汉	69	83			
4	刘心	11	19	男	汉	71	70			
5	赵里	2	20	男	汉	78	65			
6	刘娟	18	20	男	汉	100	60			
7	李岩	5	20	男	回	75	85			
8	李艳	17	19	男	回	80	92			
9	王岩	3	19	男	满	72	90			
10	于燕	7	21	女	汉	57	78			
11	刘健	12	21	女	汉	70	78			
12	高丹	10	18	女	汉	78	60			
13	王鹏	4	21	女	汉	81	78			
14	董志	19	19	女	汉	83	78			
15	张刚	13	18	女	汉	85	92			
16	于海	9	20	女	汉	88	71			
17	李本	16	20	女	汉	90	99			
18	李禾	8	19	女	汉	92	92			
19	俊峰	6	20	女	回	99	99			
20	刘碰	14	20	女	满	65	99			

图 7－15　高级筛选条件

（2）进行筛选

点击“数据”→“筛选”→“高级”，打开如图 7－16 所示的高级筛选对话框。

在方式上选择“在原有区域显示筛选结果”，这样更直观。

点击列表区域，选择要查找的范围，用鼠标点击从“A1”到“G20”，即图 7－16 中大方框内的内容，选择好后自动显示在列表区域中。

点击条件区域，选择条件范围，用鼠标点击从“H1”到“J2”，即图 7－15 中小方框内的内容，选择好后自动显示在条件区域中，确定得到如图 7－17 所示的结果。

这个结果是一个“并”的结果，即同时满足性别为“男”，民族为“汉”，数学成绩为“ >70”这三个条件。也可以设置“或”的结果。

在建立筛选条件时，将性别为“男”，民族为“汉”，放在一行，将数学成绩的条件“ >70”放在另一行，就相当于同时满足性别为“男”，民族为“汉”，或者是数学成绩“ >70”，三者都是条件，满足其一就可以，如图 7－18 所示。

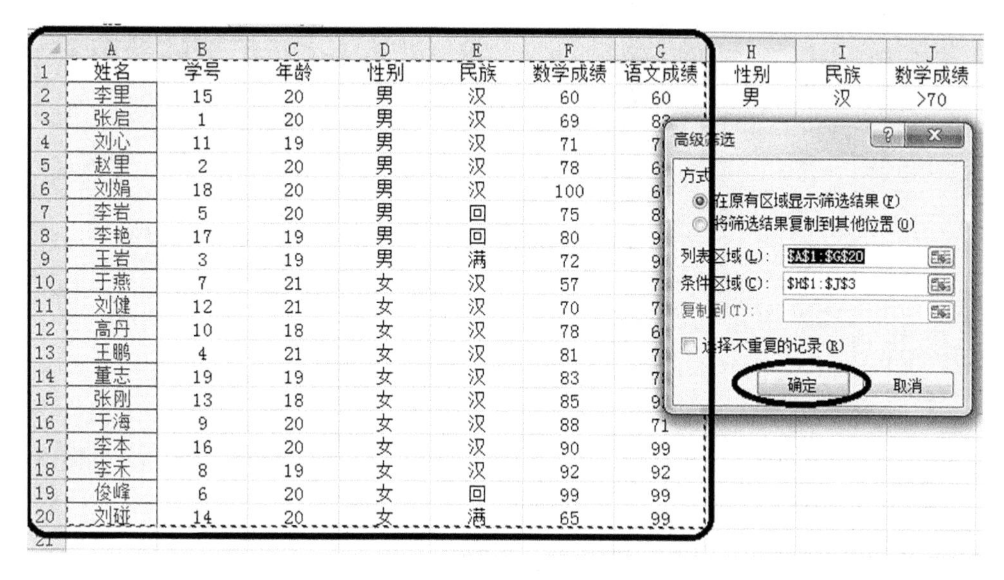

	A	B	C	D	E	F	G	H	I	J
1	姓名	学号	年龄	性别	民族	数学成绩	语文成绩	性别	民族	数学成绩
2	李里	15	20	男	汉	60	60	男	汉	>70
3	张启	1	20	男	汉	69	83			
4	刘心	11	19	男	汉	71	7			
5	赵里	2	20	男	汉	78	6			
6	刘娟	18	20	男	汉	100	6			
7	李岩	5	20	男	回	75	8			
8	李艳	17	19	男	回	80	9			
9	王岩	3	19	男	满	72	9			
10	于燕	7	21	女	汉	57	7			
11	刘健	12	21	女	汉	70	7			
12	高丹	10	18	女	汉	78	6			
13	王鹏	4	21	女	汉	81	7			
14	董志	19	19	女	汉	83	7			
15	张刚	13	18	女	汉	85	9			
16	于海	9	20	女	汉	88	71			
17	李本	16	20	女	汉	90	99			
18	李禾	8	19	女	汉	92	92			
19	俊峰	6	20	女	回	99	99			
20	刘碰	14	20	女	满	65	99			

图 7－16　高级筛选条件

	A	B	C	D	E	F	G	H	I	J
1	姓名	学号	年龄	性别	民族	数学成绩	语文成绩	性别	民族	数学成绩
4	刘心	11	19	男	汉	71	70			
5	赵里	2	20	男	汉	78	65			
6	刘娟	18	20	男	汉	100	60			
21										
22										

图 7－17　高级筛选结果

	A	B	C	D	E	F	G	H	I	J
1	姓名	学号	年龄	性别	民族	数学成绩	语文成绩	性别	民族	数学成绩
2	李里	15	20	男	汉	60	60	男	汉	
3	张启	1	20	男	汉	69	83			>70
4	刘心	11	19	男	汉	71	70			
5	赵里	2	20	男	汉	78	65			
6	刘娟	18	20	男	汉	100	60			
7	李岩	5	20	男	回	75	85			
8	李艳	17	19	男	回	80	92			
9	王岩	3	19	男	满	72	90			
10	于燕	7	21	女	汉	57	78			
11	刘健	12	21	女	汉	70	78			
12	高丹	10	18	女	汉	78	60			
13	王鹏	4	21	女	汉	81	78			
14	董志	19	19	女	汉	83	78			
15	张刚	13	18	女	汉	85	92			
16	于海	9	20	女	汉	88	71			
17	李本	16	20	女	汉	90	99			
18	李禾	8	19	女	汉	92	92			
19	俊峰	6	20	女	回	99	99			
20	刘碰	14	20	女	满	65	99			

图 7－18　高级筛选条件

点击“数据”→“筛选”→“高级”，在选择条件区域时，范围更改为“H1”到“J3”，即图 7－18 中小方框内的内容，如图 7－19 所示，点击“确定”，得到如图 7－20 所示的结果。

如果想看到筛选前的结果，只需点击“数据”→“筛选”→“清除”即可。

	A	B	C	D	E	F	G	H	I	J
1	姓名	学号	年龄	性别	民族	数学成绩	语文成绩	性别	民族	数学成绩
2	李里	15	20	男	汉	60	60	男	汉	
3	张启	1	20	男	汉	69	83			>70
4	刘心	11	19	男	汉	71	70			
5	赵里	2	20	男	汉	78	65			
6	刘娟	18	20	男	汉	100	60			
7	李岩	5	20	男	回	75	85			
8	李艳	17	19	男	回	80	92			
9	王岩	3	19	男	满	72	90			
10	于燕	7	21	女	汉	57	78			
11	刘健	12	21	女	汉	70	78			
12	高丹	10	18	女	汉	78	60			
13	王鹏	4	21	女	汉	81	78			
14	董志	19	19	女	汉	83	78			
15	张刚	13	18	女	汉	85	92			
16	于海	9	20	女	汉	88	71			
17	李本	16	20	女	汉	90	99			
18	李禾	8	19	女	汉	92	92			
19	俊峰	6	20	女	回	99	99			
20	刘碰	14	20	女	满	65	99			

高级筛选

方式

◉ 在原有区域显示筛选结果(F)

○ 将筛选结果复制到其他位置(O)

列表区域(L): Sheet1!$A$1:$G$20

条件区域(C): Sheet1!Criteria

复制到(T):

☐ 选择不重复的记录(R)

确定　取消

图 7-19　高级筛选条件

	A	B	C	D	E	F	G	H	I	J
1	姓名	学号	年龄	性别	民族	数学成绩	语文成绩	性别	民族	数学成绩
2	李里	15	20	男	汉	60	60	男	汉	
3	张启	1	20	男	汉	69	83			>70
4	刘心	11	19	男	汉	71	70			
5	赵里	2	20	男	汉	78	65			
6	刘娟	18	20	男	汉	100	60			
7	李岩	5	20	男	回	75	85			
8	李艳	17	19	男	回	80	92			
9	王岩	3	19	男	满	72	90			
12	高丹	10	18	女	汉	78	60			
13	王鹏	4	21	女	汉	81	78			
14	董志	19	19	女	汉	83	78			
15	张刚	13	18	女	汉	85	92			
16	于海	9	20	女	汉	88	71			
17	李本	16	20	女	汉	90	99			
18	李禾	8	19	女	汉	92	92			
19	俊峰	6	20	女	回	99	99			
21										

图 7-20　高级筛选结果

7.3　分类汇总

分类汇总是 Excel 中最常用的功能之一,它能够快速地以某一个字段为分类项,对数据列表中的数值字段进行各种统计计算,如求和、计数、平均值、最大值、最小值、乘积等。

以图 7-9 的结果为例进行分类汇总说明,目的是对不同性别进行分类汇总。

点击性别列中任一单元格,点击“数据”→“分类汇总”,打开如图 7-21 所示的窗口,在“分类字段”中选择“性别”,在“汇总方式”选择“求和”,汇总项选择“数学成绩”和“语文成绩资”,单击“确定”按钮,得到如图 7-22 所示的结果。

可以看到,图 7-22 中的表格已经分别对男性和女性进行了汇总。

	A	B	C	D	E	F	G	H	I	J
1	姓名	学号	年龄	性别	民族	数学成绩	语文成绩			
2	李里	15	20	男	汉	60	60			
3	张启	1	20	男	汉	69				
4	刘心	11	19	男	汉	71				
5	赵里	2	20	男	汉	78				
6	刘娟	18	20	男	汉	100				
7	李岩	5	20	男	回	75				
8	李艳	17	19	男	回	80				
9	王岩	3	19	男	满	72				
10	于燕	7	21	女	汉	57				
11	刘健	12	21	女	汉	70				
12	高丹	10	18	女	汉	78				
13	王鹏	4	21	女	汉	81				
14	董志	19	19	女	汉	83				
15	张刚	13	18	女	汉	85				
16	于海	9	20	女	汉	88				
17	李本	16	20	女	汉	90				
18	李禾	8	19	女	汉	92				
19	俊峰	6	20	女	回	99				
20	刘碰	14	20	女	满	65				
21										

分类汇总
分类字段(A):
性别
汇总方式(U):
求和
选定汇总项(D):
学号
年龄
性别
民族
数学成绩
语文成绩
替换当前分类汇总(C)
每组数据分页(P)
汇总结果显示在数据下方(S)
全部删除(R)
确定
取消

图 7－21　分类汇总

	A	B	C	D	E	F	G
1	姓名	学号	年龄	性别	民族	数学成绩	语文成绩
2	李里	15	20	男	汉	60	60
3	张启	1	20	男	汉	69	83
4	刘心	11	19	男	汉	71	70
5	赵里	2	20	男	汉	78	65
6	刘娟	18	20	男	汉	100	60
7	李岩	5	20	男	回	75	85
8	李艳	17	19	男	回	80	92
9	王岩	3	19	男	满	72	90
10				男 汇总		605	605
11	于燕	7	21	女	汉	57	78
12	刘健	12	21	女	汉	70	78
13	高丹	10	18	女	汉	78	60
14	王鹏	4	21	女	汉	81	78
15	董志	19	19	女	汉	83	78
16	张刚	13	18	女	汉	85	92
17	于海	9	20	女	汉	88	71
18	李本	16	20	女	汉	90	99
19	李禾	8	19	女	汉	92	92
20	俊峰	6	20	女	回	99	99
21	刘碰	14	20	女	满	65	99
22				女 汇总		888	924
23				总计		1493	1529

图 7－22　分类汇总结果

7.4 数据透视表和数据透视图

数据透视表是一种对大量数据快速汇总和建立交叉列表的交互式动态表格，能帮助用户分析、组织数据。例如，计算平均数、计算标准差、建立列联表、计算百分比、建立新的数据子集等。建好数据透视表后，可以对数据透视表重新安排，以便从不同的角度查看数据。数据透视表可以从大量看似无关的数据中寻找背后的联系，从而将纷繁的数据转化为有价值的信息，以供研究和决策所用。

以图 7－9 的结果为例进行说明。

在“插入”选项卡上的“表”组中，单击“数据透视表”，或单击“数据透视表”下面的箭头，然后单击“数据透视表”，如图 7－23 所示。打开如图 7－24 所示对话框，选定需要分析区域（用鼠标从起始点到终止点结束），选择“新建工作表”，点击“确定”得到如图 7－25 所示的结果。

图 7－23　数据透视表选项

按照提示，从“数据透视表字段列表”中选择字段。这时，单击右边框的“数学成绩”前面的复选框，得到如图 7－26 所示的结果，可以看到出现了汇总“1493”，这与图 7－22 的结果吻合。将语文成绩也拖过来，得到如图 7－27 所示的效果图。

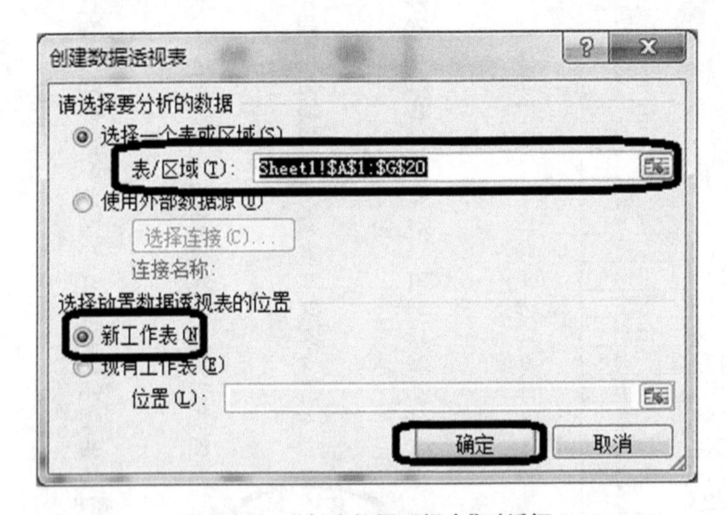

图 7－24　“创建数据透视表”对话框

在图 7－25 的结果中选择“透视效果图”，在“选项”选项卡上的“工具”组中单击“数据透视图”，在“插入图表”对话框中单击“簇状柱形图”，如图 7－28 所示。

如图 7－29 所示，单击“数学成绩”前面的复选框，右键选择“添加到轴字段”，得到如图 7－30 所示的效果图，可以很直观地看到数学成绩的信息。

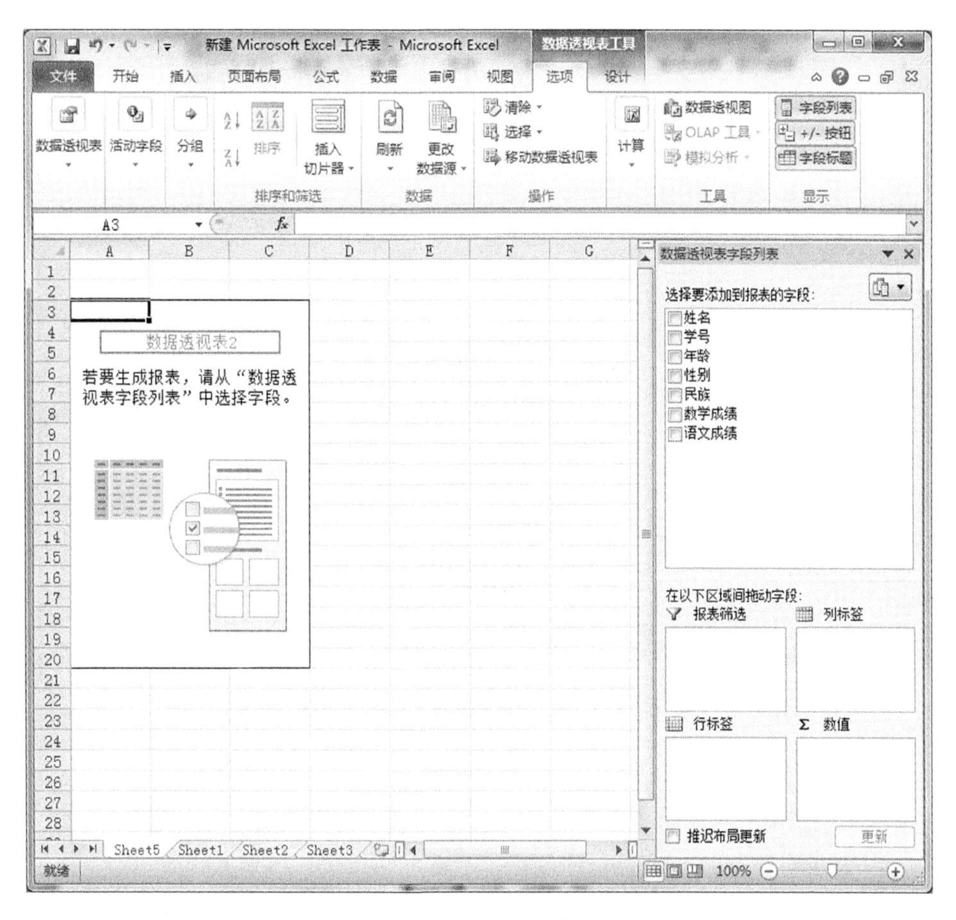

图 7 – 25　新建数据透视表

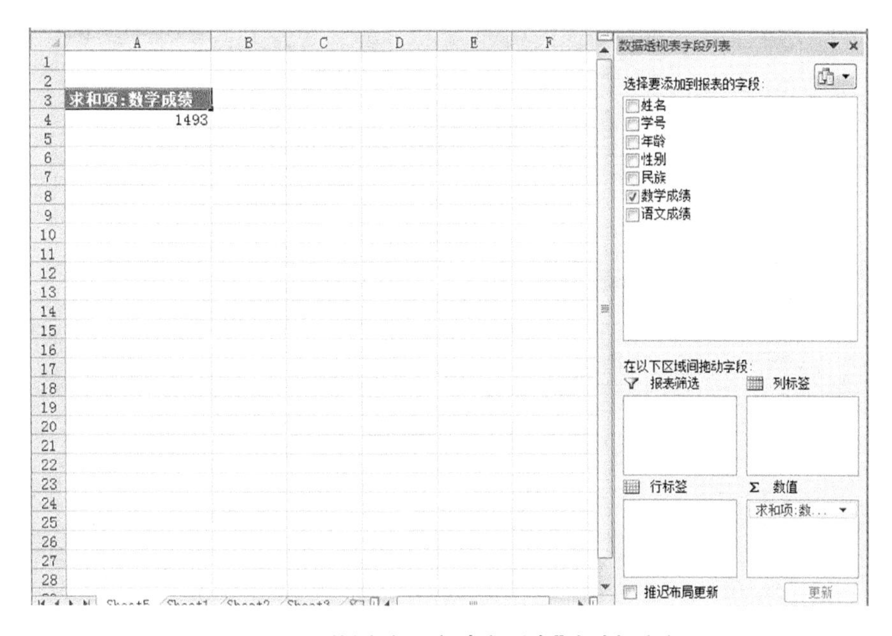

图 7 – 26　从“数据透视表段列表”中选择字段

图 7－27　加上“语文成绩”的数据透视表

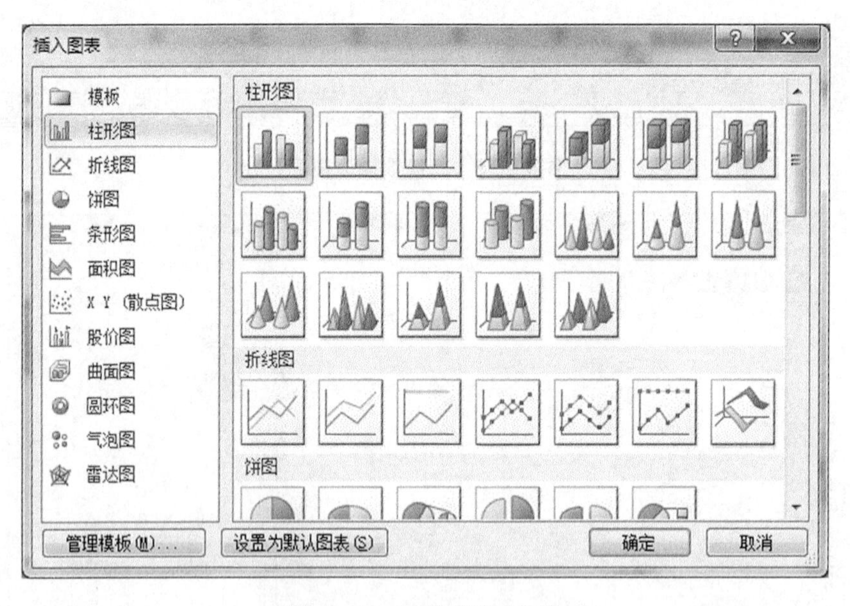

图 7－28　数据透视图步骤

图 7－29　添加数据透视图

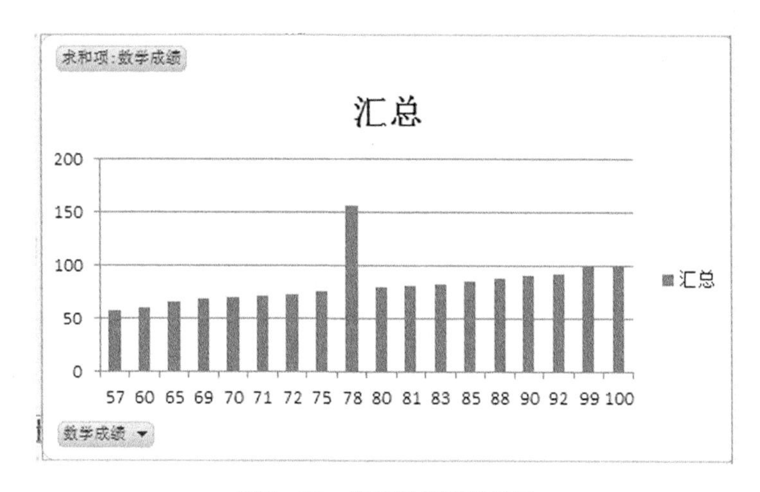

图 7－30　数据透视图效果图

7.5　Excel 中的图表

图表是图形化的数据，它由点、线、面等图形与数据文件按特定的方式而组合而成。一般情况下，用户使用 Excel 工作簿内的数据制作图表，生成的图表也存放在工作簿中。图表是 Excel 的中要组成部分，具有直观形象、双向联动、二维坐标等特点。

还是以图 7－9 的数据为例进行说明。

选择图 7－9 中的语文成绩列，点击“插入”选项卡，在“图标”组中选择 “饼图”，在“二维饼图”中选择第一个，如图 7－31 所示，得到如图 7－32 所示的结果。

图 7－31　插入图表

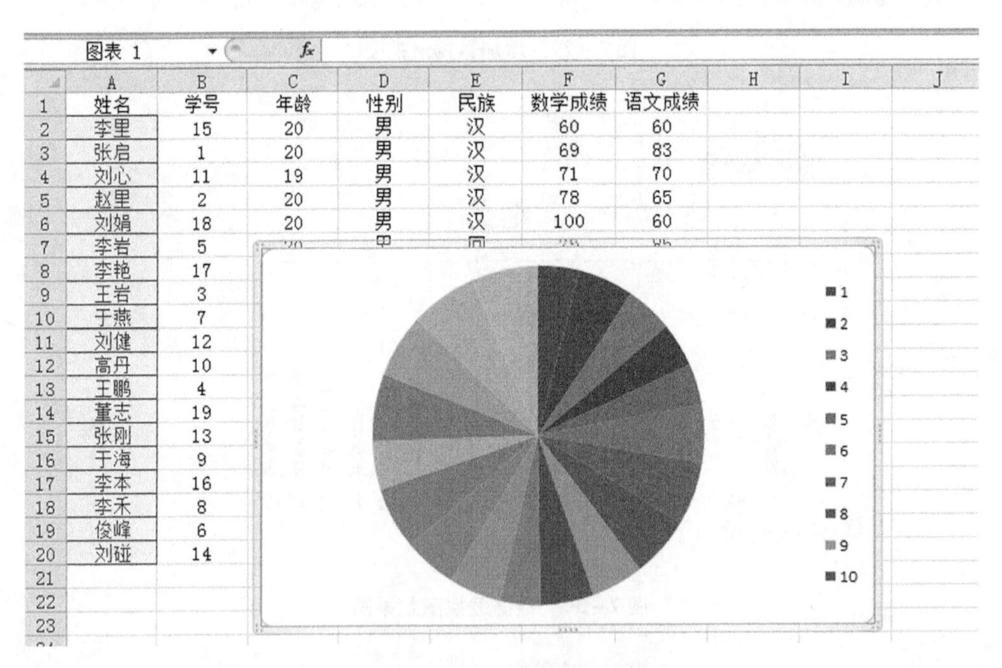

图 7－32　插入“二维饼图”效果图

在“数据”组选择“选择数据”选项，得到如图 7－33 所示的步骤图，可以选择图表数据区域，之前已经选好，这里默认就是这个区域。

在“位置”组选择“移动图表”，可以选择放置图表的位置，选择“对象位于”选项，这样，新产生的图表就在这个 Excel 表格中，方便对照查看，如 7－34 所示。

选择“图标布局”组的“快速布局”选项，如图 7－35 所示，选择“布局 5”。效果图如图 7－36 所示。

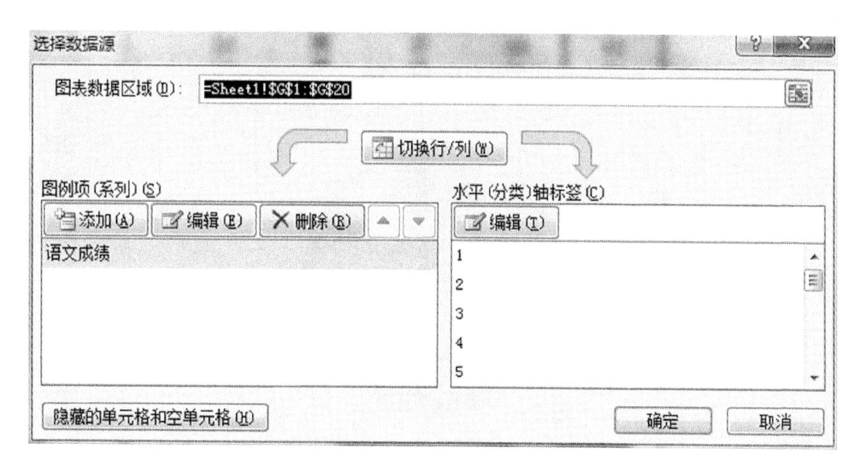

图 7－33　选择数据源

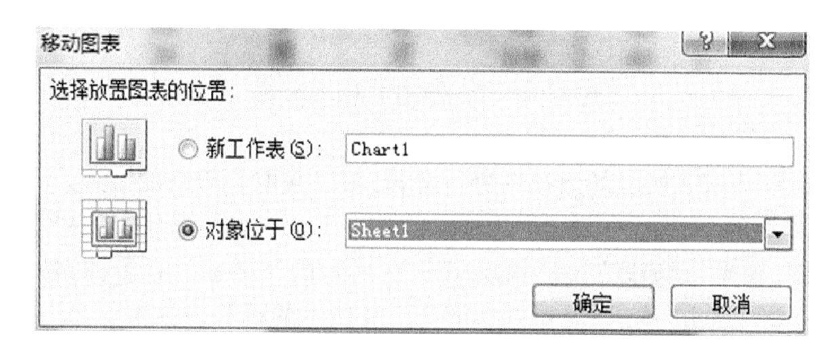

图 7－34　移动图表

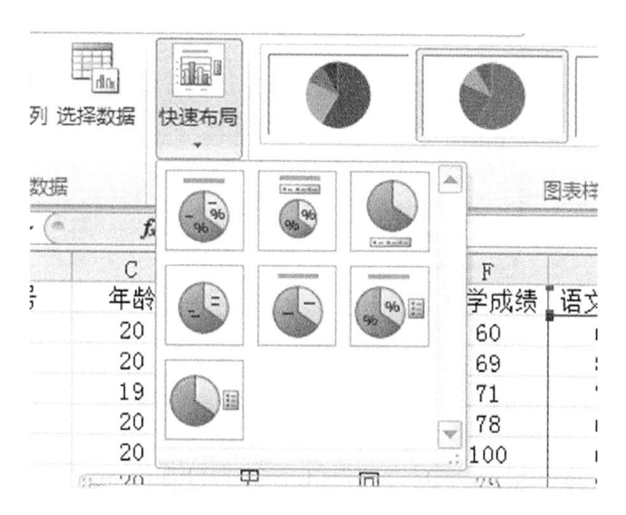

图 7－35　快速布局

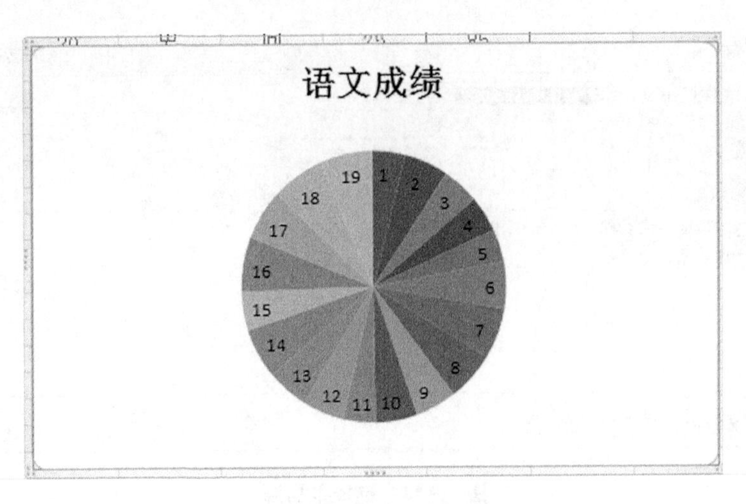

图 7－36 "布局 5"效果图

7.6 图表的趋势线

如果要对如图 7－32 所示的效果图进行分析,可以采取趋势线的方式。

选择"类型"组的"更改图标类型"选项,如图 7－37 所示,得到如图 7－38 所示的结果。右键这个柱状图,选择"趋势线",得到如图 7－39 所示的对话框。有多种类型可以选择,这里选择"移动平均",点击"确定"后得到如图 7－40 所示的趋势线效果图。

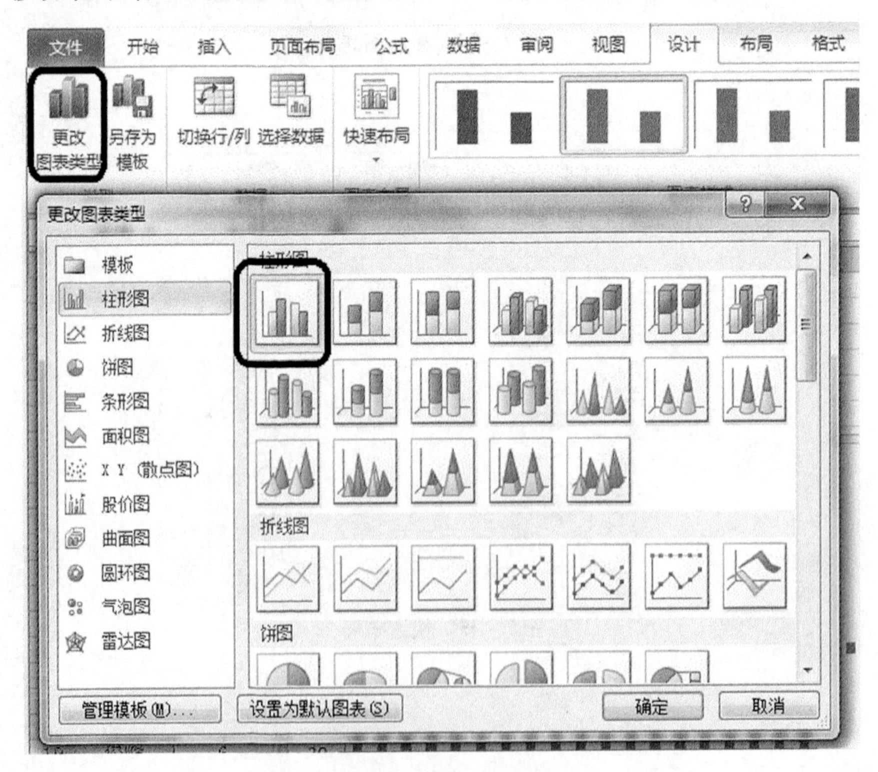

图 7－37 更改图表类型

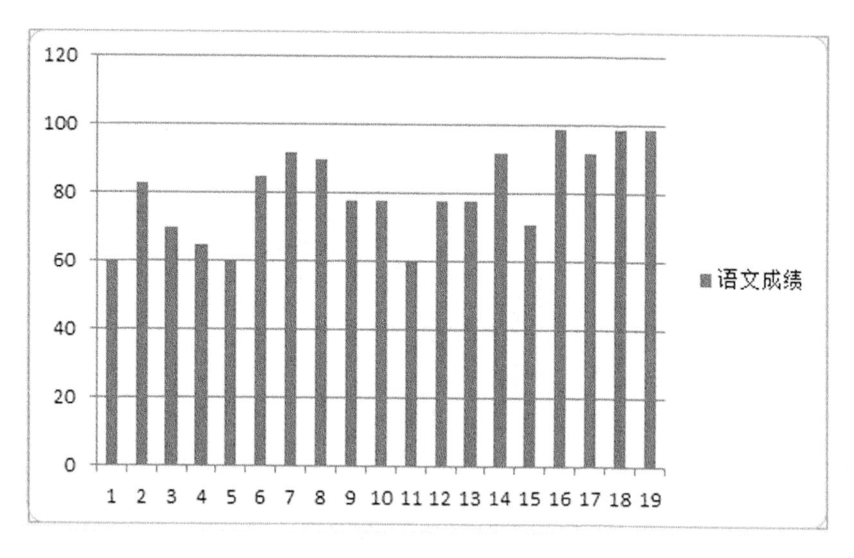

图 7－38 柱状效果图

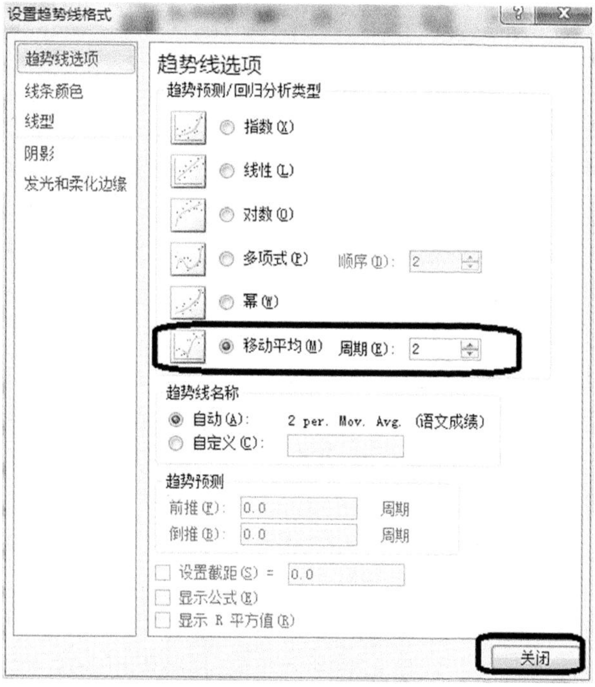

设置趋势线格式
趋势线选项
线条颜色
线型
阴影
发光和柔化边缘
趋势线选项
趋势预测/回归分析类型
指数(X)
线性(L)
对数(O)
多项式(P) 顺序(D): 2
幂(W)
移动平均(M) 周期(E): 2
趋势线名称
自动(A): 2 per. Mov. Avg. (语文成绩)
自定义(C):
趋势预测
前推(F): 0.0 周期
倒推(B): 0.0 周期
设置截距(S) = 0.0
显示公式(E)
显示 R 平方值(R)
关闭

图 7－39 趋势线对话框

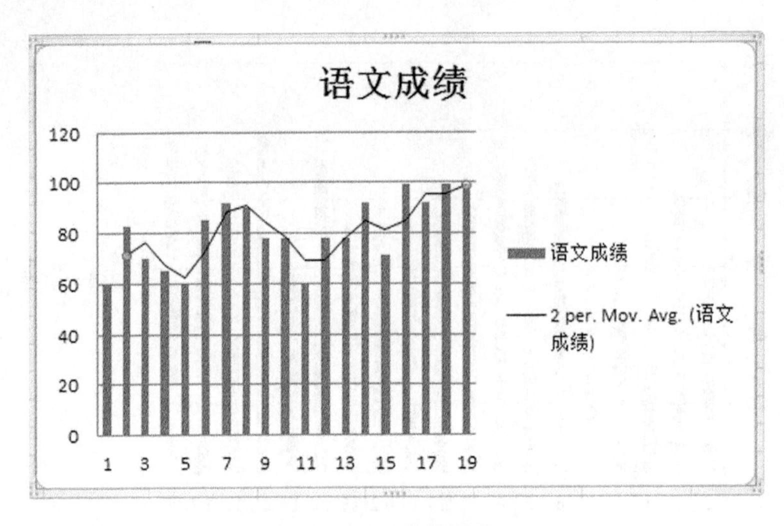

图 7-40　趋势线效果图

7.7　绝对地址与相对地址

什么是相对地址与绝对地址？

在 Excel 的公式里，如何使用到单元格的名称有两种方式：一种是直接写单元格的地址，如 A1，B2 之类的，这种地址写法称为相对地址；另一种是在单元格地址的行号与列号前加上“$”，如$A$1，$B$2，这种写法一般称之为绝对地址写法。在公式中，如果需要使用绝对地址，可以自己手动在行号与列号前输入$符号，也可以选中单元格名称，然后按 F4 键。

与上述两种写法相应的还有一种地址写法，一般称之为混合地址写法。混合地址写法就是只在行号或列号前加$符号，比如$A1 或 A$1。

公式中使用相对地址与绝对地址有什么区别？

在公式中使用相对地址与绝对地址是有很大区别的，常规情况下我们用以下三句话描述它们的区别（称公式所在单元格为公式单元格，公式中引用到的单元格为引用单元格）：

①公式中使用相对地址，Excel 记录的是公式所在的单元格与引用的单元格之间的相对位置，当进行公式复制时，公式所在单元格发生变化时，一般被引用的单元格与会相应的发生变化；

②公式中使用绝对地址，Excel 记录的是引用单元格本身的位置，与公式所在单元格无关，当进行公式复制时，当公式所在单元格发生变化时，被引用的单元格保持不变；

③公式中无论使用何种地址，如果不是进行公式复制，而只是移动公式所在单元格，公式保持不变。

这三句话是最常规地对两者区别的介绍，具体举例说明。

1. 相对引用

复制公式时地址跟着发生变化，如：

C1 单元格有公式 = A1 + B1

当将公式复制到 C2 单元格时变为 = A2 + B2

当将公式复制到 D1 单元格时变为 = B1 + C1

2. 绝对引用

复制公式时地址不会跟着发生变化,如:

C1 单元格有公式 = $A$1 + $B$1

当将公式复制到 C2 单元格时仍为 = $A$1 + $B$1

当将公式复制到 D1 单元格时仍为 = $A$1 + $B$1

3. 混合引用

复制公式时地址的部分内容跟着发生变化,如:

C1 单元格有公式 = $A1 + B$1

当将公式复制到 C2 单元格时变为 = $A2 + B$1

当将公式复制到 D1 单元格时变为 = $A1 + C$1

随着公式的位置变化,所引用单元格位置也是在变化的是相对引用;而随着公式位置的变化,所引用单元格位置不变化的就是绝对引用。

接下来介绍“C4”“$C4”“C$4”和“$C$4”之间的区别。

在一个工作表中,在 C4 和 C5 中的数据分别是 60,50。如果在 D4 单元格中输入“ = C4”,那么将 D4 向下拖动到 D5 时,D5 中的内容就变成了 50,里面的公式是“ = C5”,将 D4 向右拖动到 E4,E4 中的内容是 60,里面的公式变成了“ = D4”,如图 7 – 41 所示。

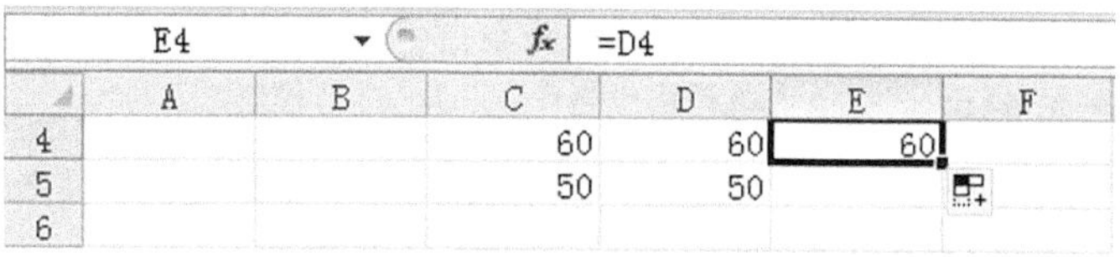

E4 =D4

	A	B	C	D	E	F
4			60	60	60	
5			50	50		
6						

图 7 – 41　C4 的比较

现在,在 D4 单元格中输入“ = $C4”,将 D4 向右拖动到 E4,E4 中的公式还是“ = $C4”,而向下拖动到 D5 时,D5 中的公式就成了“ = $C5”,如图 7 – 42 所示。

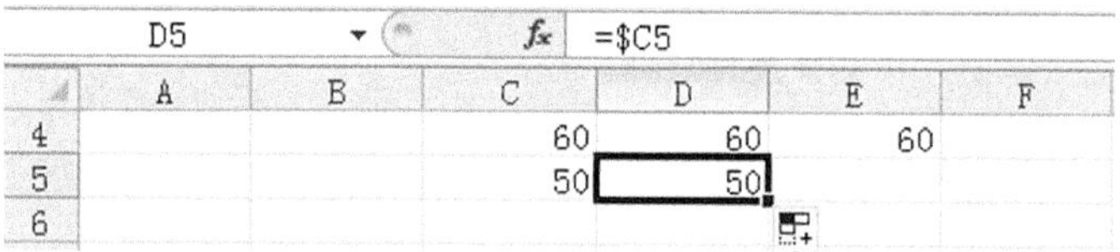

D5 =$C5

	A	B	C	D	E	F
4			60	60	60	
5			50	50		
6						

图 7 – 42　$C4 的比较

如果在 D4 单元格中输入“ = C$4”,那么将 D4 向右拖动到 E4 时,E4 中的公式变为“ = D$4”,而将 D4 向下拖动到 D5 时,D5 中的公式还是“ = C$4”,如图 7 – 42 所示。

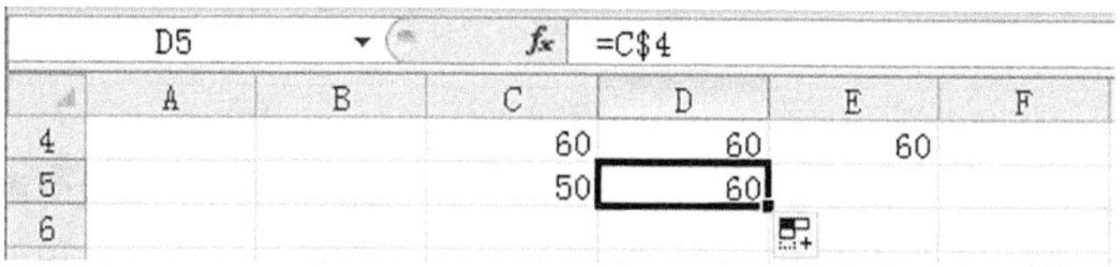

D5 =C$4

	A	B	C	D	E	F
4			60	60	60	
5			50	60		
6						

图 7 – 43　C$4 的比较

如果在 D4 单元格中输入“ = $C$4”,那么不论你将 D4 向哪个方向拖动,自动填充的公式都是“ = $C$4”。谁前面带上了“$”号,在进行拖动时谁就不变。如果都带上了“$”,

在拖动时两个位置都不能变,如图 7 - 44 所示。

D5	=$C$4				
	A	B	C	D	E	F
4			60	60	60	
5			50	60		
6						

图 7 - 44　$C$4 的比较

7.8　公式应用常见错误及处理

在利用 Excel 完成任务的过程中,公式使用得非常多。公式能够解决各种各样的问题,但是这并不意味着公式的运用总会万无一失,如果运用函数和公式的时候稍微不仔细,公式就可能返回一些奇怪的错误代码。表 7 - 1 列举了常见的错误值的代码、原因以及相应的处理方法。

表 7 - 1　公式应用常见错误及处理

错误值代码	常见原因	处理方法
#DIV/0!	在公式中有除数为零,或者有除数为空白的单元格(Excel 把空白单元格也当作 0)	把除数改为非零的数值,或者用 IF 函数进行控制
#N/A	在公式使用查找功能的函数(VLOOKUP,HLOOKUP,LOOKUP 等)时,找不到匹配的值	检查被查找的值,使之的确存在于查找的数据表中的第一列
#NAME?	在公式中使用了 Excel 无法识别的文本,例如,函数的名称拼写错误、使用了没有被定义的区域或单元格名称、引用文本时没有加引号等	根据具体的公式,逐步分析出现该错误的可能,并加以改正
#NUM!	当公式需要数字型参数时,我们却给了它一个非数字型参数;给了公式一个无效的参数;公式返回的值太大或者太小	根据公式的具体情况,逐一分析可能的原因并修正
#VALUE	文本类型的数据参与了数值运算,函数参数的数值类型不正确; 函数的参数本应该是单一值,却提供了一个区域作为参数; 输入一个数组公式时,忘记按"Ctrl + Shift + Enter"键	更正相关的数据类型或参数类型; 提供正确的参数; 输入数组公式时,记得使用"Ctrl + Shift + Enter"键确定
#REF!	公式中使用了无效的单元格引用。通常如下这些操作会导致公式引用无效的单元格:删除了被公式引用的单元格、把公式复制到含有引用自身的单元格中	避免导致引用无效的操作,如果已经出现错误,先撤销,然后用正确的方法操作
#NULL!	使用了不正确的区域运算符或引用的单元格区域的交集为空	改正区域运算符使之正确;更改引用使之相交

7.9 常用公式函数使用方法

1. SUM

SUM 指的是返回某一单元格区域中所有数字之和。

语法:SUM(number1,number2,…)

参数可以是常量也可以是区域。

实例:对常数求和=SUM(3,2),对区域求和=SUM(A1:B20)。

这些引用的都是同一工作表中的数据,如果要汇总同一工作簿中多张工作表上的数据,就要使用三维引用。假如公式放在工作表 Sheet1 的 C6 单元格,要引用工作表 Sheet2 的“A1:A6”和 Sheet3 的“B2:B9”区域进行求和运算,则公式中的引用形式为“=SUM(Sheet2!A1:A6,Sheet3! B2:B9)”。也就是说,三维引用中不仅包含单元格或区域引用,还要在前面加上带“!”的工作表名称。

对 SUM 函数而言,它可以使用从 number1 开始直到 number30 共 30 个参数。要改变这种限制,在引用参数的两边多加一个括号,这时,SUM 把括号内最多可达 254 个参数当成一个处理(主要是受公式长度限制,理论上可以达到无数个):=SUM((1,2,3,…,254))。

2. SUMIF

SUMIF 指的是根据指定条件对若干单元格进行求和。

语法:SUMIF(range,criteria,sum_range)

range 为用于条件判断的单元格区域。

criteria 为确定哪些单元格将被相加求和的条件,其形式可以为数字、表达式或文本。例如,条件可以表示为 32,“32”,“>32” 或 “apples”。

sum_range 是需要求和的实际单元格。

说明:只有在区域中相应的单元格符合条件的情况下,sum_range 中的单元格才求和。如果忽略了 sum_range,则对区域中的单元格求和。Microsoft Excel 还提供了其他一些函数,它们可根据条件来分析资料。例如,如果要计算单元格区域内某个文本字符串或数字出现的次数,则可使用 COUNTIF 函数。如果要让公式根据某一条件返回两个数值中的某一值(例如,根据指定销售额返回销售红利),则可使用 IF 函数。

示例:汇总名称字段中含有“视频”名称的数量。假设视频存放在工作表的 A 列,数量存放在工作表的 B 列,则公式为“=SUMIF(A1:A23,“*视频”,b2:b23)”,其中,“A1:A23”为提供逻辑判断依据的单元格区域,“*视频”为判断条件。也就是说,仅仅统计 A1:A23 区域中名称为“视频”的单元格,B1:B23 为实际求和的单元格区域。

3. AVERAGE

AVERAGE 的主要功能是求出所有参数的算术平均值。

语法:AVERAGE(number1,number2,…)

参数说明:number1,number2,…是需要求平均值的数值或引用单元格(区域),参数不超过 30 个。

实例:在 B8 单元格中输入公式:=AVERAGE(B7:D7,F7:H7,7,8),确认后,即可求出 B7 至 D7 区域、F7 至 H7 区域中的数值和 7,8 的平均值。

特别提醒：如果引用区域中包含“0”值单元格，则计算在内；如果引用区域中包含空白或字符单元格，则不计算在内。

4. INT

INT 的主要功能是将数值向下取最接近的整数。

语法：INT(number)

参数说明：number 表示需要取整的数值或包含数值的引用单元格。

实例：输入公式：=INT(18.89)，确认后显示出 18。

特别提醒：在取整时不进行四舍五入，如果输入的公式为 =INT(-18.89)，则返回结果为 -19。

5. MAX

MAX 的主要功能是求出一组数中的最大值。

语法：MAX(number1,number2,…)

参数说明：number1,number2,…代表需要求最大值的数值或引用单元格(区域)，参数不超过 30 个。

实例：输入公式：=MAX(E44:J44,7,8,9,10)，确认后即可显示出 E44 至 J44 单元和区域和数值 7,8,9,10 中的最大值。

特别提醒：如果参数中有文本或逻辑值，则忽略。

6. IF

IF 的主要功能是根据对指定条件的逻辑判断的真假结果，返回相对应的内容。

语法：=IF(Logical,Value_if_true,Value_if_false)

参数说明：Logical 代表逻辑判断表达式；Value_if_true 表示当判断条件为逻辑“真(TRUE)”时的显示内容，如果忽略返回“TRUE”；Value_if_false 表示当判断条件为逻辑“假(FALSE)”时的显示内容，如果忽略返回“FALSE”。

7. COUNTIF

COUNTIF 指的是计算区域中满足给定条件的单元格的个数。

语法：COUNTIF(range,criteria)

range 为需要计算其中满足条件的单元格数目的单元格区域。

criteria 为确定哪些单元格将被计算在内的条件，其形式可以为数字、表达式或文本。例如，条件可以表示为“32”“32”“>32”或“apples”。

参数说明：Microsoft Excel 提供其他函数，可用作基于条件分析数据。例如，若要计算基于一个文本字符串或某范围内的一个数值的总和，可使用 SUMIF 工作表函数。若要使公式返回两个基于条件的值之一，例如某指定销售量的销售红利，可使用 IF 工作表函数。示例：汇总名称字段中含有“视频”名称的个数。假设视频存放在工作表的 A 列，数量存放在工作表 B 列，则公式为“=COUNTIF(A1:A23,“*视频”)”，其中，“A1:A23”为提供逻辑判断依据的单元格区域，“*视频”为判断条件，就是统计 A1:A23 区域中名称为“视频”的单元格个数。

8. DCOUNT

DCOUNT 指的是返回数据库或数据清单的列中满足指定条件并且包含数字的单元格个数。

语法：DCOUNT(database,field,criteria)

参数说明:field 为可选项,如果省略,函数 DCOUNT 返回数据库中满足条件 criteria 的所有记录数。

database 是构成数据清单或数据库的单元格区域。数据库是包含一组相关数据的数据清单,其中包含相关信息的行为记录,而包含数据的列为字段。数据清单的第一行包含着每一列的标志项。

field 是指定函数所使用的数据列。数据清单中的数据列必须在第一行具有标志项。field 可以是文本,即两端带引号的标志项,如“使用年数”或“产量”;也可以是代表数据清单中数据列位置的数字,1 表示第一列,2 表示第二列,等等。

criteria 为一组包含指定条件的单元格区域。可以为参数 criteria 指定任意区域,只要它至少包含一个列标志和列标志下方用于设定条件的单元格即可。

9. VLOOKUP

VLOOKUP 指的是在表格或数值数组的首列查找指定的数值,并由此返回表格或数组当前行中指定列处的数值。当比较值位于资料表首列时,可以使用函数 VLOOKUP 代替函数 HLOOKUP。

在 VLOOKUP 中, V 代表垂直。

语法:VLOOKUP(lookup_value,table_array,col_index_num,range_lookup)

lookup_value 为需要在数组第一列中查找的数值。lookup_value 可以为数值、引用或文本字符串。

table_array:为需要在其中查找数据的数据表。可以使用对区域或区域名称的引用,例如数据库或数据清单。

如果 range_lookup 为 TRUE,则 table_array 的第一列中的数值必须按升序排列:…,-2,-1,0,1,2,…,-Z,FALSE,TRUE;否则,函数 VLOOKUP 不能返回正确的数值。如果 range_lookup 为 FALSE,table_array 不必进行排序。

通过在“数据”菜单中的“排序”中选择“升序”,可将数值按升序排列。

table_array 的第一列中的数值可以为文本、数字或逻辑值。文本不区分大小写。

col_index_num 为 table_array 中待返回的匹配值的列序号。col_index_num 为 1 时,返回 table_array 第一列中的数值;col_index_num 为 2 时,返回 table_array 第二列中的数值,依此类推。如果 col_index_num 小于 1,函数 VLOOKUP 返回错误值#VALUE!;如果 col_index_num 大于 table_array 的列数,函数 VLOOKUP 返回错误值#REF!。

range_lookup 为一逻辑值,指明函数 VLOOKUP 返回时是精确匹配还是近似匹配。如果为 TRUE 或省略,则返回近似匹配值,也就是说,如果找不到精确匹配值,则返回小于 lookup_value 的最大数值;如果 range_value 为 FALSE,函数 VLOOKUP 将返回精确匹配值;如果找不到,则返回错误值#N/A。

如果函数 VLOOKUP 找不到 lookup_value,且 range_lookup 为 TRUE,则使用小于等于 lookup_value 的最大值。

如果 lookup_value 小于 table_array 第一列中的最小数值,函数 VLOOKUP 返回错误值#N/A。

如果函数 VLOOKUP 找不到 lookup_value 且 range_lookup 为 FALSE,函数 VLOOKUP 返回错误值#N/A。

实例:如果 A1 = 23, A2 = 45, A3 = 50, A4 = 65, 则公式“ = VLOOKUP(50, A1:A4, 1,

TRUE)”返回50。

10. TRANSPOSE

TRANSPOSE 指的是返回转置单元格区域,即将一行单元格区域转置成一列单元格区域,反之亦然。在行列数分别与数组的行列数相同的区域中,必须将 TRANSPOSE 输入为数组公式。使用 TRANSPOSE 可在工作表中转置数组的垂直和水平方向。

语法:TRANSPOSE(array)

array 为需要进行转置的数组或工作表中的单元格区域。所谓数组的转置就是,将数组的第一行作为新数组的第一列,数组的第二行作为新数组的第二列,以此类推。

11. SUMPRODUCT

SUMPRODUCT 在给定的几组数组中,将数组间对应的元素相乘,并返回乘积之和。

语法:SUMPRODUCT(array1,array2,array3,…)

array1,array2,array3,…为 2 到 30 个数组,其相应元素需要进行相乘并求和。

数组参数必须具有相同的维数,否则,函数 SUMPRODUCT 将返回错误值 #VALUE!。

函数 SUMPRODUCT 将非数值型的数组元素作为 0 处理。

12. RANK

RANK 函数是 Excel 计算序数的主要工具。

语法:RANK (number,ref,order)

其中,number 为参与计算的数字或含有数字的单元格,ref 是对参与计算的数字单元格区域的绝对引用,order 是用来说明排序方式的数字(如果 order 为零或省略,则以降序方式给出结果;反之,按升序方式)。

7.10 公式的应用

1. 简单判断单元格最后一位是数字还是字母

在有些情况下,需要判断单元格的最后一位是数字还是字母,可以用下面公式之一:

①“=IF(ISNUMBER(--RIGHT(A1,1)),"数字","字母")”,直接返回数字或字母(其中,“--”的含义是将文本型数字转化为数值以便参与运算);

②“=IF(ISERR(RIGHT(A1)*1),"字母","数字")”,直接返回数字或字母。

2. 计算一个人在某指定日期时的周岁、月份、天数

Excel 提供了一个计算日期跨度的函数:

“=DATEDIF("起始日期","结束日期","Y")”,计算年的跨度;

“=DATEDIF("起始日期","结束日期","M")”,计算月的跨度;

“=DATEDIF("起始日期","结束日期","D")”,计算天的跨度。

例如:

=DATEDIF("2005-5-3","2008-11-28","Y"),返回:3;

=DATEDIF("2005-5-3","2008-11-28","M"),返回:42;

=DATEDIF("2005-5-3","2008-11-28","D"),返回:1305;

3. 判断单元格中存在特定字符

假如判断 A 栏里是否存在"$"字符,有则等于 1,没有则等于 0,公式为:

=IF(COUNTIF(A:A,"*$*")>0,1,0)

4. 计算某单元格所在的列数

通常情况下，A 列为第 1 列，AA 列为 27 列。可以在 A1 单元格中输入列标，通过下列公式计算出任何列标的列数：

=COLUMN(INDIRECT(A1&"1"))

例如："FG"列为第 163 列。

5. 在一个单元格中指定字符出现的次数

例如：在 A1 单元格中有"abcabca"字符串，求"a"在单元格 A1 内出现次数，通过下列公式计算：

=LEN(A1)-LEN(SUBSTITUTE(A1, "a", ""))

6. 日期形式的转换

在有些情况下写日期会用"20060404"表示，用下面的两个公式之一即可转换成"2006-04-04"的标准日期格式(假定在 A1 单元格中有原始日期)：

=TEXT(A1,"0000-00-00")

=TEXT(A1,"????-??-??")

也可以使用以下公式，转换成"2006-4-4"的格式：

=LEFT(A1,4)&SUBSTITUTE(RIGHT(A1,4),0,"-")

反之，如何把"2006 年 4 月 4 日"转换成"20060404"呢？可以利用下面的公式之一进行转换(假定在 A1 单元格中有原始日期)：

=YEAR(A1)&TEXT(MONTH(A1),"00")&TEXT(DAY(A1),"00")

=YEAR(A1)&IF(MONTH(A1)<10,"0"&MONTH(A1),MONTH(A1))&IF(DAY(DAY(A1)<10),"0"&DAY(A1),DAY(A1))

=TEXT(A1,"yyyymmdd")。

也可以直接自定义格式：yyyymmdd。

7. 用"定义名称"的方法突破 IF 函数的嵌套限制

Excel 中的 IF()函数的一个众所周知的限制是嵌套不能超过 7 层。例如，下面的公式是错误的，因为嵌套层数超过了限制：

=IF(Sheet1!$A$4=1,11,IF(Sheet1!$A$4=2,22,IF(Sheet1!$A$4=3,33,IF(Sheet1!$A$4=4,44,IF(Sheet1!$A$4=5,55,IF(Sheet1!$A$4=4,44,IF(Sheet1!$A$4=5,55,IF(Sheet1!$A$4=6,66,IF($A$4=7,77,FALSE)))))))))

通常的方法会考虑用 VBA 代替。但是，也可以通过对公式的一部分"定义名称"解决这种限制，定义一个名叫"OneToSix"的名称，里面包括公式：

=IF(Sheet1!$A$4=1,11,IF(Sheet1!$A$4=2,22,IF(Sheet1!$A$4=3,33,IF(Sheet1!$A$4=4,44,IF(Sheet1!$A$4=5,55,IF(Sheet1!$A$4=4,44,IF(Sheet1!$A$4=5,55,IF(Sheet1!$A$4=6,66,FALSE))))))))

再定义另一个名叫"SevenToThirteen"的名称，里面包括公式：

=IF(Sheet1!$A$4=7,77,IF(Sheet1!$A$4=8,88,IF(Sheet1!$A$4=9,99,IF(Sheet1!$A$4=10,100,IF(Sheet1!$A$4=11,110,IF(Sheet1!$A$4=12,120,IF(Sheet1!$A$4=13,130,"NotFound")))))))

最后在单元格中输入下面的公式：

=IF(OneToSix,OneToSix,SevenToThirteen)

8. 动态求和

举一个简单例子：

对于 A 列，求出 A1 到当前单元格行标前面一行的单元格中的数值之和，更直接地说，如果当前单元格在 B17，那么求 A1:A16 之和。可利用下面的公式：

=SUM(INDIRECT("A1:A"&ROW()-1))。

9. COUNTIF 函数的 16 种公式设置(设 DATA 为区域名称)

①返加包含值 12 的单元格数量：=COUNTIF(DATA,12)。

②返回包含负值的单元格数量：=COUNTIF(DATA,"<0")。

③返回不等于 0 的单元格数量：=COUNTIF(DATA,"<>0")。

④返回大于 5 的单元格数量：=COUNTIF(DATA,">5")。

⑤返回等于单元格 A1 中内容的单元格数量：=COUNTIF(DATA,A1)。

⑥返回大于单元格 A1 中内容的单元格数量：=COUNTIF(DATA,“>”&A1)。

⑦返回包含文本内容的单元格数量：=COUNTIF(DATA,“*”)。

⑧返回包含三个字符内容的单元格数量：=COUNITF(DATA,“???”)。

⑨返回包含单词"GOOD"(不分大小写)内容的单元格数量：=COUNTIF(DATA,“GOOD”)。

⑩返回在文本中任何位置包含单词"GOOD"字符内容的单元格数量：=COUNTIF(DATA,“*GOOD*”)。

⑪返回包含以单词"AB"(不分大小写)开头内容的单元格数量：=COUNTIF(DATA,“AB*”)。

⑫返回包含当前日期的单元格数量：=COUNTIF(DATA,TODAY())。

⑬返回大于平均值的单元格数量：=COUNTIF(DATA,">"&AVERAGE(DATA))。

⑭返回平均值上面超过三个标准误差的值的单元格数量：=COUNTIF(DATA,“>"&AVERAGE(DATA)+STDEV(DATA)*3)。

⑮返回包含值为或-3 的单元格数量：=COUNTIF(DATA,3)+COUNIF(DATA,-3)。

⑯返回包含值逻辑值为 TRUE 的单元格数量：=COUNTIF(DATA,TRUE)。

10. 计算一个日期是一年中的第几天

例如：2006 年 7 月 29 日是本年中的第几天？在一年中，显示是第几天用什么函数呢？假定 A1 中是日期，利用下列公式即可实现：

=A1-DATE(YEAR(A1),1,0)

将单元格格式设置为常规，返回 210，即 2006 年 7 月 29 日是 2006 年的第 210 天。

11. 求出最大值所在的行

例如：A1 至 A10 中有 10 个数，怎么求出最大的数在哪个单元格？

=MATCH(LARGE(A1:A10,1),A1:A10,0)

=ADDRESS(MATCH(SMALL(A1:A10,COUNTA(A1:A10)),A1:A10,0),1)

=ADDRESS(MATCH(MAX(A1:A10,1),A1:A10,0),1)

12. 在 Excel 中的绝对引用与相对引用之间切换

在 Excel 中创建公式时，该公式可以使用相对引用，即相对于公式所在的位置引用单元；也可以使用绝对引用，即引用特定位置上的单元。引用由所在单元格的“列的字母”和“行的数字”组成，绝对引用由在“列的字母”和“行的数字”前面加“$”表示。例如，$B$1

是对第一行 B 列的绝对引用。公式中还可以混合使用相对引用和绝对引用。可以利用 F4 切换相对引用和绝对引用,选中包含公式的单元格,在公式栏中选择想要改变的引用,按 F4 键可以进行切换。

13. 在 Excel 公式和结果之间快速切换

在 Excel 工作表中输入计算公式时,可以利用"Ctrl +(中音号)"键决定显示或隐藏公式,可以让储存格显示计算的结果还是公式本身。

14. 如果某列中有大于 0 和小于 0 的数,将小于 0 数字所在的行自动删除

假定在 A1 ~ A6 中有大于 0 和小于 0 的数,可以用下面的 VBA 程序实现:

```
for i =6 to 1 step  -1
if cells(i,1) <0 then rows(i). Delete
next i
```

15. 奇数行和偶数行求和

有时候需要奇数行和偶数行单独求和。

例如,要求 A 列第 1 行至第 1000 行中奇数行之和,利用如下公式:

=SUMPRODUCT((A1:A1000) * MOD(ROW(A1:A1000),2))

要求这些行中偶数行之和,利用如下公式:

=SUMPRODUCT((A1:A1000) * NOT(MOD(ROW(A1:A1000),2)))

16. 用函数来获取单元格地址

在复杂的计算中,往往要获知单元格的地址,可以用函数

=ADDRESS(ROW(),COLUMN())获得当前单元格的地址。

17. 求一列中某个特定的值对应的另外列的最大或最小值

例如,在 A1 ~ A10 中有若干台计算机、打印机、传真机等物品的名称,在 B1 ~ B10 中有上述设备对应的价格,求"计算机"对应的最低价格。可以用公式:

=min(if(a1:a10 ="计算机",b1:b10))

输入该公式后,按"Ctrl + Shift + Enter"完成。

18. 自动记录数据录入时间

利用 VBA 实现,建立一个 Time. xls 文档,输入以下 VBA 代码:

```
Private Sub Worksheet_Change(ByVal Target As Range)
If Target. Column  < > 1 Then
Exit Sub
Else
Target. Offset(0, 1) = Now
End If
End Sub
```

19. 如果一个单元格中既有数字又有字母,提取其中的数字

代码如下:

```
Function getnumber(rng As String) As String
Dim mylen As Integer
Dim mystr As String
mylen = Len(rng)
```

```
For I = 1 To mylen
mystr = Mid(rng, I, 1)
If Asc(mystr) > =48 And Asc(mystr) < =57 Then
getnumber = getnumber & mystr
End If
Next I
End Function
```

20. 计算单元格数值中的最大数字

平时都是对不同单元格之间的数字进行计算,但是在一个单元格内部,各数字之间有什么关系? 例如,A1 中的数字为 389732,找到其中最大的数字 9。

利用数组公式:

{ = MAX(MID(A1,ROW(INDIRECT("1:"&LEN(A1))),1) *1)}

先输入 = MAX(MID(A1,ROW(INDIRECT("1:"&LEN(A1))),1) *1),再按"Ctrl + Shift + Enter"键。

21. 计算单元格数值中的数字之和

利用下面的公式:

= SUMPRODUCT(MID(A1,ROW(INDIRECT("1:"&LEN(A1))),1) *1)

22. 在 EXCEL 的数组公式中 ROW 函数的用法

在 EXCEL 的数组公式中,ROW()是一个非常有用的函数,现举例说明。

返回一列中最后一个数值:

{ = INDEX(A:A,MAX(ROW(A1:A100) *(A1:A100 < >"")))}

在这个公式中用 ROW 函数返回 A1:A100 < >""即 A1 格到 A100 中不为空的单元格,它是一组数据,然后用 MAX 确定最大的一个行号,即最后一格不为空的单元格,然后用 INDEX 返回 A1 到 A100 中 A 列最大行号的那个数据。

返回一行中最后一个数值:

{ = INDEX(1:1,MAX(COLUMN(1:1) *(1:1 < >"")))}

返回 A 列 100 行中最后一个有数值的行号:

{ = MAX(IF(A1:A100 < >"",ROW(A1:A100),""))}

7.11 数组的应用

数组就是单元的集合或是一组处理的值集合。可以写一个数组公式,即输入一个单个的公式,它执行多个输入的操作并产生多个结果,每个结果显示在一个单元中。数组公式可以看成是有多重数值的公式。与单值公式的不同之处在于它可以产生一个以上的结果。一个数组公式可以占用一个或多个单元。数组的元素可多达6 500个。

以图 7 -45 为例进行说明。

图 7 -45 是原始数据,"A"列中的数据为销售量,在"B"列中的数据是销售单价,要求计算出总的销售金额,一般的做法是计算出每种产品的销售额,然后再计算出总的销售额。但是如果改用数组,就可以只键入一个公式完成这些运算。

	A	B	C
1	销售量	单价	
2	1	20	
3	3	19	
4	5	20	
5	7	21	
6	9	20	
7	19	19	
8	16	20	
9	13	18	
10	10	18	
11			

图 7－45 原数据

选定要存入总销售额的单元格，在本例中选择“C11”单元格。

输入公式 = SUM(A2:A10 * B2:B10)，如图 7－46 所示。输入后不要按下“Enter“键（输入公式的方法和输入普通的公式一样），按下 “Shift + Ctrl + Enter”键，总销售额就会显示在 C11 单元格中，如图 7－47 所示。

SUM　=SUM(A2:A10*B2:B10)

	A	B	C	D	E	F
1	销售量	单价				
2	1	20				
3	3	19				
4	5	20				
5	7	21				
6	9	20				
7	19	19				
8	16	20				
9	13	18				
10	10	18				
11			=SUM(A2:A10*B2:B10)			
12						

图 7－46 数组计算

在单元格“C”中的公式“ = SUM(A2:A10 * B2:B10)”，表示 A2 ~ A10 范围内的每一个单元格和 B2 ~ B10 内相对应的单元格相乘，也就是把销售量和销售单价相乘，相乘的结果共有 9 个数字，每个数字代表一个销售额，而“SUM”函数将这些销售额相加，就得到了总的销售额。

在 Excel 中数组公式的显示是用大括号“{}”括住以区分普通 Excel 公式，如图 7－46 上端显示的{ = SUM(A2:A10 * B2:B10)}。

常数数组可以是一维的也可以是二维的。

一维数组可以是垂直的也可以是水平的。

	A	B	C	D
1	销售量	单价		
2	1	20		
3	3	19		
4	5	20		
5	7	21		
6	9	20		
7	19	19		
8	16	20		
9	13	18		
10	10	18		
11			1599	
12				

图 7－47 数组计算结果

在一维水平数组中的元素用逗号分开。下面是一个一维数组的例子。例如,数组:{10,20,30,40,50}。在一维垂直数组中的元素用分号分开,{100;200;300;400;500;600}。

对于二维数组,用逗号将一行内的元素分开,用分号将各行分开。

如“4 ×4”的数组(由4行4列组成):

{100,200,300,400;110, …;130,230,330,440}。

注:不可以在数组公式中使用列出常数的方法列出单元引用、名称或公式。例如,{2*3,3*3,4*3}因为列出了多个公式,是不可用的。{A1,B1,C1}因为列出多个引用,也是不可用的,不过可以使用一个区域,例如{A1:C1}。

对于数组常量的内容,可由下列规则构成:

①数组常量可以是数字、文字、逻辑值或错误值;

②数组常量中的数字也可以使用整数、小数或科学记数格式;

③文字必须以双引号括住;

④同一个数组常量中可以含有不同类型的值;

⑤数组常量中的值必须是常量,不可以是公式;

⑥数组常量不能含有货币符号、括号或百分比符号;

⑦所输入的数组常量不得含有不同长度的行或列。

7.12 自定义函数

Excel 函数虽然丰富,但并不能满足我们的所有需要。可以自定义一个函数,完成一些特定的运算。例如,可以自定义一个计算梯形面积的函数:

(1)为确保在功能区上能够看到“开发工具”选项卡,默认情况下,“开发工具”选项卡不可见,因此,请执行以下操作:

①单击文件选项卡,单击选项,然后单击自定义功能区类别;

②在“自定义功能区”下的“主选项卡”列表中,选中“开发工具”复选框,然后单击“确定”。

单击“开发工具”选项卡,选择“Visual Basic”命令(或按“Alt + F11”快捷键),打开 Visual Basic 编辑窗口,如图 7-48 所示。

(2)在窗口中,执行“插入”→“模块”菜单命令,插入一个新的模块——模块 1,如图 7-49 所示。

(3)在右边的“代码窗口”中输入以下代码:

```
Function sjxmj(di, gao)
sjxmj = di * gao / 2
End Function
```

如图 7-50 所示。

这段代码非常简单,只有三行。

先看第一行,其中,sjxmj 是自己取的函数名字,括号中的是参数,也就是变量,di 表示“底边长”,gao 表示“高”,两个参数用逗号隔开。

再看第二行,这是计算过程,将 di * gao/2 这个公式赋值给 sjxmj,即自定义函数的名字。

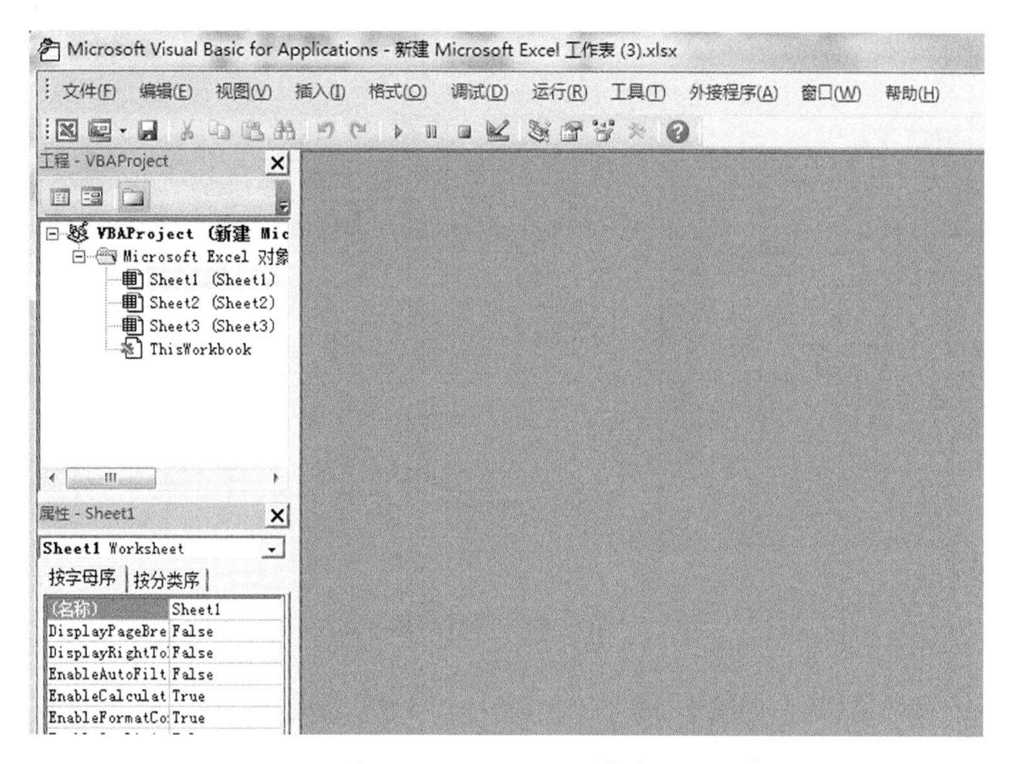

图 7－48 Visual Basic 编辑窗口

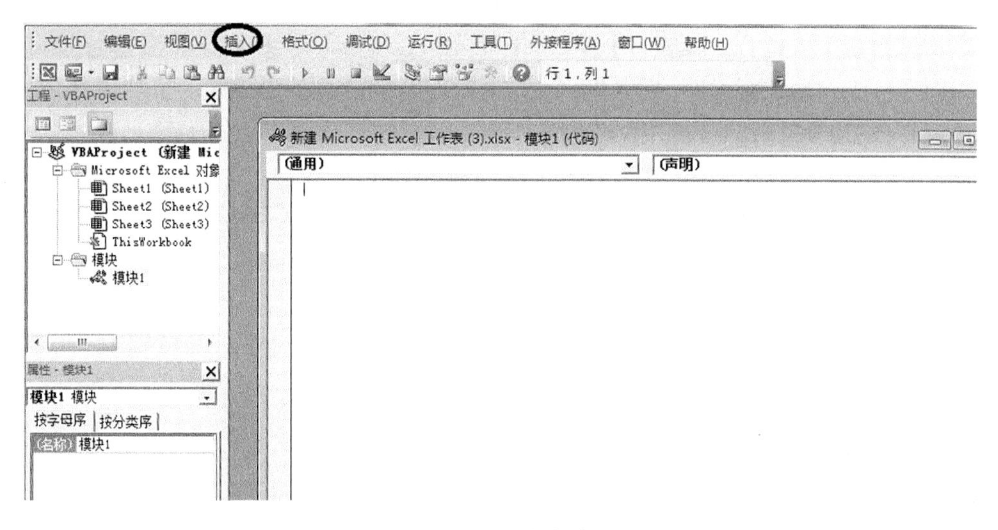

图 7－49 新模块

再看第三行，它是与第一行成对出现的，手动输入第一行时，第三行的 end function 就会自动出现，表示自定义函数的结束。

(4)关闭窗口，自定义函数完成。

以后可以像使用内置函数一样使用自定义函数“＝sjxmj(X,Y)”。X,Y 分别是单元格。

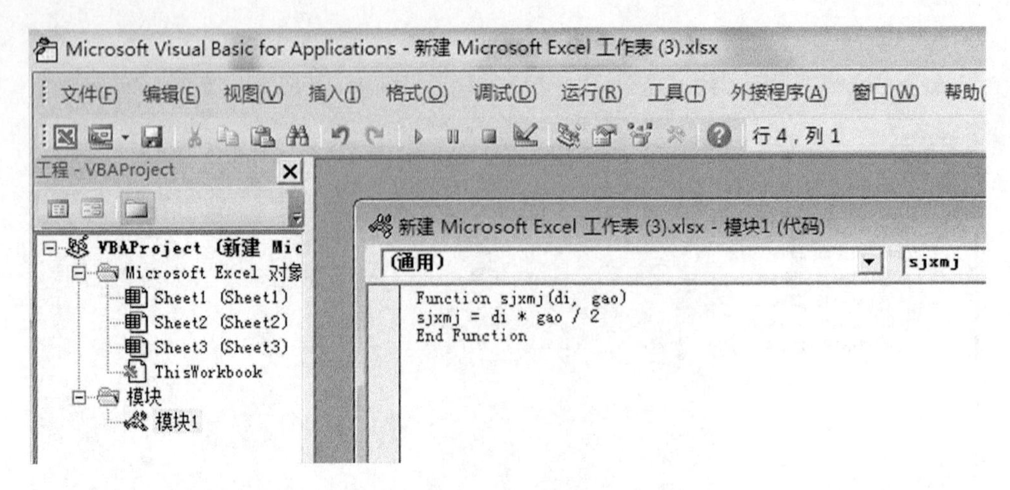

图 7 – 50 程序

7.13 平均分函数 TRIMMEAN 的妙用

在比赛中或者其他情况需要计算平均分，这个平均分是去掉最高分、最低分之后的平均分。

用 Excel 将所打分数逐一录入，并且需在打出的多个分数中，去掉一定比例的最高分和最低分，再求出剩余分数的平均分作为最终结果。常规的做法一般是对每个人所得分数分别排序，按比例删除最高分和最低分，再求出剩余分数的平均分。这种方法对于需要大量计算平均值来说不太适合。其实，用 TRIMMEAN 函数，一步即可实现。

以图 7 – 51 为例进行说明，现有 20 个人的成绩单，要计算各科成绩的平均值，但要去除 10% 的最高分，10% 的最低分。

	A	B	C	D	E	F
1	姓名	学号	数学成绩	语文成绩	英语成绩	政治成绩
2	张启	1	69	83	90	65
3	王岩	3	72	90	80	75
4	李岩	5	75	85	92	80
5	于燕	7	57	78	57	78
6	于海	9	88	71	88	71
7	董志	19	83	78	83	78
8	李本	16	90	99	90	99
9	张刚	13	85	92	85	92
10	高丹	10	78	60	78	60
11	刘心	11	71	70	71	70
12	赵里	2	78	65	78	65
13	王鹏	4	81	78	81	78
14	俊峰	6	99	99	99	99
15	李禾	8	92	92	92	92
16	李里	15	60	60	60	60
17	刘健	12	70	78	70	78
18	刘碰	14	65	99	65	99
19	李艳	17	80	92	80	92
20	刘娟	18	100	60	100	60
21	刘健	12	70	78	70	78

图 7 – 51 原数据表

只需在 C22 单元格输入"=TRIMMEAN(C2:C21,0.2)",回车得到 77.9375,即去掉 2 个最高分、2 个最低分得到的平均值。其他平均值只需使用自动填充柄拖动就可以了,如图 7-52 所示。

注:其中,0.2 表示最高最低分各去掉 10%,共去掉 20%。

	A	B	C	D	E	F
1	姓名	学号	数学成绩	语文成绩	英语成绩	政治成绩
2	张启	1	69	83	90	65
3	王岩	3	72	90	80	75
4	李岩	5	75	85	92	80
5	于燕	7	57	78	57	78
6	于海	9	88	71	88	71
7	董志	19	83	78	83	78
8	李本	16	90	99	90	99
9	张刚	13	85	92	85	92
10	高丹	10	78	60	78	60
11	刘心	11	71	70	71	70
12	赵里	2	78	65	78	65
13	王鹏	4	81	78	81	78
14	俊峰	6	99	99	99	99
15	李禾	8	92	92	92	92
16	李里	15	60	60	60	60
17	刘健	12	70	78	70	78
18	刘碰	14	65	99	65	99
19	李艳	17	80	92	80	92
20	刘娟	18	100	60	100	60
21	刘健	12	70	78	70	78
22			77.9375	80.5625	80.8125	78.1875
23						

图 7-52 平均值

7.14 智能成绩录入单

一种智能成绩录入单如图 7-53 所示,输入成绩,系统自动添加等级。

	A	B	C	D	E	F	G
1	姓名	学号	年龄	数学成绩	等级	语文成绩	等级
2	张启	1	20	69	及格	83	良好
3	王岩	3	19	72	及格	90	优秀
4	李岩	5	20	75	及格	85	良好
5	于燕	7	21	57	不及格	78	及格
6	于海	9	20	-88	分数输入错误	71	及格
7	董志	19	19	83	良好	78	及格
8	李本	16	20	90	优秀	99	优秀
9	张刚	13	18	85	良好	92	优秀
10	高丹	10	18			60	及格
11	刘心	11	19	71	及格	70	及格
12	赵里	2	20	78	及格	65	及格
13	王鹏	4	21	81	良好	78	及格
14	俊峰	6	20	99	优秀	99	优秀
15	李禾	8	19	92	优秀	92	优秀
16	李里	15	20	60	及格	60	及格
17	刘健	12	21	170	分数输入错误	78	及格
18	刘碰	14	20	65	及格	99	优秀
19	李艳	17	19	80	良好	92	优秀
20	刘娟	18	20	100	优秀	60	及格

图 7-53 智能成绩录入单

智能成绩录入单具有三大特点：

①在“成绩”列输入成绩后，在“等级”列就能智能地显示出相应的“等级”，如果“等级”为“不及格”，还会用红色字体提醒；

②在“成绩”列中误输入文字或者输入的成绩数值不符合具体要求时(100 分制，数值大于 100 或者小于 0 时都是错误的)，在“等级”列会显示提示信息“分数输入错误”；

③当某位学生因病或因事缺考，“成绩”列中的分数为空时，相应的“等级”也为空，不会出现因为学生缺考而导致“等级”是“不及格”的现象。

现详细介绍制作过程。如图 7－54 所示是原始成绩单。

	A	B	C	D	E	F	G
1	姓名	学号	年龄	数学成绩	等级	语文成绩	等级
2	张启	1	20	69		83	
3	王岩	3	19	72		90	
4	李岩	5	20	75		85	
5	于燕	7	21	57		78	
6	于海	9	20	0		71	
7	董志	19	19	83		78	
8	李本	16	20	90		99	
9	张刚	13	18	85		92	
10	高丹	10	18			60	
11	刘心	11	19	71		70	
12	赵里	2	20	78		65	
13	王鹏	4	21	81		78	
14	俊峰	6	20	99		99	
15	李禾	8	19	92		92	
16	李里	15	20	60		60	
17	刘健	12	21	170		78	
18	刘碰	14	20	65		99	
19	李艳	17	19	80		92	
20	刘娟	18	20	100		60	

图 7－54　原始成绩单

100 分制的要求如下。

成绩≥90：优秀

90 > 成绩≥80：良好

80 > 成绩≥60：及格

60 > 成绩：不及格

成绩 > 100 或者 0 > 成绩 0：分数输入错误

在“E2”列输入一个判断语句：

＝IF(ISTEXT(D2)，"分数输入错误"，IF(OR(D2 < 0，D2 > 100)，"分数输入错误"，IF(D2 > ＝90，"优秀"，IF(D2 > ＝80，"良好"，IF(D2 > ＝60，"及格"，IF(ISNUMBER(D2)，"不及格"，IF(ISBLANK(D2)，" "，)))))))

如图 7－55 所示，回车得到如图 7－56 所示的结果。

运用自动填充功能，将 E 列都填满，得到如图 7－57 所示的结果。

复制“E2”，粘贴到“G2”，再自动填充，得到如图 7－58 所示的结果。

选中“D”“E”“F”“G”列，按照第 6.7 节的方法设置条件格式，如图 7－59 所示，点击“确定”，得到如图 7－53 所示的结果。

说明：这里应用了 IF 函数的嵌套，如果第一个逻辑判断表达式“ISTEXT(D2)”为真时，在 E2 中就显示“分数输入错误”，如果为假，就执行第二个 IF 语句；如果第二个 IF 语句中的逻辑表达式“OR(D2 <0,D2 >100)”为真,在C2中就显示“分数输入错误”,如果为假,就执行第三个IF语句中的逻辑表达式……依此类推,直至结束。整个IF语句的意思是:当您在D2单元格输入的内容是文字时,在E3单元格就显示“分数输入错误”;当您输入的数值比0小或者比100大时,也显示“分数输入错误”。当B2的数值大于或等于85时就显示“优秀”,当D2的数值大于或等于75时就显示“良好”,当D2的数值大于或等于60时就显示“及格”,如果是其他数值就显示“不及格”。如果B2单元格内容为空,那么E2也为空。

SUM ▾ × ✓ fx D2),"不及格",IF(ISBLANK(D2)," ",)))))))

	A	B	C	D	E	F	G	H	I	J
1	姓名	学号	年龄	数学成绩	等级	语文成绩	等级			
2	张启	1	20	69	=IF(ISTEXT(D2),"分数输入错误",IF(OR(D2<0,D2>100),"分数输入错误",IF(D2>=90,"优秀",IF(D2>=80,"良好",IF(D2>=60,"及格",IF(ISNUMBER(D2),"不及格",IF(ISBLANK(D2)," ",)))))))					
3	王岩	3	19	72						
4	李岩	5	20	75						
5	于燕	7	21	57		78				
6	于海	9	20	0		71				
7	董志	19	19	83		78				
8	李本	16	20	90		99				
9	张刚	13	18	85		92				
10	高丹	10	18			60				
11	刘心	11	19	71		70				
12	赵里	2	20	78		65				
13	王鹏	4	21	81		78				
14	俊峰	6	20	99		99				
15	李禾	8	19	92		92				
16	李里	15	20	60		60				
17	刘健	12	21	170		78				
18	刘碰	14	20	65		99				
19	李艳	17	19	80		92				
20	刘娟	18	20	100		60				
21										

图7-55 输入判断语句

	A	B	C	D	E	F	G
1	姓名	学号	年龄	数学成绩	等级	语文成绩	等级
2	张启	1	20	69	及格	83	
3	王岩	3	19	72		90	
4	李岩	5	20	75		85	
5	于燕	7	21	57		78	
6	于海	9	20	0		71	
7	董志	19	19	83		78	
8	李本	16	20	90		99	
9	张刚	13	18	85		92	
10	高丹	10	18			60	
11	刘心	11	19	71		70	
12	赵里	2	20	78		65	
13	王鹏	4	21	81		78	
14	俊峰	6	20	99		99	
15	李禾	8	19	92		92	
16	李里	15	20	60		60	
17	刘健	12	21	170		78	
18	刘碰	14	20	65		99	
19	李艳	17	19	80		92	
20	刘娟	18	20	100		60	

图7-56 判断语句结果

	A	B	C	D	E	F	G
1	姓名	学号	年龄	数学成绩	等级	语文成绩	等级
2	张启	1	20	69	及格	83	
3	王岩	3	19	72	及格	90	
4	李岩	5	20	75	及格	85	
5	于燕	7	21	57	不及格	78	
6	于海	9	20	-88	分数输入错误	71	
7	董志	19	19	83	良好	78	
8	李本	16	20	90	优秀	99	
9	张刚	13	18	85	良好	92	
10	高丹	10	18			60	
11	刘心	11	19	71	及格	70	
12	赵里	2	20	78	及格	65	
13	王鹏	4	21	81	良好	78	
14	俊峰	6	20	99	优秀	99	
15	李禾	8	19	92	优秀	92	
16	李里	15	20	60	及格	60	
17	刘健	12	21	170	分数输入错误	78	
18	刘碰	14	20	65	及格	99	
19	李艳	17	19	80	良好	92	
20	刘娟	18	20	100	优秀	60	
21							

图 7－57　自动填充结果

	A	B	C	D	E	F	G
1	姓名	学号	年龄	数学成绩	等级	语文成绩	等级
2	张启	1	20	69	及格	83	良好
3	王岩	3	19	72	及格	90	优秀
4	李岩	5	20	75	及格	85	良好
5	于燕	7	21	57	不及格	78	及格
6	于海	9	20	-88	分数输入错误	71	及格
7	董志	19	19	83	良好	78	及格
8	李本	16	20	90	优秀	99	优秀
9	张刚	13	18	85	良好	92	优秀
10	高丹	10	18			60	及格
11	刘心	11	19	71	及格	70	及格
12	赵里	2	20	78	及格	65	及格
13	王鹏	4	21	81	良好	78	及格
14	俊峰	6	20	99	优秀	99	优秀
15	李禾	8	19	92	优秀	92	优秀
16	李里	15	20	60	及格	60	及格
17	刘健	12	21	170	分数输入错误	78	及格
18	刘碰	14	20	65	及格	99	优秀
19	李艳	17	19	80	良好	92	优秀
20	刘娟	18	20	100	优秀	60	及格

图 7－58　全部成绩的结果

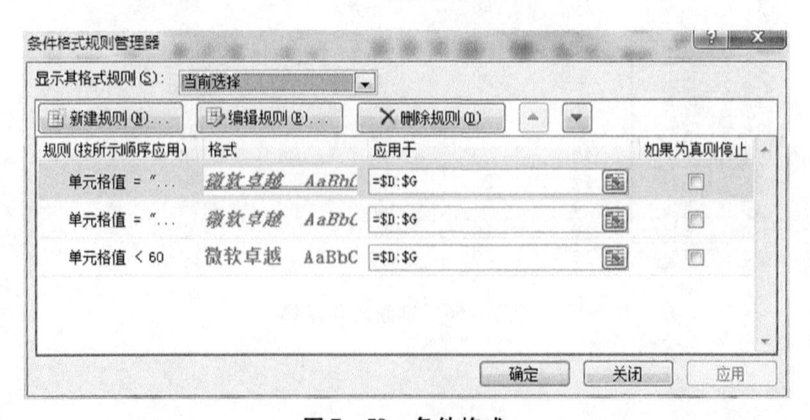

图 7－59　条件格式

7.15 模　　板

1. 创建模板

打开已经制定完毕的工作表，单击上面的菜单“文件”按钮，然后单击“另存为”命令，如图 7－60 所示。

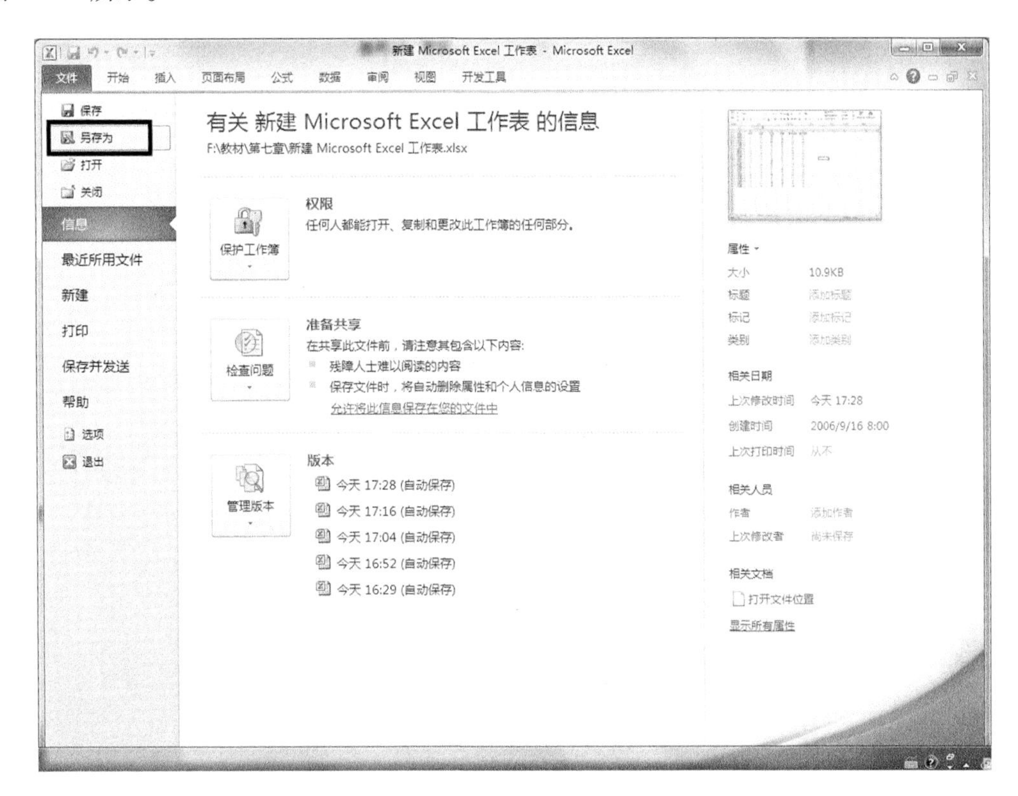

图 7－60　另存为

在打开的“另存为”对话框中找到“保存类型”，下拉列表框中，选择“Excel 模板”选项，然后在“文件名”文本框中输入文件名称，最后单击“保存”按钮以将所创建的工作表另存为模板，如图 7－61 所示。

保存完毕后，可以关闭此前打开的工作表，重新启动 Excel 2010，选择“文件”→“新建”命令，在打开的页面中点击“我的模板”选项，如图 7－62 所示。在弹出的“新建”对话框中，就可以看到刚才保存的模板“成绩单模板”，如图 7－63 所示。

2. 模板的应用

Excel 2010 提供了若干预安装的模板，用户制作类似表格时可以直接在这些模板的基础上根据实际情况进行改动，以减少工作量，具体打开方法是选择上面菜单的“文件”→“新建”命令，然后在右侧的“可用模板”中双击所需的模板即可直接引用，如图 7－64 所示。

3. 模板的下载

尽管 Excel 2010 中预安装了数种模板，但是这些模板并不能完全满足用户的实际需要。对此，Office. com 提供了一部分额外供用户在线下载的模板。

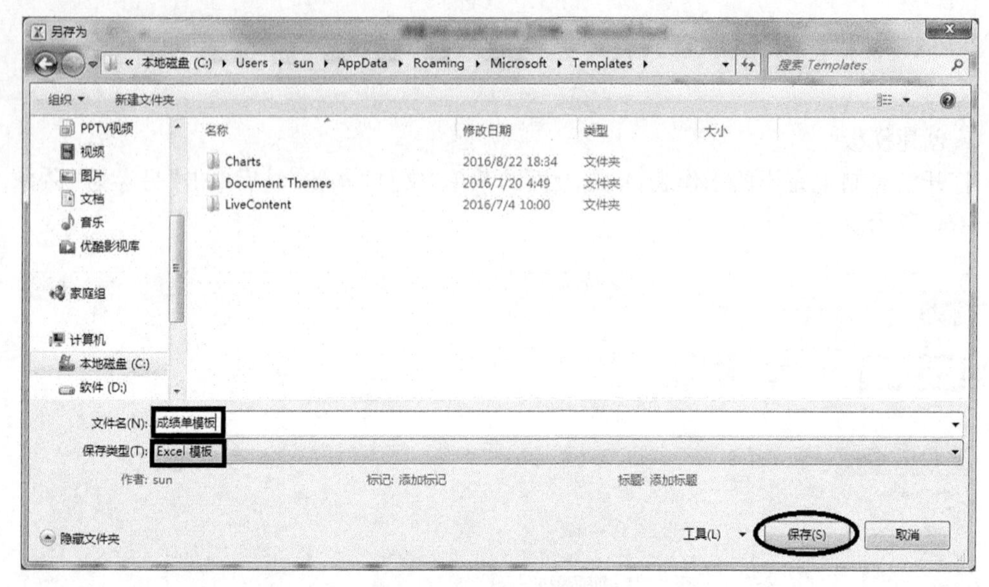

图 7－61　选择保存类型

图 7－62　我的模板

启动 Excel 2010，选择上面菜单中的“文件”→“新建”命令，在打开的“新建”选项卡中的“Office. com 模板”选项组中单击其中一种模板类别，此处以“业务”为例，单击“业务”，然后在弹出页面中单击“账单”，最后点击右边的“下载”按钮，如图 7－65 所示。下载完成后会自动打开模板的工作表，如图 7－66 所示。

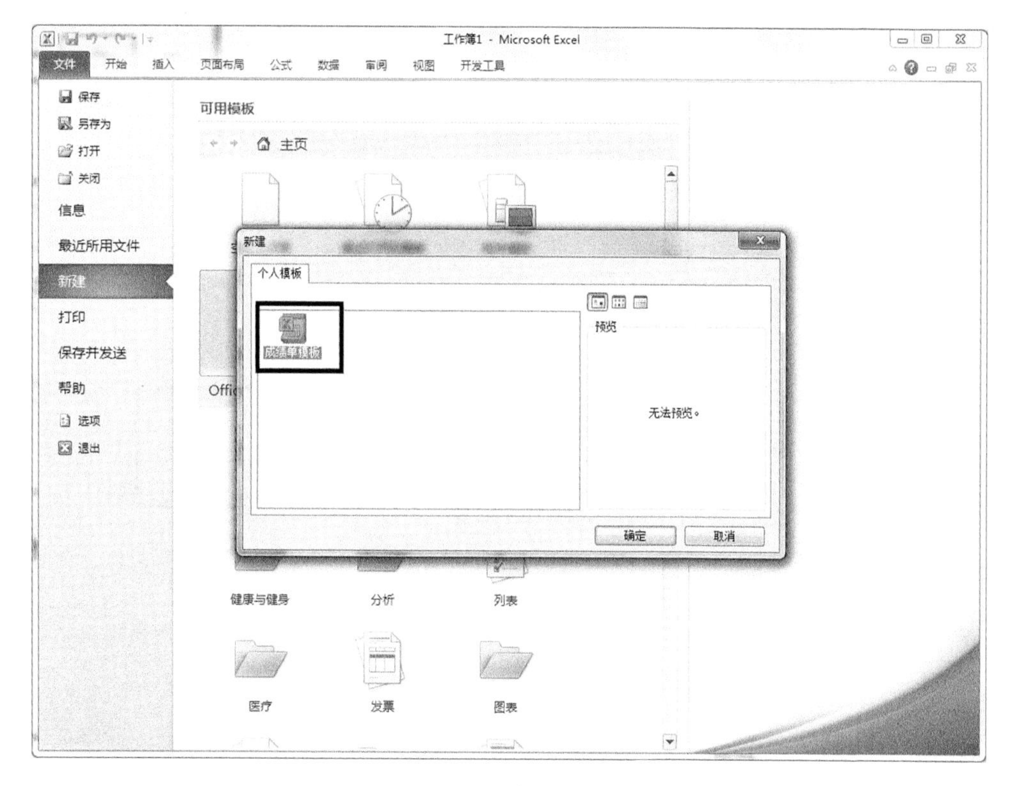

图7－63　成绩单模板

图7－64　可用模板

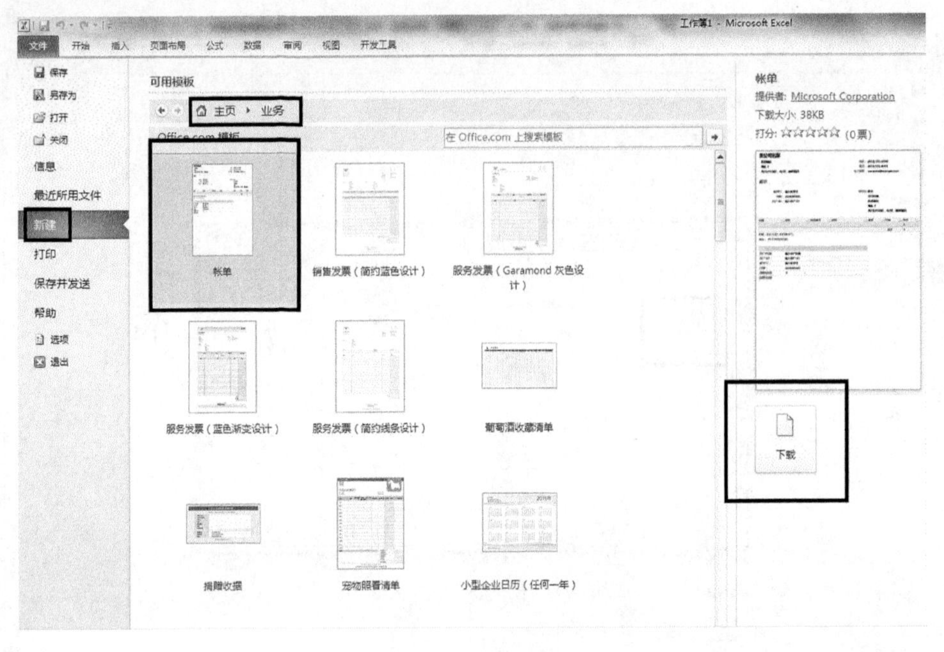

图 7 – 65　下载模板

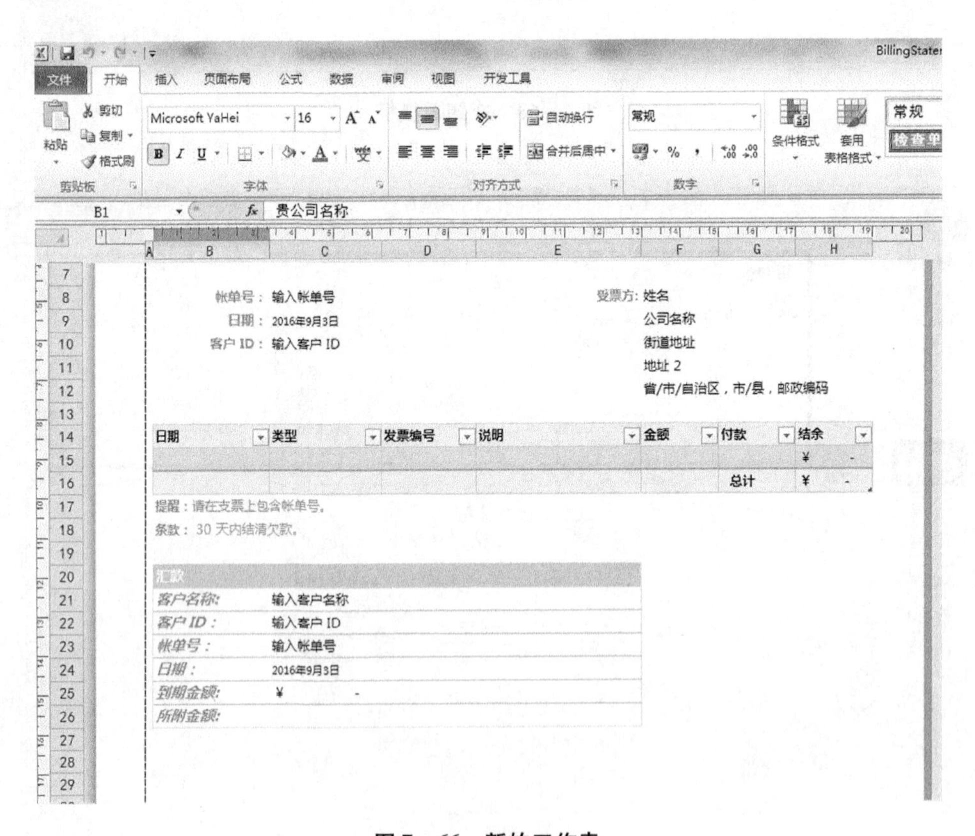

图 7 – 66　新的工作表

第8章　MathType 基本操作

MathType 是由美国 Design Science 公司开发的强大的数学公式编辑器，它同时支持 Windows 和 Macintosh 操作系统，与常见的文字处理软件和演示程序配合使用，能够在各种文档中加入复杂的数学公式和符号。

8.1　MathType 6.9 的安装与启动

1. 安装

解压下载到的压缩包后，双击“InstallMTW6.9a.exe”，打开安装程序（在此之前，要关闭所有 Office 相关程序）。

2. 启动

单击“开始”→“所有程序”→“MathTape 6”→“MathType”，使用 MathType 创建公式。

8.2　在 Word 中打开 MathType

打开 Word 2010，会发现多了个 MathType 菜单，点击“Insert Equations”中的“Inline”（中文版点击“内联”），会自动运行 MathType。在弹出的 MathType 中编辑想要的公式，编辑完成后，点击“MathType 6.9 中文件菜单下的“更新到文档”或者“直接关闭 MathType”，公式就已经自动插入到 Word 中了。

8.3　常用快捷键

1. 括号快捷键

①(*)：“Ctrl + 9”或者“Ctrl + 0”。

②[*]：“Ctrl + [”或者“Ctrl +]”。

③{ * }：“Ctrl + {”或者“Ctrl + }”。

2. 希腊字母

“Ctrl + G”后输入字母对应出现括号内的希腊字母，输入符号对应出现括号内的特殊符号。

a(α)b(β)c(χ)d(δ)e(ε)f(φ)g(γ)h(η)i(ι)j(φ)k(κ)l(λ)m(μ)n(ν)o(ο)p(π)q(θ)
r(ρ)s(σ)t(τ)u(υ)v(ϖ)w(ω)x(ξ)y(ψ)z(ζ)
A(A)B(B)C(X)D(Δ)E(E)F(Φ)G(Γ)H(H)I(I)J(ϑ)K(K)L(Λ)M(M)
N(N)O(O)P(Π)Q(Θ)R(P)S(Σ)T(T)U(Y)V(ζ)W(Ω)X(Ξ)Y(Ψ)Z(Z)
@(≅)#(#)$(∃)%(%)^(⊥)&(&)*(*)_(_)~(~)|(|)\(∴)[([)](])

3. 放大或缩小尺寸

放大或缩小尺寸只是改变显示，并不改变字号。

①“Ctrl+1”(100%)。

②“Ctrl+2”(200%)。

③“Ctrl+4”(400%)。

④“Ctrl+8”(800%)。

4. 空格和加粗

①“Ctrl+Shift+Space”(空格)。

②“Ctrl+Shift+B”(加粗)。

5. 更改样式

①“Ctrl+Shift+=”(数学)。

②“Ctrl+Shift+E”(文字)。

③“Ctrl+Shift+F”(函数)。

④“Ctrl+Shift+I”(变量)。

⑤“Ctrl+Shift+G”(希腊字母)。

⑥“Ctrl+Shift+B”(矩阵向量)。

8.4 常用数学符号

1. 根式、分式及上下标

① $\sqrt{*}$:“Ctrl+R”。

② $\frac{*}{*}$(分式,大):“Ctrl+F”。

③ $^{*}/_{*}$:“Ctrl+/”。

④ *(上标):“Ctrl+H”。

⑤ $^{*}_{*}$(上下标):“Ctrl+J”。

⑥ $_{*}$(下标):“Ctrl+L”。

⑦ $\int_{*}^{*}$(积分模板):Ctrl+I。

⑧ $\int *$(不定积分):“Ctrl+Shift+I”。

2. 数学符号

“Ctrl+Shift+K”后输入以下字母、数字或符号对应出现括号内的字母或符号:

a(∀)b(∵)d(°)e(∃)l(ℓ)n(¬)o(Ω)p(⊥)t(∴)x(×)A(∠)O(℧)

7(∧)8(●)=(±)\(∨)/(÷).(·)*(*)+(∓)|(‖)<(〈)>(〉)

“Ctrl+M”后输入2~4为对应矩阵,输入n为矩阵模板对话框。

3. 不等式

“Ctrl+K”后输入以下字母对应出现括号内符号:

a(ℵ)c(⊂)d(∂)e(∈)h(ħ)i(∞)l(ƛ)o(∅)p(∝)s(⊃)t(×)u(∪)x(∩)

C(⊄)E(∉)I(ℑ)R(ℜ)U(∪)X(∩)

1~4为从小到大的空格

~(≈)=(≡)+(≠).(≥),(≤)

按箭头键或输入小键盘的数字可得到2($\downarrow$)4($\leftarrow$)6($\rightarrow$)8($\uparrow$)。

Shift + $\leftarrow$ ($\Leftarrow$) Shift + $\downarrow$ ($\Downarrow$) Shift + $\rightarrow$ ($\Rightarrow$) Shift + $\uparrow$ ($\Uparrow$) Alt + $\leftarrow$ ($\leftrightarrow$) Alt + $\downarrow$ ($\updownarrow$)

Alt + Shift + $\uparrow$ ($\Updownarrow$) Tab($\mapsto$) Enter($\hookleftarrow$)

4. 数学公式

"Ctrl + T"后输入以下字母对应出现:

$$c\left(\coprod_{*}^{*}*\right)d\left(\overline{)*}\right)f\left(\frac{*}{*}\right)i\left(\bigcap_{*}^{*}*\right)l\left(\begin{matrix}*\\*\\*\end{matrix}\right)n\left(\sqrt[*]{*}\right)o\left(\begin{matrix}*\\*\\*\end{matrix}\right)p\left(\prod_{*}^{*}*\right)r\left(\sqrt{*}\right)s\left(\sum_{*}^{*}*\right)u\left(\bigcup_{*}^{*}*\right)$$

$$C(\coprod *)D\left(\overline{)*}^{*}\right)F\left(\tfrac{*}{*}\right)I(\bigcap *)L\left(\begin{matrix}*\\*\end{matrix}\right)O\left(\begin{matrix}*\\*\end{matrix}\right)P(\prod *)S(\sum *)U(\bigcup *)$$

$$|(|*|)\rightarrow\left(\xrightarrow[*]{*}\right)\leftarrow\left(\xleftarrow[*]{*}\right)\uparrow\left(\xleftrightarrow[*]{*}\right)$$

$$[([*])](*])\{(\{*\})\}(*\})<(\langle *\rangle)>(*\rangle)?(*/*)/({}^{*}\!/_{*})$$

$$Alt+/(*/*)Alt+s\left(\sum_{*}*\right)Alt+p\left(\prod_{*}*\right)Alt+l\left(\lim_{n\to+\infty}\right)$$

$$Shift+\rightarrow\left(\xrightarrow{*}\right)Shift+\leftarrow\left(\xleftarrow{*}\right)Shift+\uparrow\left(\xleftrightarrow{*}\right)$$

$$Alt+\rightarrow\left(\xrightarrow[*]{}\right)Alt+\leftarrow\left(\xleftarrow[*]{}\right)Alt+\uparrow\left(\xleftrightarrow[*]{}\right)$$

5. 向量

"Ctrl + ."后输入以下字母或符号对应出现:

$-(\cdots)\_(\ldots)|(\vdots)\backslash(\ddots)/(\therefore)$

Ctrl + ^后输入以下字母或符号对应出现:

$9\ (\widehat{**})-(\overline{**})\rightarrow(\overrightarrow{**})\leftarrow(\overleftarrow{**})Alt+\rightarrow(\overrightharpoon{**})$

8.5 添加常用公式

MathType 的一大特色就是可以自己添加或删除一些常用公式,添加的办法是先输入要添加的公式,然后选中该公式,用鼠标左键拖到工具栏中适当位置即可。删除的方式是右击工具图标,选择"删除"命令即可。

8.6 元素间跳转

每一步完成后转向下一步(如输入分子后转向分母的输入等)可用"Tab"键,换行用"Enter"键。

8.7 位移间隔

先选取要移动的公式(选取办法是用"Shift + 箭头键"),再用"Ctrl + 箭头键"配合操作,即可实现上下左右的平移。

用"Ctrl + Alt + 空格"键可适当增加空格。

8.8 批量修改公式的字号和大小

论文中,由于排版要求往往需要修改公式的大小,一个一个修改不仅费时费力,还容易使 Word 产生非法操作。

批量修改:双击一个公式,打开 MathType,进入编辑状态。

点击“size”菜单“define”→“字号对应的 pt 值”,一般五号对应 10pt,小四对应 12pt。其他可以自己按照具体要求自行调节。其他默认大小设置不推荐改动。

然后点击“preference”→“equationpreference”→“savetofile”→“存一个与默认配置文件不同的名字”,然后关闭 MathType 回到 Word 文档。

点击 Word 界面上“MathType”→“formatequation”→“loadequationpreferrence”选项下面的“browse”按钮,选中刚才存的配置文件,点选“wholedocument”选项,点击“确定”,就可以将公式一个个改过来。

8.9 在公式中使用特殊符号

MathType 更多地为用户考虑到了使用上的方便,如一些特殊且经常在数学公式中用到的符号几乎都收录到了工具条上,只需轻轻一点,此符号便可在公式中轻松插入。

如果觉得符号还是太少了,可以点击“编辑”→“插入符号”,也可以通过变换字体把汉字插入进来。

为了输入的方便,甚至可以为这些符号分别设置一个快捷键——点击符号后,在“输入一个下标快捷键”按下希望用的快捷键(对于同一个符号甚至可以定义几个快捷键),再单击“assign(指定)”按钮,此快捷键将出现于“当前键”下。以后在 MathType 窗口中,可以直接用快捷键输入对应的符号。

8.10 更改公式文字的字体、颜色

如果说在“公式编辑器”更改文字字体不算麻烦的话,那么修改文字颜色就很难实现了。但在 MathType 中,一切都变得极为简单。

小提示:在 PowerPoint 中更改公式文字的颜色可用以下方法:插入公式后,选中它,从右键菜单中选择“设置对象格式”,然后切换到对话框的“图片”选项卡下,点击“重新着色”按钮打开“图片重新着色”对话框,之后就可以把原来的颜色更换为新的颜色(在 Word 中不可以更改公式文字颜色)。点击“样式”菜单下的“定义”项,在弹出的对话框中可以设置默认用的字体效果:点选“高级”按钮后显示更多项目的字体设置,可以为不同的文字、符号等设置不同的默认字体和风格。

8.11 快捷键的设置

1. 打开自定义键盘窗口

在 MathType 菜单栏中点击“预置”→“自定义键盘”,打开“自定义键盘”对话框,如

图 8 -1 所示。

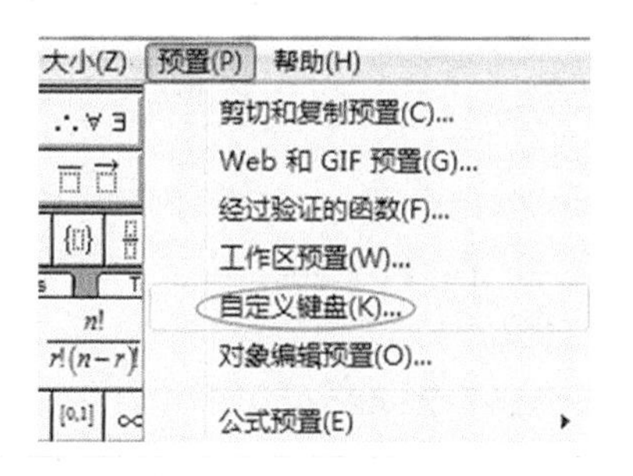

图 8 -1 打开自定义键盘

2. 在自定义键盘中选择设置快捷键选项

在"自定义键盘"中分别选择"所有符号"和"所有模板"设置所有非结构类公式,也含有少数结构类公式和所有结构类公式的快捷键,如图 8 -2 所示。

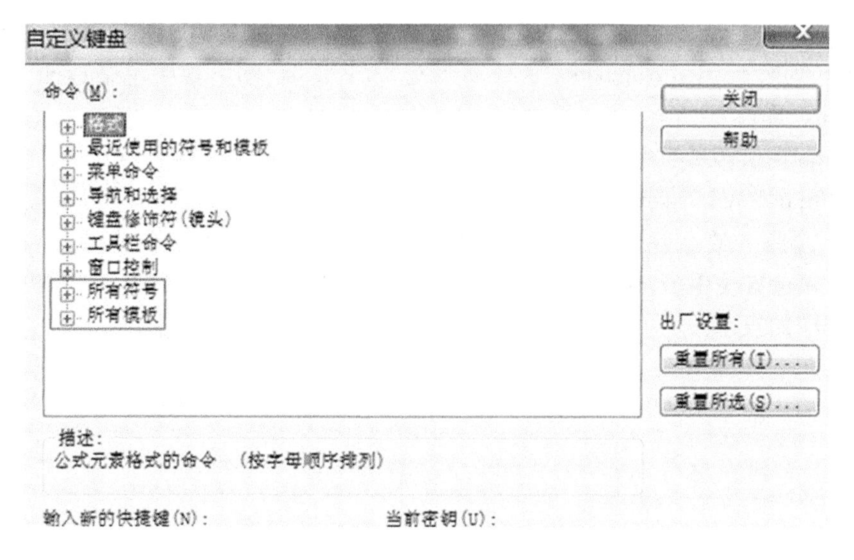

图 8 -2 在自定义键盘中设置快捷键选项

3. 设置快捷键

选中这两项中的某个公式后,会在"当前密钥"中显示当前的快捷键,如果为空表示此公式还没有设置快捷键。但无论其是否为空,都可以在"输入新的快捷键"中设置新的快捷键,只需直接按下你想要设定的快捷键即可,无须输入。设置好后需要按下"指定"按钮进行指派,以应用到新的快捷键。

8.12 发布与导出

1. 发布

编辑好准备发布的公式后,将其选中,在 Word 中切换到 MathType 选项卡,单击第六列(Publish)中的"Toggle Tex"按钮。稍等片刻,所选中的公式就会自动转成 LaTex 代码。

2. 导出

选中要发布的公式,在 Word 中切换到 MathType 选项卡,单击第六列(Publish)中的"Export Equations"按钮,按照提示选择保存路径和文件名(矢量图选择默认的 eps 格式即可)。

8.13 与 LaTex 代码之间的转换

MathType 编辑器中的"translator"里面提供了向 LaTex, AMS – LaTex 等格式的方便转换。选择相应的翻译目标后,将下面的两个"include"选项去掉, MathType 就可以直接将公式翻译成为 LaTex 代码,这对于 laTex 的初学者和记不住 LaTex 代码的人来说非常重要。

8.14 章节与编号

插入章标记方法:首先将光标定位到此公式之前的本章的任意位置(最好定位到本章标题之后,则 MathType 就知道新的一章在此处开始了),然后在 Word 中切换到 MathType 选项卡,从第三列"Equation Numbers"中"Chapters & Sections"的下拉菜单中选择"Insert Next Chapter Break"即可。

MathType 提供四种类型的公式输入:inline(文本中的公式),displaystyle(没有编号的单行公式),leftnumbereddisplaystyle(编号在左边),rightnumbereddisplaystyle(编号在右边)。在编辑公式时,如果出现删除公式的情况,采用手动编号会使得修改量变得很大,采用自动编号和自动引用会方便很多,这些功能都已经在安装 MathType 后集成在 Word 的按钮上,将鼠标悬停在相应的按钮上就可以看到具体的功能描述。

责任编辑　刘凯元　周一曈
封面设计　博鑫设计

JISUANJI YINGYONG JICHU

计算机应用基础

微书店

手机官网

上架建议：计算机

ISBN 978-7-5661-1700-7

定价：36.80 元